Marketing & Vertrieb für IT-Consultants

Claudia Fochler

Marketing & Vertrieb für IT-Consultants

Wie Einzelkämpfer und IT-Beratungsunternehmen

neue Kunden gewinnen,

rentable Aufträge erkennen

und ihren Umsatz erhöhen

ISBN 978-3-00-044777-8

Bibliografische Information der Deutschen Nationalbibliothek: Die Deutsche Nationalbibliothek verzeichnet diese Publikation in der Deutschen Nationalbibliografie; detaillierte bibliografische Daten sind im Internet über http://dnb.d-nb.de abrufbar.

Meiner Familie gewidmet,
die mir jeden Tag Kraft gibt.

Inhaltsverzeichnis

Teil II – Marketing @ Work

Teil III – Vertrieb @ Work

Vorwort

Die Idee zu diesem Buch kam aus der Not heraus: Als Marketing- und Vertriebsverantwortliche eines IT-Beratungsunternehmens suchte ich nach einem Marketingbuch speziell für diese Branche. Es gibt zwar eine Reihe von Marketing- und Vertriebsbüchern, aber nur wenige speziell für IT-Consultants. Dieses Buch entstand schließlich auf Basis meiner eigenen langjährigen Marketingerfahrung im IT-Beratungsbereich, meiner Gespräche mit IT-Consultants und der Recherche in der Fachliteratur.

Die meisten IT-Consultants sind eher technisch orientiert und arbeiten auch so. Betriebswirtschaftlichen und marketingnahen Themen stehen sie oft skeptisch gegenüber oder sehen diese als notwendiges Übel an. Dieses Buch soll interessierten IT-Consultants einen verständlichen und pragmatischen Überblick über das Thema Marketing und Vertrieb geben. Ich möchte Ihnen helfen, sich besser zu vermarkten, um neue Kunden zu gewinnen, rentable Aufträge zu erkennen und Ihren Umsatz zu erhöhen.

Viele IT-Consultants liefern exzellente Leistungen für ihre Kunden. Sie konzipieren IT-Architekturen, definieren Anforderungen für neue IT-Systeme und führen komplexe und geschäftskritische IT-Migrationsprojekte durch. Sobald es aber darum geht, ihre eigene Leistung zu vertreiben und neue Kunden oder Folgeaufträge zu akquirieren, tun sie sich schwer. Sie wissen zwar, dass es für ihren unternehmerischen Erfolg unabdingbar ist, vernachlässigen aber aufgrund der zeitintensiven Projektarbeit die Kundenbeziehung oder kümmern sich nicht rechtzeitig um den nächsten Auftrag. Eine fachlich gute Beratungsleistung allein reicht aber nicht aus, um weiterzukommen. Sie ist eine wichtige Grundlage, aber eben nur ein Teil der unternehmerischen Gesamtleistung.

Als IT-Consultant sollten Sie wissen, wie Sie sich auf dem IT-Beratungsmarkt positionieren, sich gegenüber Ihrer Konkurrenz abgrenzen, neue Aufträge akquirieren und Bestandskunden ausbauen. Diese Kompetenz ist genauso wichtig wie Ihr Fach- und Technologiewissen. Deshalb erhalten Sie in den folgenden 18 Kapiteln einen Einblick in die für Sie relevanten Marketing- und Vertriebsthemen.

Dieses Buch richtet sich sowohl an freiberufliche IT-Consultants, die sich täglich aufs Neue behaupten müssen, als auch an Geschäftsführer und Marketing- und Vertriebsverantwortliche von IT-Beratungsunternehmen, die ihre Ansätze abgleichen und neue Ideen gewinnen möchten. Es eignet sich für Consultants, die sich gerade selbstständig machen ebenso wie für die gestandenen, am Markt etablierten Senior Consultants, die ihre jahrelang aufgebauten Kompetenzen und Kundenbeziehungen besser nutzen wollen.

Im Folgenden erfahren Sie, dass Marketing mehr ist als Ihre Broschüre oder Ihr Profil auf einem Expertenportal. Es geht darum, wie Sie mit den richtigen Kunden in Kontakt kommen und sich im Wettbewerb behaupten. Es geht aber auch um Ihr Leistungsportfolio, Ihre Preise, Ihren Marketing-Mix und Ihre Vertriebstaktiken.

Nutzen Sie dieses Buch als Impulsgeber. Nehmen Sie sich, wie bei einem üppigen Buffet, die Ideen heraus, die für Sie am besten passen. Es gibt keine allgemeingültige Marketing- und Vertriebswahrheit. Finden Sie heraus, welche Maßnahmen für Sie am besten funktionieren. Wichtig ist, dass Sie sich mit Ihrer Vermarktung auseinandersetzen, denn diese Kompetenz wird im wettbewerbsintensiven IT-Beratungsgeschäft zunehmend wichtiger. Ich würde mich freuen, wenn Sie damit erfolgreich sind.

Für Ihren Erfolg

Claudia Fockler

Einführung

Warum Sie dieses Buch brauchen.

Obwohl die IT-Beratungsbranche eine weiterhin wachsende Branche ist, kämpfen viele IT-Consultants damit, ihre Auslastung zu sichern, ihren Preis zu verhandeln und sich bereits während eines laufenden Projekts nach einer Folgebeauftragung umzuschauen. Selbst manches kleine IT-Beratungsunternehmen kann seinen Umsatz nicht über das nächste Jahr hinaus planen.

Den meisten IT-Consultants macht ihre abwechslungsreiche Arbeit Spaß. Sie lieben es, permanent zu lernen und sich fachlich und persönlich weiterzuentwickeln. Selbstständig tätige IT-Consultants sind eigenmotiviert und schätzen ihren selbstbestimmten Lebensstil, ihre Unabhängigkeit, die Flexibilität und die attraktiven Verdienstmöglichkeiten. Sie stellen sich gerne neuen Herausforderungen. Durch die Projektarbeit lernen sie immer wieder neue Unternehmen, Branchen und Menschen kennen.

Ihre Aufgabenbereiche sind meist anspruchsvoll. Es motiviert sie, wenn sie Kunden unterstützen und diese ihre Leistung anerkennen und wertschätzen, oder wenn sie gemeinsam mit den Spezialisten auf Kundenseite IT-Lösungen entwickeln, die auch für sie selbst lehrreich sind. Kraft gewinnen sie, indem sie mit ihrer Kreativität und Kompetenz Kunden helfen, Probleme zu lösen. Sie fühlen sich bestätigt, wenn sie ein Projekt systematisch angehen und feststellen, wie dieses Vorgehen funktioniert – insbesondere, wenn andere vorher daran gescheitert sind. Sie ziehen Befriedigung aus erfolgreichen IT-Projekten und loyalen Kundenbeziehungen, die sie sich während ihrer beruflichen Laufbahn aufgebaut haben.

Das IT-Beratungsgeschäft lebt davon, dem Kunden immer einen Schritt voraus zu sein. Das ist herausfordernd und spannend. Der Wissenstransfer spielt dabei eine große Rolle, um Mehrwert für den Kunden zu schaffen. Viele IT-Consultants wollen fachliche, also technologische Ergebnisse liefern, statt sich mit interner Unternehmenspolitik auseinanderzusetzen. Sie haben sich bewusst für diesen Weg entschieden – ob als Angestellte in einem IT-Beratungsunternehmen oder als einer der mehr als 80.000 IT-Freiberufler in Deutschland.

Die meisten dieser IT-Consultants kämpfen an drei Fronten: der Projektarbeit, dem Ausbau ihres Wissensvorsprunges und der Akquise neuer Projekte. Letzteres ist das Ergebnis seiner Persönlichkeit, seiner fachlichen bzw. technologischen Kompetenz und seiner Fähigkeit, sich zu vermarkten.

Wie wird man IT-Consultant?

Der Begriff „IT-Consultant" ist sehr weit gefasst. Als Dienstleistungsberuf vereint er Aspekte des Ingenieurberufs mit klassischen Management-Tätigkeiten. Die Werdegänge erfolgreicher IT-Consultants sind unterschiedlich: Manche wechseln aus einer IT-Funktion im Unternehmen auf die Beratungsseite, andere haben sich bereits nach dem Studium selbstständig gemacht oder bei einem IT-Beratungsunternehmen erste IT-Projekterfahrungen gesammelt.

Viele IT-Consultants sind studierte Informatiker, Wirtschaftsinformatiker oder Wirtschaftswissenschaftler mit einem spezifischen, informationstechnologischen Fokus. Seit einigen Jahren bietet die Fachhochschule Ludwigshafen einen konsekutiven Masterstudiengang „Information Management und Consulting" an, und an der Universität Hamburg kann der Masterabschluss im Studiengang „IT-Management und -Consulting" erworben werden.

Bedeutung und Einsatzgebiete

Viele IT-Projekte von Unternehmen und Behörden werden nicht mehr ohne externe IT-Consultants umgesetzt. Die IT-Abteilungen dieser Organisationen arbeiten heute typischerweise mit einer Kernbelegschaft, die die Beziehung zum Fachbereich hält, das IT-Budget verwaltet und projektbezogen externe IT-Consultants hinzuzieht. Die Bedeutung der externen IT-Consultants ist in den letzten zehn Jahren deutlich gewachsen. Während vor zehn Jahren noch 71 Prozent der anfallenden Arbeiten in IT-Organisationen von den internen

Mitarbeitern erledigt wurde, wird derzeit bereits über die Hälfte extern vergeben.

Zahlreiche Unternehmen lagern ihre komplette IT-Infrastruktur und weitere IT-Dienstleistungen an IT-Services-Anbieter aus. So bezieht die *Zurich Insurance Group* Applikationsservices vom IT-Dienstleister *CSC*. Nur die für die Steuerung und Unterstützung des Kerngeschäfts wesentlichen Funktionen wie Programm-Manager, Business-Analysten und Systemarchitekten werden mit internen Mitarbeitern besetzt. Die externen Dienstleister werden mit rund 30 Prozent des internen IT-Personals gemanagt.[1] Insbesondere Unternehmen, deren Kerngeschäft nicht in der IT liegt, nutzen die Expertise von Externen, statt selbst umfassende interne IT-Kompetenz aufzubauen und vorzuhalten. Sie kaufen sich am Markt verfügbare IT-Expertise dazu, um das neueste Technologiewissen abzurufen, wenn sie es benötigen. Laut einer *GULP*-Umfrage werden drei Viertel der externen IT-Ressourcen entweder als Programmierer (33 Prozent), als IT-Berater (22 Prozent) oder als Projektmanager (17 Prozent) hinzugezogen.

Im Vergleich dazu bauen IT-Services-Anbieter, deren Geschäftsmodell auf der Erbringung von IT-Leistungen beruht, selbst IT-Expertise auf. Ihr Bedarf an externer Unterstützung ist daher durch sehr spezifische technologische Anforderungen oder temporäre Ressourcen-Engpässe charakterisiert. Der Trend zum Outsourcing, insbesondere zum Cloud Computing, stärkt die Bedeutung vieler IT-Services-Anbieter auf dem Markt.

IT-Consultants werden typischerweise beauftragt, um informationstechnologische Kundenziele zu verwirklichen. Ihre Aufgabenbereiche sind vielfältig: Sie reichen von der Ablösung von Legacy-Systemen bis hin zur Optimierung von Geschäftsprozessen auf Basis neuester Cutting-Edge-Technologien. Manchmal befassen Sie sich aber auch mit der Neustrukturierung von IT-Organisationen oder erarbeiten IT-Strategien. Sie identifizieren neue Technologien und überprüfen deren Anwendbarkeit in den Kundenunternehmen. Als Bindeglied zwischen „Business" und „IT" erfassen sie die Anforderungen der Fachabteilungen und erstellen daraus die Spezifikationen für neue IT-basierte Lösungen.

Ein hoher Anteil an externen IT-Consultants findet sich insbesondere bei Finanzdienstleistungs-, Automobil- und Telekommunikationsunternehmen, aber auch – wer hätte es gedacht – in den IT-Dienstleistungsunternehmen selbst. Insbesondere Konzerne über 5.000 Mitarbeiter und Großunternehmen über 1.000 Mitarbeiter beschäftigen mehr als 75 Prozent aller externen IT-Ressourcen.[2]

Besonderheiten des IT-Beratungsgeschäfts

Wie andere Dienstleister müssen auch IT-Consultants ihren Kunden einen Mehrwert liefern, bestehende Kundenbeziehungen pflegen, neue Aufträge akquirieren und sich permanent fachlich weiterbilden. Trotzdem ist das IT-Beratungsgeschäft in gewisser Hinsicht einzigartig:

Die Entwicklung der Informationstechnologie verläuft seit 50 Jahren rasant. Die IT-Industrie selbst befindet sich seitdem im fortlaufenden, schnellen Wandel mit mittlerweile starken Industrialisierungstendenzen. Vergleichbar mit der Entwicklung in der Automobilindustrie kommt es zu einer Reduzierung der Wertschöpfungstiefe unter verstärkter Einbindung von Zulieferern. IT-Leistungen werden dabei in geographisch global verteilten Wertschöpfungsketten erbracht.

Das IT-Beratungsgeschäft ist ein zyklisches Geschäft. In wirtschaftlichen Boom-Phasen sprudeln die Aufträge. Die Situation ändert sich aber in Zeiten von Wirtschaftskrisen, wenn Projekte abrupt gestoppt werden. Kundenunternehmen profitieren dann von der Flexibilität, die sie sich mit der Beauftragung externer IT-Consultants einkaufen. Diese sind dann in schlechten Zeiten die Ersten, die freigestellt werden und keinen Umsatz erzielen.

„Tendenziell werden die Laufzeiten der Serviceverträge kürzer, [...] das ermöglicht maximale Flexibilität."[3] Eine typische Beauftragung läuft drei bis sechs Monate; nur selten über mehr als ein Jahr. Zudem weisen große IT-Projekte abgestufte Entscheidungs- und Projektzyklen auf, die korrespondierende Marketing- und Vertriebszyklen bedingen. Unabhängig von der Länge der Beauftragungsdauer gilt: IT-Beratungsprojekte sind befristet und enden per Default. IT-Consultants müssen ihre Beauftragungen daher wiederholt und rechtzeitig sichern.

> ### Aus Kundensicht
>
> Kunden gehen davon aus, dass externe IT-Consultants die notwendigen Fähigkeiten zur Erfüllung ihrer Aufgaben mitbringen. Sie erwarten einen Wissens- und Erfahrungsvorsprung – vor allem aber, dass die Consultants ihnen Mehrwert liefern. Nur bei Nischen- und innovativen Technologien sind Kunden bereit, in die notwendigen Einarbeitungszeiten ihrer IT-Consultant zu investieren.

IT-Consultants erbringen ihre Leistungen in Unternehmen, vom Mittelstand bis zu Konzernen und Behörden. Ihre Kunden sind meist wirtschaftlich mächtiger. Gemäß dem Projektportal *GULP* kontrahieren insbesondere die freiberuflich tätigen IT-Consultants nicht direkt mit den Kunden. Mehr als zwei Drittel gehen über Projektvermittler oder arbeiten projektbezogen mit größeren IT-Beratungsunternehmen zusammen, um deren Kundenprojekte zu unterstützen. Nur wenige stehen in direkten Vertragsbeziehungen mit Endkunden.

Dienstleistungsmarketing

IT-Beratungsleistungen weisen im Vergleich zu Produkten spezifische Merkmale auf, die ihre Vermarktung besonders machen. Sie sind

- immateriell – also schwer greifbar,
- oft erklärungsbedürftig,
- aus Kundensicht mit Risiko und Unsicherheit behaftet,
- schwer messbar bzw. vergleichbar.

Ebenso wie andere Dienstleistungen können auch IT-Beratungsleistungen nicht vorab produziert werden, und sie lassen sich nicht lagern. Jeder nicht fakturierbare Tag bedeutet für einen IT-Consultant einen Umsatzverlust. Eine einmal erbrachte Leistung kann nicht zurückgegeben, sondern nur rückgängig gemacht werden. Letzteres bedeutet die Erbringung einer weiteren Leistung.

Da IT-Beratungsleistungen typischerweise kundenspezifisch erbracht werden, sind sie selten gleich. Die Leistungsqualität wird durch die Kunden oft subjektiv bewertet und hängt von deren individueller Erwartungshaltung ab.

Als IT-Consultant erbringen Sie Ihre Leistungen meist in enger Zusammenarbeit mit Ihren Kunden, und deren Mitwirken ist ein integraler Teil der Leistungserbringung. Deshalb stellen Ihre Kommunikationsfähigkeit und vertrauensvolle Kundenbeziehungen kritische Erfolgsfaktoren bei der Erbringung Ihrer IT-Beratungsleistungen dar.

Je komplexer eine IT-Beratungsleistung ist und je weniger sie sich in Teilleistungen zerlegen lässt, desto mehr hängt das Gelingen von der Kompetenz des einzelnen IT-Consultants – also von Ihnen – ab.

Die Vermarktung von Dienstleistungen ist anspruchsvoll. Was bedeutet das für Sie?

Durch effektives Marketing müssen Sie Ihre Kompetenz <u>vor</u> der Leistungserbringung glaubhaft machen. Kunden suchen nach Sicherheit, nach Qualitätsmerkmalen für Ihre Professionalität. Geben Sie ihnen greifbare Indizien: Erläutern Sie, wie Sie einen Auftrag lösen werden, und verweisen Sie auf vergleichbare Projekterfahrungen und spezifische Qualifikationen. Weisen Sie daraufhin hin, wie Sie in Ihre Weiterbildung sowie in Ihre technische Ausstattung investieren. Nennen Sie Referenzkunden und die Bedeutung bzw. Größe der dort durchgeführten Projekte. Belegen Sie anhand von Fallstudien, welche Vorteile Ihre Kunden dadurch hatten. Verweisen Sie auf relevante Auszeichnungen oder die Zusammenarbeit mit vertrauenswürdigen Institutionen.

Warum IT-Consultants Marketing brauchen

Auch wenn Sie als IT-Consultant Ihren Kunden gute Leistungen liefern und erfolgreich für diese gearbeitet haben, heißt das nicht, dass die Kunden unaufgefordert mit Folgeaufträgen auf Sie zukommen oder gar vorschlagen, für Ihre Leistungen zukünftig mehr zu bezahlen. Warum ist das so?

<u>Ihre Kunden vergessen Sie.</u>

Wie oft waren Sie zu spät in der Autowerkstatt für Ihren Ölwechsel oder haben den jährlichen Zahnarzt-Check verschwitzt? Wahrscheinlich schon das ein oder andere Mal –

nicht wahr? Heißt das, Sie wurden dort schlecht bedient? Vielleicht ja, aber der eigentliche Grund ist meistens, dass Sie mit anderen Dingen beschäftigt sind. Sie denken nicht daran, in die Werkstatt zu fahren oder zum Zahnarzt zu gehen. Ohne dass Sie jemand daran erinnert, schieben manche Menschen diese Termine so lange vor sich her, bis die Öllampe blinkt oder Zahnschmerzen auftreten. Ihren Kunden geht es ähnlich.

Kunden verstehen nicht, was Sie noch für sie tun können.

Als Spezialist für Identitätsmanagementsysteme könnten Sie Ihren Kunden auch verwandte Projekte vorschlagen – zum Beispiel die Einführung eines Privileged Account Managements oder die Erlangung (und durch Sie vorgelagert durchzuführende Vorbereitung) einer ISO 27001-Zertifizierung.

Gehen Sie aber nicht davon aus, dass Ihre Kunden wissen, welche Leistungen Sie noch anbieten, nur weil Sie ihnen diese einmal präsentiert haben. Ihre Kunden haben ihre eigenen Probleme und nur eine kurze Aufmerksamkeitsspanne für Sie und Ihre Leistungen. Sie müssen sie daran erinnern, wie und in welchen Aufgabenstellungen Sie Unterstützung leisten können.

So mancher IT-Consultant hat schon einen Kunden aufgegeben, nur weil dieser einmal ein Angebot abgelehnt hat. Das heißt nicht, dass seine Leistungen für diesen Kunden nicht in drei bis sechs Monaten oder im nächsten Jahr relevant sein könnten. Bleiben Sie dran und vermarkten Sie sich kontinuierlich, um bei Interessenten und Kunden präsent zu bleiben.

Ihre Kunden erkennen den Nutzen Ihrer Leistungen nicht.

Sie denken eventuell, dass ein Kunde Ihre Unterstützung nicht benötigt – tatsächlich hat dieser aber lediglich nicht sofort erkannt, welche Vorteile Sie und Ihre Leistungen ihm bieten. Zeigen Sie ihm auf, wie viele Euro Umsatzverlust sein Unternehmen vermeidet, wenn es durch Ihre Unterstützung gelingt, IT-Systemausfälle um fünf Prozent zu reduzieren. Rechnen Sie ihm vor, wie viel Zusatzumsatz er durch ein schnelleres Time-to-Market erzielen kann, weil Sie es schaffen, seine neue Software in der Hälfte der Zeit zu testen.

Ihrem Kunden ist nicht klar, wie Sie sich von anderen IT-Consultants abheben und was Ihre besondere Kompetenz ausmacht. Zeigen Sie ihm, dass Sie bereits hochkomplexe IT-Projekte im Wert von mehreren Millionen Euro erfolgreich geleitet haben. Sie arbeiten seit zehn Jahren mit indischen Software-Entwicklungsfirmen? Wer – wenn nicht Sie – weiß, wie man diese effektiv steuert, um eine hohe Lieferqualität zu erhalten?

Sie haben Marketingarbeit vor sich. Aber es lohnt sich.

Was ist Marketing?

Nicht Akquise, Marketing ist ein Konzept der markt-orientierten Unternehmensführung, um Kundenbedürfnisse zu befriedigen.

Oder wie Philip Kotler sagte:

„Marketing is not the art of finding clever ways to dispose of what you make. Marketing is the art of creating genuine customer value. It is the art of helping your customer become better off. The marketer's watchwords are quality, service, and value."

Einen Schritt voraus

Die folgenden Fragen sollten Sie für sich als IT-Consultant beantworten, um erfolgreich zu sein und zu bleiben:

- Welche neuen Technologien kommen auf den Markt? Was sind die IT-Trends der nächsten drei Jahre? Welche Bestandtechnologien werden ihre Bedeutung in dieser Zeit weiterhin behalten, welche weniger wichtig?
- Welche Branchen, Märkte und Unternehmen wachsen?
- Welche Leistungen werden im IT-Beratungsgeschäft in Zukunft stärker nachgefragt und besser bezahlt – und umgekehrt, welche werden weniger nachgefragt?
- Welche Ihrer fachlichen bzw. technologischen Fähigkeiten sollte Sie weiter ausbauen, und in welchen Bereichen sollten Sie also in sich selbst investieren?

- Wie können Sie es schaffen, die richtige Balance zwischen der Leistungserbringung im Projektgeschäft und der Projektakquise zu halten?

Um im IT-Beratungsgeschäft weiterzukommen, sind neben dem Ausbau Ihrer fachlichen bzw. technologischen Kompetenzen auch persönliche und unternehmerische Fähigkeiten relevant. Ihr Kompetenzspektrum umfasst daher weit mehr als nur IT-Zertifizierungen.

---

[1] Schröder, Mark: „Zurich verlängert Milliarden-Outsourcing zu CSC" In: www.computerworld.ch, Stand: 14.09.2012.

[2] GULP: Die große Stundensatz-Umfrage. In: www.gulp.de, Stand: 27.03.2013.

[3] Quack, Karin: „Wie E.ON IT-Services einkauft" In: www.computerwoche.de Stand: 27.09.2012.

Teil I

Ihr starkes Fundament

Kapitel 01

Geheimnisse erfolgreicher IT-Consultants

„Wer erfolgreich sein will, muss Fehler vermeiden."

Rolf Dobelli

Worin unterscheiden sich erfolgreiche IT-Consultants von ihren Wettbewerbern? Was machen sie anders?

Die Antwort auf diese Frage umfasst mehrere Aspekte: Erfolgreiche IT-Consultants verkaufen sich nicht unter Wert. Ihre Preise bewegen sich im Vergleich zu anderen IT-Consultants im oberen Preissegment. Sie schaffen es, ihren Kunden einen Mehrwert zu liefern und ihre Kundenbeziehungen auszubauen. Sie entwickeln sich und ihr Unternehmen kontinuierlich weiter. Sie bieten zusätzliche oder neue Leistungen an, vermitteln andere IT-Consultants in ihre Kundenprojekte oder kooperieren bei Spezialthemen mit komplementären Experten.

IT-Consultants, die sich eher schwer tun, können die folgenden Fragen häufig nicht beantworten. Wie ist es mit Ihnen?

- Welche Ihrer Kunden und Aufträge waren für Sie am wirtschaftlichsten?
- Welche Kunden und Aufträge haben sich nicht gelohnt? Welche Aspekte verursachten die Unrentabilität?
- Wie bestimmen Sie Ihren Preis, bevor Sie ein Angebot abgeben?
- Wie steuern Sie Ihre Kosten bei der Leistungserbringung?
- Wie maximieren Sie Ihr Honorar und Ihren Deckungsbeitrag bei einem Auftrag?

> **„Was machen erfolgreiche Consultants anders?"**
>
> Laut einer US-Studie[4] heben sich die oberen 20 Prozent der einkommensstärksten Consultants von ihren Kollegen durch folgende Faktoren ab:
>
> - Ihr Jahreseinkommen ist mit durchschnittlich 373.000 US-Dollar deutlich höher als die durchschnittlichen 99.700 US-Dollar aller Befragten.
> - Zwei Drittel dieser Berater firmieren als Kapitalunternehmen – nicht als Freiberufler.
> - Sie beschäftigen meist weitere Mitarbeiter oder Freiberufler in den von ihnen akquirierten Projekten.
> - Sie lassen sich ihre Rechnungen teilweise vorab bezahlen und verhandeln erfolgsabhängige Honorare.
> - Sie kontrahieren typischerweise direkt mit den Kunden – und vermeiden Projektvermittler.
>
> Viele dieser Consultants sind auch in wirtschaftlich schwierigen Zeiten in der Lage, ihren Umsatz zu sichern oder gar auszubauen. Wie kommt das? Kunden geben in schlechten Zeiten ihr Geld dort aus, wo sie den größten Mehrwert bekommen und weniger Risiko eingehen. Sie beauftragen dann lieber einen offensichtlich erfolgreichen IT-Consultant.

Ziehen Sie nun Ihre Schlussfolgerungen:

Bauen Sie Ihr Unternehmen auf exzellenten Leistungen auf. Setzen Sie Ihre Tagessätze im oberen Bereich an. Lehnen Sie unrentable Aufträge ab, damit Sie für rentable Aufträge verfügbar sein können.

Machen Sie nicht den Fehler, einen der folgenden Aspekte zu vernachlässigen: Den Ausbau bzw. die Optimierung Ihres Leistungsspektrums, Ihrer Kundenbeziehungen und Ihres Unternehmens.

Exzellente Leistungen

Ihre Beratungsleistungen sind das A und O, die Grundlage Ihrer Selbstständigkeit oder Ihres IT-Beratungsunternehmens. Stellen Sie sicher, dass Ihre Kunden mehr als zufrieden mit Ihren Leistungen sind.

„Always exceed expectations!"

Auf dem IT-Markt mit seinen kurzen Innovationszyklen bedeutet das, neue Leistungen zu entwickeln und den eigenen Wissensvorsprung permanent auszubauen. Neue Themen sind zahlreich: Internet of Things, Scrum, Big Data ...

Sie benötigen eine gute Balance zwischen innovativen Leistungen und Ihrem „Brot-und-Butter"-Geschäft. Es ist wichtig, dass Sie die Trends in Ihrer Nische und bei Ihren Kunden frühzeitig erkennen und besetzen.

Frage: Was ist der Unterschied zwischen einem Industrieunternehmen und einem IT-Beratungsunternehmen? Richtig: Das Kapital des IT-Beratungsunternehmens geht am Abend nach Hause. Deshalb ist es wichtig, dass Sie sich als menschliche Ressource optimal einsetzen – ohne sich zu verschleißen. Auch wir Menschen benötigen „Instandhaltung". Wir wollen sowohl privat als auch beruflich zufrieden sein und nicht demotiviert werden. Dann sind wir produktiv.

Wenn IT-Consultants ihre fachlichen bzw. technologischen Fähigkeiten nicht laufend weiterentwickeln, dann verlieren sie ihr Alleinstellungsmerkmal und werden austauschbar. Bei austauschbaren Leistungen sind Kunden bestrebt, die Kosten zu reduzieren. Damit dies nicht geschieht, müssen Sie sich Ihren Wissensvorsprung gegenüber Ihren Kunden und anderen IT-Consultants kontinuierlich ausbauen. Im Jahr 2012 investierte *Accenture* 850 Millionen Dollar in Trainings- und Weiterbildungsmaßnahmen seiner weltweit 257.000 Mitarbeiter.[5]

Geschäftsführer von IT-Beratungsunternehmen stehen vor der Herausforderung, zum einen eine ergebnisorientierte Kultur zu schaffen und zum anderen die Bedürfnisse technisch orientierter Menschen ganzheitlich zu erkennen und attraktive Arbeitsbedingungen zu bieten. Dies ist für IT-Beratungsunternehmen geschäftskritisch, um IT-Talente zu rekrutieren und zu binden. Für den als Einzelkämpfer agierenden IT-Consultant gilt dies nicht minder: Er steht vor der Herausforderung, diese Bedingungen für sich selbst zu schaffen.

Loyale Kundenbeziehungen

IT-Consultants werden nicht nur beauftragt, weil sie spezifische Projekterfahrungen und Zertifizierungen wie die ITIL Foundation oder Prince2 nachweisen können oder Programmierfähigkeiten in Sprachen wie Java oder C# haben, sondern auch aufgrund ihrer loyalen Kundenbeziehungen. Diese sind deshalb so wertvoll, weil sie auf Vertrauen basieren. Ein IT-Consultant, der sich das Vertrauen eines Kunden erarbeitet hat, bringt aus Kundensicht gegenüber anderen IT-Consultants ein geringeres Risiko mit sich. Der Kunde weiß, dass dieser IT-Consultant die spezifischen Herausforderungen des Kundenunternehmens versteht und schneller bessere Lösungen findet. Die Auswahl eines neuen IT-Consultants ist nicht nur mit Aufwand für die Marktsondierung und Bewertung verschiedener Anbieter verbunden. Sie birgt auch das Risiko, dass der neue IT-Consultant sich in spezifische Rahmenbedingungen eines Kundenunternehmens erst einarbeiten muss und die Zeit dafür schwer abzuschätzen ist. Vor allem wird dessen fachliche, technologische Kompetenz erst zum Zeitpunkt der Leistungserbringung – also nach der Beauftragung – sichtbar. Kunden greifen daher gerne auf vertraute IT-Consultants zurück, die bereits gute Arbeit für sie geleistet haben.

Der größte Fehler, den Sie als IT-Consultant machen können, ist, dass Sie sich in Ihren Projekten nur auf die fachlichen Ergebnisse Ihrer Leistungen konzentrieren und dabei versäumen, Ihre bestehenden Kundenbeziehungen zu pflegen.

Wie im Sport führen auch hier kontinuierliche Maßnahmen eher zum Erfolg als Hauruck-Aktionen. Als gelegentlicher Jogger schaffen Sie am nächsten Sonntag keinen Marathon, doch nach einem halben Jahr regelmäßigen Trainings sind die 42 Kilometer machbar.

Denken und handeln wie ein Unternehmer

Das Finden der Balance zwischen ihrer Beratungstätigkeit in Kundenprojekten, der Weiterentwicklung ihres Leistungsangebots und der Sicherstellung der Umsatzrentabilität stellt für viele IT-Consultants bzw. Geschäftsführer von IT-Beratungsunternehmen eine Herausforderung dar.

Das Umsatzpotential eines IT-Beratungsunternehmens wird von der Anzahl der IT-Consultants, der Menge der fakturierbaren Projektstunden sowie dem jeweiligen Stundensatz pro IT-Consultant bestimmt. Die Rentabilität hängt darüber hinaus von weiteren Faktoren wie den Gehältern der internen bzw. den Kosten der externen IT-Consultants und anderen Kosten des IT-Beratungsunternehmens ab.

Kennzahlen für IT-Beratungsunternehmen[6]

In welche Bereiche sollten Sie investieren, um erfolgreicher zu sein? Arbeiten Sie mit diesen Kennzahlen:

- Kundenzufriedenheit: Grad der Zufriedenheit im Verhältnis zum bezahlten Stundensatz
- Auslastung: fakturierte Stunden im Verhältnis zur höchstmöglichen Stundenanzahl
- Anzahl der IT-Consultants
- Mitarbeiterfluktuation
- durchschnittlicher Stundensatz
- Anzahl der potenziellen Kunden und Projektanfragen
- Abschlussquote: Beauftragungen im Verhältnis zu Projektanfragen
- Hebel in den Projekten: Verhältnis von Consultants zu Senior Consultants
- Ausfallwahrscheinlichkeit des geplanten Umsatzes

Das geschickte Management der Umsatz- und Kostentreiber sowie der dahinter liegenden Faktoren der Kennzahlen stellt die Grundlage Ihres wirtschaftlichen Erfolges dar. So ist zum Beispiel eine hohe Kundenzufriedenheit wichtig, um Folgeaufträge und Empfehlungen zu erhalten. Eine hohe Auslastung ist essentiell für die Rentabilität. Nicht-fakturierbare Stunden sollten möglichst gering gehalten bzw. sinnvoll verwendet werden, etwa zur Weiterbildung oder zur Marketing- und Vertriebsunterstützung. Wichtig ist auch das Management der Kosten. Fixkosten wie Büromiete, Gehälter oder Fuhrpark sind zwar leichter kalkulierbar, dafür aber schwerer abbaubar. Variable Kosten lassen sich dagegen besser steuern. Meist sind sie umsatzgebunden wie Marketing- und Vertriebskosten, Boni, projektbezogene Reisekosten oder die Kosten externer IT-Consultants.

Unternehmerisches Denken und Handeln bedeutet einerseits, die kurzfristigen geschäftlichen Chancen und Risiken zu nutzen, und andererseits, die langfristigen Trends der Branche rechtzeitig zu erkennen. Es bedeutet: agil bleiben, innovative Leistungen entwickeln, neue Wege in der Vermarktung ausprobieren und messen, was funktioniert. Verstehen Sie die wichtigsten Treiber im IT-Beratungsgeschäft. Leichter gesagt als getan!

---

[4] Camden, Chip: „WIC survey touts characteristics of successful consultants" In: www.techrepublic.com, Stand: 24.10.2012.

[5] Nanterme, Pierre: The Accenture 2012 Letter from Our Chief Executive Officer. In: www.accenture.com, Stand: 05.01.2013.

[6] Purba, Sanjiv; Delaney, Bob: High-Value IT Consulting: 12 keys to a thriving practice. Berkeley: McGraw-Hill/Osborne, 2003

Kapitel 02

Ihre Nische. Ihr USP

*„Know what your customers want most
and what your company does best.
Focus on where those two meet. "*

Kevin Stirtz

Wir alle wollen Kunden, die unsere Leistungen brauchen und schätzen, die den Wert unserer Leistung verstehen und dafür bezahlen. Erfolgreiche IT-Consultants bauen ihr Beratungsgeschäft auf profitablen Kunden auf. Sie vermeiden unrentable Aufträge. So einfach, wie sich dieser Satz anhört, ist es aber in der Realität nicht. Vor allem ist es schwierig, unrentable Aufträge <u>vor</u> der Beauftragung zu erkennen. Genau darin die liegt eine der Aufgaben von Marketing und Vertrieb.

Die Bestimmung Ihrer Kernkompetenz, Ihrer Nische und Ihres USP (Unique Selling Proposition, Alleinstellungsmerkmal) ist somit die Grundlage Ihrer Marketing- und Vertriebsmaßnahmen. Erst wenn Sie wissen, worin Ihre Kernkompetenzen bestehen, wer Ihr idealer Kunde ist und wie Sie sich entsprechend von konkurrierenden IT-Consultants abheben, können Sie alle weiteren Marketingmaßnahmen darauf ausrichten. Von der Beantwortung dieser Fragen hängen Ihr Leistungsportfolio, Ihre Zielkunden, Ihre Preise und Ihr Marketing-Mix ebenso ab wie Ihre Vertriebstaktiken. Mit Ihrer Positionierung erklären Sie Ihrem Zielkunden, etwa dem Leiter des Kompetenzzentrums für Integrationstechnologien einer Bank, dem Leiter der Anwendungsentwicklung einer Behörde oder dem Leiter eines Rechenzentrums, warum er ausgerechnet Sie bzw. Ihr IT-Beratungsunternehmen beauftragen soll.

Wenn IT-Consultants immer wieder angestrengt um neue Aufträge kämpfen, so kann dies daran liegen, dass sie es bisher nicht geschafft haben, als Spezialist eine solide Nische zu besetzen. Sie können aber nicht alles für alle sein. Es allen recht machen zu wollen bedeutet, niemandem gerecht zu werden. Im Zweifel nehmen diese IT-Consultants Aufträge an, die nicht richtig zu ihren Kompetenzen passen. Dann arbeiten sie für Kunden, die nicht genug Umsatz mit ihnen machen, sie nicht weiterempfehlen oder die sich keine Folgeaufträge mit ihnen leisten können. Sie zerreißen sich. Am Ende ist keiner zufrieden. Ein weiterer Nachteil ist, dass die Rüstzeiten pro Auftrag höher sind und vorhandenes Wissen nur begrenzt nutzbar ist. Es ist unglaubwürdig, Sprinter und Marathonläufer bzw. Systemadministrator und Programmierer zugleich zu sein.

Immer wenn Sie Ja zu einem Auftrag oder Kunden sagen, sagen Sie Nein zu einer anderen Gelegenheit. Das Problem dabei ist: Wenn Sie nicht wissen, welche Leistungen Sie konkret anbieten und für wen Sie die beste Leistung erbringen, werden Sie dies auch nicht effektiv kommunizieren können.

Damit Sie Ihre Umsätze sichern und steigern können, müssen Sie die richtigen Kunden gewinnen und aufbauen. Dafür brauchen Sie genügend Interessenten in Ihrem Vertriebskanal, denn nur aus einem vollen Vertriebskanal können Sie die für Sie richtigen Kunden auswählen. Dann kommen Sie nicht in die unangenehme Lage, aus reiner Verzweiflung nach dem erstbesten Auftrag greifen zu müssen. Insbesondere IT-Consultants, die mit ihrer wirtschaftlichen Situation oder ihrem Aufwand-Nutzen-Verhältnis unzufrieden sind, wissen dies oft nicht. Ihre Kundenbasis ist eher breit und flach, statt schmal und tief.

Fokussieren Sie sich deshalb auf eine Nische. Werden Sie darin ausgesprochen gut. Das ist ein wichtiger Schritt. Wissen Sie genau, wer ihre Zielgruppe ist – und wer nicht. Nehmen Sie konsequenterweise nur Aufträge an, die zu Ihnen und Ihrem Leistungsangebot passen.

Die Nischenstrategie

Es gibt verschiedene Wettbewerbsstrategien. Manche Unternehmen sind Preisführer in ihren Märkten, weil sie bessere Verfahren entwickelt oder Zugriff auf günstigere Ressourcen haben. Sie geben diese Kostenvorteile an ihre Kunden weiter. Andere differenzieren sich über kaufentscheidende, relevante Merkmale wie eine herausragende Qualität oder ein ausgeprägtes Marketing. Andere entwickeln innovative Leistungen oder Geschäftsmodelle, für welche die Kunden einen Aufpreis zahlen.

Viele IT-Consultants wählen die <u>Nischenstrategie</u>. Sie fokussieren auf einen Teilmarkt zum Beispiel IT-Systeme für Flughäfen oder Börsenhandelssysteme. Durch die Konzentration auf eine Zielgruppe werden sie deren Anforderungen besser oder günstiger gerecht als andere, die auf dem Gesamtmarkt agieren.

Erfolgreiche Unternehmer bestimmen ihre Zielgruppe genau. Das heißt, sie segmentieren den Markt und fokussieren – sei es auf SAP-Implementierung für das Modul SAP FI oder das Software-Testmanagement mittels HP ALM. Sie haben ihre Leistungen so stark differenziert und spezialisiert, dass diese von ihren Wettbewerbern nur schwer kopiert werden können, und sie kommunizieren ihren einzigartigen Vorteil wirkungsvoll.

Die Kraft unangefochtener Kompetenz

Gehen Sie nicht auch lieber zum Spezialisten? Wenn ich mich dazu entscheide, meine Augen lasern zu lassen, dann suche ich mir einen Spezialisten, der bereits Tausende von LASIK-Operationen nachweislich und erfolgreich durchgeführt hat.

Gerade der sich schnell bewegende IT-Markt nimmt gerne IT-Experten auf und belohnt diese mit hohen Tagessätzen. Benötigt ein Unternehmen einen Spezialisten für die Konzeption einer neuen Gebäudesicherheits- und Leitstandtechnik, dann wird es genau nach diesem Experten suchen – und nicht irgendeinen IT-Consultant beauftragen.

Vergleichen Sie diese Aussagen:

- „Als IT-Dienstleister beraten wir in ECM-Projekten."
- „Als Experten für Enterprise Content Management haben wir uns auf versicherungsspezifische Prozesse und Systeme spezialisiert. Wir unterstützen Versicherungen bei der Implementierung von FileNet-Lösungen."

Wem würden Sie als ECM-Verantwortlicher einer Versicherung Ihr Projekt eher anvertrauen, wenn es darum geht, *IBMs* FileNet in die Unternehmens-IT zu integrieren?

Was zeichnet eine gute Nische aus? Sie ist durch folgende Eigenschaften gekennzeichnet:

- eine ausgesprochene Nachfrage nach den spezialisierten Fähigkeiten des IT-Consultant,
- profitable Kunden, bei denen sich hohe Tagessätze für diese spezielle Kompetenz realisieren lassen sowie
- hohe Eintrittsbarrieren, die andere IT-Consultants nicht leicht durchbrechen können.

Die Vorteile der Nischenstrategie liegen auf der Hand: Sie werden von potenziellen Kunden leichter gefunden und heben sich von Wettbewerbern ab. Ein neuer Kunde bringt Ihnen einen Vertrauensvorschuss entgegen, denn Sie haben nachweislich die Expertise, die er sucht. Diese Sicherheit ist ihm etwas wert. Sie können einen höheren Preis leichter rechtfertigen. Er antizipiert, dass Sie die Aufgabe höchstwahrscheinlich erfolgreich durchführen. Offensichtlich haben Sie dies bei ähnlichen Projekten bereits bewiesen. Aus Kundensicht verringern Sie die Gefahr des Projektscheiterns.

> ## Warum Spezialisierung so erfolgreich ist.
>
> Professor Simon, Autor des Buches „Hidden Champions", untersuchte die Erfolgsfaktoren von Weltmarktführern und kam zu folgenden Erkenntnissen:
>
> Spezialisierung erfolgt durch verschärften Wettbewerb und ist der einzige Weg, exzellente Leistungen hervorzubringen. Spezialisten konzentrieren sich intensiv auf ihren Teilmarkt. Sie sind ständig auf der

Suche nach besseren Problemlösungen. Ihre Kunden sind selbst stark spezialisiert, wie die Anbieter für CarSharing und deren spezielle IT-Systeme. Sie investieren doppelt so viel wie andere Unternehmen in Forschung und Entwicklung, sind Innovatoren. Ihre große Kundennähe hilft ihnen, agil zu bleiben. Viele Spezialisten definieren ihren Markt über herkömmliche Grenzen hinweg und erschließen neue Märkte und Geschäftsbereiche.

Die Preise der Spezialisten sind 15 bis 20 Prozent höher und werden bezahlt, denn ihre Kunden schätzen den Mehrwert der Leistungen höher als den Preisaufschlag ein. Die exzellente Qualität wird durch eine hohe Fertigungstiefe gewährleistet. Werkzeuge werden individuell angepasst oder selbst gefertigt. Dies macht oft ihre Überlegenheit und Einzigartigkeit aus.[7]

In der Leistungserbringung sind Sie schneller und effizienter, da Sie auf vorhandenes Wissen zugreifen und erprobte Methoden, Vorlagen und Werkzeuge einsetzen. Sie vermeiden lange Einarbeitungszeiten und kommunizieren effektiver. Kunden mit Nischentechnologien sind zudem eher bereit, in die Einarbeitung eines IT-Consultants zu investieren und diesen länger zu halten. Die Kunden-Berater-Beziehung ist meist stärker ausgeprägt und in schwankenden Zeiten stabiler.

Besteht die Gefahr, eine Nische zu eng zu fassen?

Ihre Kundenbasis ist in einer Nische zwangsläufig limitiert. Verwundbar durch Spezialisierung werden Sie aber nur, wenn Sie Ihren Zielmarkt so stark einengen, dass Sie für Markt- und Technologieänderungen anfällig werden – beispielsweise wenn Sie Ihren speziellen Kundenstamm mit nur einer Expertise bedienen, diese durch eine neue Technologie abgelöst wird und Sie keine geeignete Strategie entgegensetzen können.

Trotzdem reduzieren Sie Ihr Risiko durch Fokussierung, da Sie durch Ihre extreme Kundennähe in Ihrem Teilmarkt einen enormen Wissensvorsprung aufbauen. Dadurch erkennen Sie bei Ihren Kunden frühzeitig Trends und Entwicklungen. Dies hilft Ihnen, mit schwierigen Situationen besser fertig zu werden. Außerdem bauen Sie ein wertvolles, problemlösungsorientiertes Know-how auf, das die Basis für Folgeaufträge ist.

Eine gezielte Positionierung zahlt sich also aus. Unterschätzen Sie nicht den Referenzeffekt. Nicht nur potenzielle Kunden kommen gezielt auf Sie zu, sondern auch Mitarbeiter und Geschäftspartner.

Ein Kunde ist keine Nische

Manche IT-Consultants und kleineren IT-Beratungsunternehmen sind jahrelang bei nur einem Kunden tätig. Sie werden in der Organisation ihres einzigen Kunden – meist eines Konzernes – „heimisch". Diese IT-Consultants bauen über Jahre Wissen über die Prozesse, Systeme und Organisationsstruktur ihres Kunden auf. Sicherlich stellt diese spezifische Kompetenz einen Wert in dieser einen Kundenbeziehung dar. Das Problem ist aber, dass dieser Wert auf dem Markt für den IT-Consultant nur bedingt weiter verwertbar ist. Die Folge: Er bekommt Schweißausbrüche, wenn der Kunde zu husten beginnt –wenn etwa die Gewinne des Kunden einbrechen und sein Projekt gestoppt wird oder seine Weiterbeauftragung aufgrund eines Wechsels in der Führungsebene auf dem Prüfstand steht.

Machen sich nicht von einem Kunden abhängig, sondern streuen Sie Ihr Risiko auf verschiedene Kunden. Bricht dann ein Projekt oder ein Kunde weg, stellt dies keine Katastrophe für Sie dar.

Ihre Kernkompetenz – Aufbau Ihrer Expertise

Viele IT-Consultants bauen sinnvollerweise auf der Expertise aus vergangenen Kundenprojekten auf. Sie konzentrieren sich auf ihre Kernkompetenzen, nutzen ihre spezifischen Kenntnisse in bestimmten Branchen, speziellen IT-Themen sowie ihre Technologiekenntnisse oder ihr Wissen über die Kundenorganisation. Daraus entwickeln sie ihre Nische.

Kernkompetenz bezeichnet die Fähigkeit, die ein IT-Consultant im Vergleich zur Konkurrenz besser ausführt und durch die er einen Wettbewerbsvorteil erlangt.

Wenden Sie folgenden Ansatz an, um Ihre Kernkompetenzen systematisch zu analysieren. Listen Sie Ihr Leistungsspektrum und Ihre speziellen Fähigkeiten auf, um die Kundenbedürfnisse zu erfüllen:

Ihre technologischen und produktspezifischen Kenntnisse:

Mit welchen Technologien, welcher Hardware oder welchen Systemen kennen Sie sich aus? Welche Technologien werden in einer Nische angewendet? Kommen Sie vom Allgemeinen zum Speziellen, zum Beispiel von SAP über SAP SRM zu SAP SRM mit Spezialisierung auf Vertragsmanagement.

Ihre IT-Funktionen und Rollen:

Reflektieren Sie abgeschlossene Projekte: Welche Rollen haben Sie zu Beginn der Beauftragung angenommen, welche beim Projektabschluss? Listen Sie die Rollen auf, in denen Sie tätig waren, zum Beispiel als Projektleiter einer Softwareentwicklung oder als Teilprojektleiter für das Software-Deployment in einem großen Migrationsprojekt. Fragen Sie Ihre Kunden, welche Fähigkeiten sie besonders an Ihnen schätzen.

Ihre branchen- und unternehmensspezifischen Erfahrungen:

Für welche Unternehmen und Branchen haben Sie bereits gearbeitet, zum Beispiel Krankenversicherung, Immobilienmanagement, Automobilzulieferer usw.? Sind dies mittelständische Unternehmen oder internationale Konzerne?

Möglichkeiten der Spezialisierung

Beim Bestimmen Ihrer Nische konzentrieren Sie sich nicht nur auf Ihre Kompetenzen, sondern auch auf Ihren Markt. Glauben Sie nicht „Meine PHP-Kenntnisse sind eine tolle Nische, also hänge ich mein PHP-Schild raus. Die Kunden werden schon anrufen!" Technologische Fähigkeiten bilden noch keine gute Nische. Eine Nische ist ein fein abgestimmter Zielmarkt und ergibt sich günstig aus einer Kombination unterschiedlicher Dimensionen – wie zum Beispiel einer Kombination aus Technologie- und Branchenkompetenz.

Aufgrund der vielfältigen Dimensionen, aus denen sich eine Nischenpositionierung ergeben kann, sind die folgenden Listen nicht vollständig. Sie bieten jedoch eine erste Orientierung.

Spezialisierung nach Technologien:

- Citrix
- VMWare
- SAP
- TIBCO
- FileNet
- Java
- C++
- Oracle DB

Spezialisierungen nach IT-Funktion und Rolle:

- IT-Projektmanagement
- Geschäftsprozessanalyse und Anforderungsspezifikation
- IT-Architektur-Design
- Software-Entwicklung
- IT Service Management
- Testmanagement und Qualitätssicherung
- IT-Vertragsmanagement
- IT-Revision

IT-Spezialisierung nach Branchenkompetenz:

- Finanzdienstleister
- Reise, Transport und Logistik
- Energie und Versorgung
- Industrie
- Telekommunikation und Medien
- Gesundheitswesen
- Behörden
- Handel und E-Commerce
- Dienstleistung

Spezialisierung nach Hype-Themen:

- Cloud Computing
- Big Data und Analytics
- Identity and Access Management
- IT Governance, Risk und Compliance
- Virtual Desktop Infrastructure
- IT im Marketing
- Bring Your Own Device (BYOD)

Erfolgreich und robust sind hybride bzw. mehrdimensionale Spezialisierungen. Kombinieren Sie spezifische Technologien, Märkte und Rollen zu Ihrem speziellen Zielmarkt, wie etwa IT-Risk und IT-Compliance für Banken, Smart-Grid-Systeme für Energieversorger, Entwicklung IT-gestützter Fachverfahren für Behörden, IT-Systeme für das vernetzte Auto oder Cloud-Dienste für Ärzte oder Handwerker.

Hinzu kommen Ihre geographische Aufstellung, zum Beispiel Ihre internationale Einsatzfähigkeit sowie Ihre Sprachkenntnisse.

Die „Krümel" der Großen

Große IT-Beratungsunternehmen decken nicht alle Aufgabenbereiche ab. Daraus ergeben sich Chancen für spezialisierte IT-Consultants und kleinere IT-Beratungsunternehmen. Als Subauftragnehmer bringen sie sich in große Projekte ein und führen Teilaufträge aus, die für die Großen uninteressant sind oder die sie inhaltlich nicht abdecken können.

Angesichts der steigenden Komplexität in der IT suchen Unternehmen Nischenspezialisten. Für die Experten der Nische werden Spitzenhonorare gezahlt, so zum Beispiel derzeit für Experten im Bereich Business Intelligence auf Basis von SAP HANA.[8]

Die richtige Nische zu finden ist keine Wissenschaft, sondern Arbeit. Hier ist Recherche notwendig. Wenn Sie gut recherchieren, regelmäßig mit Ihren Kunden sprechen sowie Märkte und Wettbewerber beobachten, dann finden Sie Ihren Zielmarkt. Sie werden Ihre Kernkompetenzen identifizieren und wissen, wer Ihre Zielkunden sind und wer nicht. Letzteres ist auch eine wichtige Erkenntnis.

Bestimmen Sie Ihre Zielgruppe

Ihre Zielgruppe ist mehr als eine Liste von ein paar Firmen. Sie besteht aus einer Gruppe potenzieller Kunden, die Gemeinsamkeiten haben und einen Bedarf teilen, der sich mit Ihrer Kompetenz deckt: Diese Kunden werden von Ihren Leistungen besonders angesprochen.

Finden Sie deshalb heraus, wer am meisten von Ihrer Expertise profitiert. Mit welcher Art von Unternehmen arbeiten Sie am besten? Es gibt viele Wege, um dies zu bestimmen, zum Beispiel indem Sie sich die Merkmale, Rahmenbedingungen und Herausforderungen Ihrer profitabelsten Kunden verdeutlichen.

Beantworten Sie sich folgende Fragen:

- In welchen Branchen sind Ihre Kunden tätig? Wie zyklisch oder krisenanfällig ist deren Geschäft? Was sind deren Markttreiber und Kunden? In welcher Lebenszyklusphase befinden sie sich – sind sie im Wachstum oder ist der Umsatz rückläufig?
- Wie groß sind die Unternehmen hinsichtlich Umsatz und Mitarbeitern? Sind es nationale oder internationale Unternehmen? Wo befindet sich der Firmenhauptsitz?
- Was sind die IT-Herausforderungen der Kunden? Wie ist die Struktur der IT-Organisation? Welche IT-Leistungen wurden ausgelagert?
- Wie geschäftskritisch ist die IT für diese Unternehmen? Beruht das Geschäftsmodell auf IT-Innovationen? Welche Technologien werden eingesetzt?
- Wie sieht die IT-Strategie dieser Unternehmen aus? Verfolgen diese eine Zentralisierungs- oder eine Dezentralisierungsstrategie, eine Make- oder eine Buy-Strategie, On- oder Off-Shoring?
- Wie komplex und kritisch sind die IT-Projekte dieser Unternehmen?

Konzern versus Mittelstand. Wo fischen Sie?

Prüfen Sie, wo Sie erfolgreicher sind: Im Ozean der großen multinationalen Großkonzerne, wo aber auch die Konkurrenz durch die Top 10 der IT-Beratungsunternehmen groß ist? Oder fischen Sie lieber in den kleineren Gewässern, die von den Großen meist noch ignoriert werden?

Multinationale Großkonzerne zeichnen sich durch eine höhere Organisationskomplexität aus. Ihre IT ist meist ebenso komplex wie ihre Organisationsstruktur, und der Bedarf an externen IT-Consultants, die sich erfolgreich in einer Nische positioniert haben, stellt sich entsprechend groß dar. Branchen wie der Automobilbau, Banken und Versicherungen sowie Reise, Transport und Logistik werden von Großunternehmen dominiert. Krisen kündigen sich früh an und stehen im öffentlichen Interesse.

Von den großen Budgets profitieren die Teams der großen IT-Beratungsunternehmen, während sie Einzelkämpfern eher nichts nutzen - denn diese können sich zeitgleich höchstens einmal selbst auslasten und ihren Umsatz nicht über den Einsatz weiterer Mitarbeiter skalieren. Auch dauert die Auftragsvergabe aufgrund aufwendiger Vergabeverfahren meist länger. Dafür werden aber die Budgets für Megaprojekte mit mehreren Jahren Laufzeit bereitgestellt.

Konzerne arbeiten meist mit Preferred Suppliers und Projektvermittlern auf Basis von Mengenkontrakten. Das erzeugt Preisdruck bei den nachgelagerten, als Subunternehmern eingebundenen IT-Beratungsunternehmen und freiberuflich tätigen IT-Consultants.

Vorteilhaft ist die Außenwirkung namhafter Unternehmen und Konzerne. Die Kundenliste eines IT-Beratungsunternehmens bzw. eines freiberuflich tätigen IT-Consultants wirkt gut mit den klangvollen Namen dieser weltweit bekannten Unternehmen. Das nutzt der Außendarstellung und damit der Vermarktung von IT-Beratungsleistungen.

Die IT mittelständischer Unternehmen ist meist nicht so komplex. Diese Unternehmen fragen daher eher praktikable Lösungen nach, die schnell und günstig umzusetzen sind. Der Beitrag des einzelnen IT-Consultants zum Unternehmenserfolg ist spürbarer, was als starke Referenz dienen kann. Mittelständler beauftragen direkt und ihr Einkauf ist flexibler. Hohe Honorare können, müssen hier aber nicht erzielt werden.

Analysieren Sie nun Ihre besten und profitabelsten Kunden.

Wenn Sie bereits eine Weile im IT-Beratungsgeschäft sind, haben Sie spezifische Erfahrungen in mehreren Aufträgen gesammelt. Nutzen Sie die folgenden Fragen, um herauszufinden, inwiefern eine gezielte Anpassung Ihrer Zielgruppe Sinn macht:

- Welches Geschäftsmodell ist für Sie am erfolgreichsten?
- Wer sind Ihre Top-Kunden?
- Mit welcher Art von Unternehmen kamen Sie nicht zurecht und würden diese in Zukunft als Kunden eher meiden?
- Welche Arten von Kunden waren die profitabelsten?
- Wodurch zeichnen sich die Projekte bei Ihren besten Kunden aus?
  - Projektart und -dauer
  - Zeitpunkt Ihrer Beauftragung im Lebenszyklus des Kundenprojekts
  - Form der Arbeitsorganisation (zum Beispiel in internationalen, geographisch verteilten Projektteams)
- Worin bestand der Leidensdruck des Kunden? Nach welchen Problemlösungen haben diese gesucht?

Wenn Sie Ihre besten Kunden analysieren, versuchen Sie herauszufinden, was diese gemeinsam haben. Jede Gemeinsamkeit hilft Ihnen, Ihr ideales Kundenprofil gezielter herauszuarbeiten. Ihre beste Zielgruppe ist die, in der die Rahmenbedingungen für die Erbringung Ihrer Leistungen gegeben sind: Wollten Ihre Kunden die Effizienz des IT-Betriebs erhöhen, die Time-to-Market neuer IT-Anwendungen reduzieren, ihre IT-Sourcing-Kette optimieren oder ihre IT-Strategie neu definieren?

Einzigartig statt austauschbar

Betrachten sie sie nebeneinander, so erkennen viele Kunden keinen Unterschied zwischen den zahlreichen IT-Consultants. Leider grenzen sich viele so ungeschickt ab, dass sie kaum Einfluss auf das Beauftragungsverhalten ihrer Kunden nehmen können. Java- und C++-Programmierer gibt es reichlich. Obwohl diese natürlich nicht gleich sind, scheinen sie sich in ihrer Gesamtheit wenig voneinander abzuheben. Als Ergebnis betrachten die Kunden die Leistungen als Commodity, das heißt als eine Massenhandelsware wie Kaffee oder Schweinebäuche, und orientieren sich am Preis! Ihre Leistungen und Fähigkeiten sind austauschbar, und so werden sie auch behandelt. Das bringt diese IT-Consultants in eine ungünstige Position.

Überzeugen Sie Ihre Kunden davon, dass Sie ihnen mehr bieten können als die anderen. Wenn Sie es schaffen, sich gegenüber der Konkurrenz zu differenzieren, und sei es nur geringfügig, kann Ihnen das nicht nur neue Aufträge und höhere Tagessätze bringen, sondern auch Ihren Vertriebsaufwand reduzieren. Wenn Sie die Aufmerksamkeit Ihrer Kunden auf sich lenken, verringern Sie Ihren Wettbewerb.

Es hilft aber leider nicht, ein großes Marketingnetz aufzuspannen und zu versuchen, jeden potenziellen Klienten einzufangen. Manche Marketingaussagen von IT-Beratungsunternehmen sind so abstrakt, dass niemand versteht, was diese eigentlich machen – geschweige denn, worin sie besser als die anderen sind. Auf ihren Websites behaupten sie: „Wir helfen unseren Kunden, IT-Systeme zu implementieren: Schnell, günstig und zuverlässig." Das hört sich nicht schlecht an, aber wie schaffen sie das? Was zeichnet sie aus? Von einer derart undifferenzierten Aussage fühlen sich potenzielle Kunden kaum angesprochen.

Die Bereitstellung eines USP stellt die zentrale Herausforderung im Marketing dar. Der Kunde kann ohne ein solches Alleinstellungsmerkmal keine Identifikation mit der Leistung aufbauen, sondern wird nur darauf abzielen, das Angebot über den besten Preis zu erwerben.

Ein USP ist ein Alleinstellungsmerkmal

Als Unique Selling Proposition wird das herausragende Leistungsmerkmal bezeichnet, mit dem sich ein Angebot deutlich von der Konkurrenz abhebt. Dieses sollte

- relevant für die Zielgruppe sein, das heißt einen überdurchschnittlich großen Nutzen liefern;
- verteidigungsfähig sein, das heißt schwer kopierbar für Wettbewerber;
- überlegen sein gegenüber anderen Angeboten der Bedürfnisbefriedigung;
- profitabel sein, also gewinnbringend auf dem Markt angeboten werden können;
- vermittelbar sein, das heißt deutlich und sichtbar für den Kunden kommuniziert werden können.

Nutzen Sie die Möglichkeit einer erkennbaren Differenzierung und überzeugen Sie mit einer präzisen Aussage zu Ihrer spezifischen Kompetenz, zum Beispiel: „Wir unterstützen Krankenhäuser, ihre IT-Sicherheit zu erhöhen und den rechtlichen Anforderungen der Norm IEC 80001 gerecht zu werden."

Eine klare Aussage zu Ihrer Einzigartigkeit vereinfacht Ihren Vertrieb, da Sie Ihren Kunden genau sagen können, wer Sie sind und was Sie für sie tun können. Ihr USP spart Ihnen Zeit, potenzielle Kunden über Ihr Leistungsangebot zu informieren. Das Alleinstellungsmerkmal hilft Ihnen dabei, Interessenten zu vermeiden, die Ihre Leistungen nicht benötigen.

Wenn Sie im Service Management tätig und ITIL-zertifiziert sind, was ist dann Ihr USP? Haben Sie sich eventuell auf branchenspezifische Prozesse oder bestimmte IT-Services spezialisiert? Haben Sie eine Vorgehensweise oder Vorlage für ein spezielles Problem entwickelt, die Ihnen einen echten Vorteil gegenüber Ihren Wettbewerbern gibt? Zeigen Sie das Ihren Kunden, denn diese haben keine Zeit, es selbst herauszufinden. Erwarten Sie das auch nicht.

Ihr Ziel sollte es sein, sich mit Merkmalen zu differenzieren, die für Ihre Kunden relevant sind. In der IT-Beratung können dies zum Beispiel Zusatzleistungen zur Kernleistung, eine günstige Standard-Beratungsleistung oder eine herausragende Kundenbeziehungspflege sein. Ihrer Kreativität sind keine Grenzen gesetzt. Wichtig ist, dass Ihre Kunden diese Differenzierung wirklich schätzen.

Vermeiden Sie abgedroschene Aussagen, denn damit heben Sie sich nicht ab:

Hohe Leistungsqualität
Davon gehen Ihre Kunden aus. Jeder wirbt damit. Dadurch neutralisiert sich die Wirkung der Aussage.

Erwartete Methoden und Werkzeuge
Bei Ihrem Steuerberater gehen Sie davon aus, dass er Zugang zur DATEV hat und mit den neuesten Steuergesetzen vertraut ist, oder? Ihre Kunden erwarten von Ihnen zu Recht, dass Sie nach etablierten Projektmanagementmethoden, wie PRINCE2 (OCG) oder PMBOK (PMI), arbeiten und die MS Office-Anwendungen bis ins Detail beherrschen. Es reicht nicht aus, Ihre Leistungen über die im IT-Beratungsgeschäft gängigen Standards zu vermarkten.

Zeugnisse und Titel
Ihr beruflicher Werdegang oder akademischer Abschluss wird vorausgesetzt, selbst Doktortitel sind nur bedingt Türöffner. Kunden interessiert es eher, in welchen Projekten Sie tätig waren, welches praktische Wissen Sie mitbringen und wie Sie ihnen bei ihren konkreten Herausforderungen helfen können.

Angst und Schwarzmalerei
Manche IT-Consultants versuchen, bei Kunden mit Angstszenarien Bedarf für Leistungen zu schaffen. Kunden durchschauen diese Taktik und die damit einhergehenden markigen Floskeln: Die Drohung „Wenn Sie die BSI-Kriterien nicht genauesten befolgen, sind Sie als IT-Leiter persönlich haftbar" in Kombination mit einem „Nur ich kann Ihnen helfen!" wirkt beim Kunden wenig vertrauenserweckend.

Der monetäre USP. Fixierung auf den Preis

Kunden wollen nicht zwangsläufig den billigsten IT-Consultant für ihre Aufgaben bei wichtigen IT-Projekten einsetzen. Mit der Betonung Ihres günstigen Preises ziehen Sie als IT-Consultant eventuell die falschen Kunden an. Der Preis ist in gesättigten Märkten ein wichtiges Kaufkriterium, das heißt wenn IT-Consultants austauschbar sind, weil sie die gleiche Leistung wie andere anbieten. Meistens wollen Kunden das beste Preis-Leistungs-Verhältnis.

Wenn Sie sich für den monetären USP entscheiden und Kunden mit Ihrem unschlagbaren Preis gewinnen wollen, dann müssen Sie auch zwangsläufig Ihre Leistungserstellung deutlich günstiger als Ihre Konkurrenz erbringen, um trotzdem rentabel zu sein. Dies kann zum Beispiel durch den Zugriff auf günstige Ressourcen, effizientere Prozesse oder standardisierte Beratungsprodukte gelingen.

Womit können Sie sich von Konkurrenten abheben?

Diese Frage können Ihnen Ihre Kunden am besten beantworten. Finden Sie deshalb heraus, was diese an der Zusammenarbeit mit IT-Consultants, insbesondere mit Ihren Wettbewerbern, am meisten stört. Machen Sie es besser und verstärken Sie Ihre Leistungen in diesem Bereich. Wenn Sie zum Beispiel mit einem großen IT-Beratungsunternehmen konkurrieren, finden Sie heraus, wo dieses sich schwer tut oder was im Unternehmen liegen bleibt. Setzen Sie dort an.

USPs für IT-Consultants

Ihre Kunden erwarten sowieso, dass Sie exzellente Ergebnisse liefern, sonst werden Sie nicht weiter beauftragt. Zudem sind andere IT-Consultants auch gut. Fokussieren Sie darauf, welche Vorteile und Einblicke Sie Ihren Kunden bieten können, und bestimmen Sie die Bedürfnisse Ihrer Kunden genau. Bieten Sie echte Lösungen, keine Slogans. Hier finden Sie einige Ideen, wie Sie den Unterschied zwischen sich und Ihren Wettbewerbern zu Ihren Gunsten verstärken können:

Machen Sie Ihre Kunden schlau

Manche IT-Consultants wissen zwar, für welche Aufgaben sie am besten eingesetzt werden, schaffen es aber nicht, ihren Kunden ihr Leistungsangebot verständlich zu vermitteln.

IT-Beratungsleistungen sind erklärungsbedürftig. Brechen Sie Ihre Leistungen auf kleinere Leistungseinheiten herunter. Belegen Sie jede Leistung, zum Beispiel mit einem Whitepaper zur Anwendung oder Implementierung einer Technologie, persönlichen Gesprächen oder Fallstudien zu erfolgreich gemeisterten IT-Projekten. Kunden benötigen Zeit, um Ihre Brillanz wahrzunehmen. Seien Sie geduldig. Es braucht verschiedene Kontaktpunkte und mehrere Interaktionen, damit potenzielle Kunden Sie, die Spezifika Ihrer Leistungen und deren Vorteile wahrnehmen und Ihre Einzigartigkeit erkennen. Machen Sie daher Ihre Kunden schlau, und zwar entsprechend ihren Bedürfnissen, ihrer Geschwindigkeit und ihren Entscheidungsprozessen. Kommunizieren Sie in Ihrem Marketing kundenspezifisch. Einige IT-Beratungsunternehmen individualisieren ihre Marketingkommunikation sogar auf einzelne, ausgesuchte Zielkunden.

Geben Sie etwas vorab

Die Beziehung zwischen Kunde und IT-Consultant entwickelt sich Schritt für Schritt. In frühen Beziehungsphasen bauen Kunden ihre Erfahrungen mit Ihnen kontinuierlich auf. Unterstützen Sie die Entwicklung der Beziehung und demonstrieren Sie Ihre Stärken, indem Sie kundenspezifische Seminare oder Technologierecherchen anbieten. Einige IT-Beratungsunternehmen laden zum Beispiel zu regelmäßigen IT-Innovations-Boards ein, in denen wichtige IT-Trends diskutiert werden. Sie nehmen dafür von Ihren Zielkunden keine Teilnahmegebühr oder lediglich eine, die sich am Selbstkostenpreis orientiert.

Beachten Sie dabei, dass persönliche Gespräche der effektivste Weg sind, um bei Kunden das scheinbare Risiko und die Unsicherheit bei der Beauftragung eines IT-Consultants zu reduzieren.

Ehrlich währt am längsten

Eigentlich ist das selbstverständlich. Kunden sind sehr sensibel, wenn es um aufgeblähte Aussagen geht. Sie spüren, was Fakt und was Fiktion ist. Berichten Sie nur von echten Ergebnissen und sagen Sie Ihren Kunden, was diese wirklich erwarten können, wenn sie mit Ihnen arbeiten. Realität schlägt Hype.

Eine echte Garantie

Garantiezusagen reduzieren die Unsicherheiten des Kunden während der Entscheidungsphase im Vorfeld Ihrer Beauftragung. Geben Sie nach Möglichkeit eine konkrete, messbare Garantie für Ihr Leistungsversprechen ab. Der Anbieter einer IT-Schulung bietet zum Beispiel eine Geld-Zurück-Garantie für den Fall, dass die Prüfung nicht bestanden wird. Im IT-Beratungsbereich könnte das die Zusage sein, die Bearbeitungszeit von Incidents im IT Service Management um zehn Prozent zu reduzieren. Wenn Sie eine Garantie aussprechen, dann formulieren Sie diese einfach und verständlich. Wenn sie sich aber wie das Kleingedruckte eines Versicherungsvertrages liest, verliert sie ihre Wirkung.

Hochangesehene Testimonials

Ein Kunde entscheidet sich eher für Sie, wenn Sie Testimonials von hochrangigen IT-Entscheidern (CIOs) oder mindestens von Personen haben, die sich auf der gleichen Hierarchie-Ebene befinden oder die in derselben Branche tätig sind wie der Kunde selbst. Falls Sie mit einer renommierten Universität, einem Think Tank oder anderen bekannten Institution, etwa einem der *Fraunhofer-Institute*, zusammenarbeiten, kann ein Empfehlungsschreiben dieser Organisation deutlich zu Ihrer Glaubwürdigkeit beitragen.

Präsentieren Sie Interessenten Ihre Kundenliste und bieten Sie diesen an, Ihre früheren Auftraggeber anzurufen. Beachten Sie dabei, dass Kunden gerne Unternehmen kontaktieren, die sie einschätzen können. Sie bewerten Aussagen ihrer eigenen Branche und Managementposition meist höher als Aussagen aus einer ihnen unbekannten Branche und Position.

Innovation

Nur wenige IT-Beratungsunternehmen innovieren und bringen neue Ideen, Leistungen oder Geschäftsmodelle auf den Markt, die der Wettbewerbsfähigkeit ihrer Kunden dienen. Viele IT-Consultants entwickeln ihre Beratungsleistungen um Themen oder einen Kundenstamm herum, nachdem sich ein Bedarf etabliert hat.

Wenn Sie als innovativer IT-Consultant bekannt sind, der sich permanent mit neuesten IT-Themen und Technologien auseinandersetzt und entsprechende Beratungsleistungen anbietet, dann werden vorausschauende Kunden Sie anrufen. Sie werden der Erste sein, der zu diesem Thema ein Beratungsprojekt durchführt, und die Agenda für andere setzen. Andere IT-Consultants wiederum beobachten erfolgreiche Innovationen ihrer Wettbewerber und kopieren diese. Sie sind nicht wirklich selbst innovativ, nehmen aber schnell neue Technologien oder Konzepte auf.

Gegen den Strom

Wenn eine neue Technologie oder ein neues IT-Thema auf den Markt kommt, wird dieses schnell per Marketing- und Vertriebskampagne an den Kunden gebracht. Beispiele gibt es genug: Cloud Computing, Big Data, Internet of Things. Wenn diese Bewegung dann an Fahrt gewinnt, springen auch die letzten IT-Consultants auf den Zug auf. Andere werfen einen eher distanzierten oder konträren Blick auf den Trend, statt mit dem Strom zu schwimmen. Sie bieten ihren Kunden dann authentische und aufschlussreiche Bewertungen zu Trends und neuesten Entwicklungen an – Sie relativieren den Hype und entzaubern technologische Modewellen. Auch damit können Sie punkten.

Ihre Marke

Das USP-Konzept funktioniert am besten in der Einführungs- und Wachstumsphase des Lebenszyklus einer IT-Beratungsleistung und in weitgehend ungesättigten Märkten. Sobald sich jedoch ein Leistungsangebot auf dem Markt etabliert hat und zahlreiche Wettbewerber aus Sicht der Kunden die gleiche Leistung anbieten, wird die Differenzierung schwierig. Die Alleinstellung ist dann oft nicht mehr gegeben, kaum glaubhaft oder weniger rentabel. Die Vermarktungsalternativen in einem reifen Markt bestehen entweder in der Besetzung eines monetären USP oder eines psychologischen, emotionalen USP, der Marke.

Ihre Marke, Ihre geschäftliche Identität ist Ausdruck Ihrer Professionalität und Selbstdarstellung. Sie wird durch Ihr Verhalten, Ihre Kommunikation und Ihr Erscheinungsbild widergespiegelt. Sie umfasst zum Beispiel Ihren Unternehmensnamen, die Bezeichnungen Ihrer Leistungsangebote, Ihr Logo, die Qualität Ihrer Website und wo und wie Sie werben. Je hochpreisiger Ihre Leistungen sind, desto hochwertiger sollte auch Ihre Marke sein, mit der Sie von Kunden, Interessenten, Mitarbeitern und Geschäftspartner erkannt und assoziiert werden.

Corporate Design

Bis vor einigen Jahren war es noch teuer, ein ansprechendes Logo, eine Website sowie eine hochwertige Geschäftsausstattung wie Briefpapier, Visitenkarten, Präsentationen, Broschüren und Publikationen entwerfen und produzieren zu lassen. Diese sind heute dank Design-Vorlagen und moderner Drucktechnologien einfacher und günstiger zu erstellen. Sie finden Grafikdesigner auf Portalen wie *Brandsupply.de* und *Freelancer.de*. Online-Druckereien wie *Vistaprint.de* oder *Flyeralarm.com* bieten Lösungen für Printmedien an.

Elevator Statement – Ihre starke Aussage

Auf Ihre Positionierung im Markt und Ihren USP bauen Sie nun Ihre Kommunikation auf. Große IT-Beratungsunternehmen schalten teure Anzeigen in Fachzeitschriften, werben großflächig in Bahnhöfen und Flughäfen und führen teure Kundenveranstaltungen durch. Das müssen Sie nicht. Hauptsache, Sie haben eine starke Aussage und kommunizieren diese, wo immer es geht, möglichst effektiv.

„Was machen Sie beruflich?", oder: „Was macht Ihr Unternehmen?" Diese Fragen kommen oft. Meist haben Sie nur 60

Sekunden, um mit Ihrer Antwort einen bleibenden Eindruck bei Ihrem Gesprächspartner zu hinterlassen. Deshalb sollten Sie ein bis drei Sätze parat haben, die jeder versteht.

Im Elevator Statement formulieren Sie Ihre Positionierung in Ihrem speziellen Marktsegment. Sie zeigen Ihren einzigartigen Mehrwert auf und beschreiben, wie Sie sich gegenüber Wettbewerbern abheben. Kurz und knapp.

Der folgende Aufbau hat sich für ein Elevator Statement bewährt. Beantworten Sie einfach nur die folgenden Fragen und fügen Sie die Antworten zu einem eloquenten Statement zusammen:

1. Für wen erbringen Sie Ihre Leistungen? Nennen Sie Ihren idealen Kunden bzw. Ihre Zielgruppe.
2. Welchen Bedarf bedienen Sie? Beschreiben Sie den Leidensdruck und Kundenbedarf sowie die Situation, in welcher Ihre Leistung typischerweise nachgefragt wird.
3. Wie grenzt sich Ihr Leistungsangebot ab? Legen Sie den spezifischen Bereich oder die Technologiedomäne dar, in der Sie Ihre IT-Beratungsleistung erbringen.
4. Welchen Kundennutzen liefern Sie? Listen Sie die Vorteile und Gründe für eine Beauftragung auf.
5. Wie lassen sich Ihre Leistungen mit denen von Konkurrenten vergleichen? Treffen Sie eine Aussage zum primären Wettbewerber oder zu typischen Handlungsalternativen Ihrer Kunden.
6. Warum sollte ein Kunde Sie beauftragen? Stellen Sie Ihr Alleinstellungsmerkmal dar.

Hier sind Beispiele für Elevator Statements:

„Wir, COBOL & Co, sind seit 25 Jahren auf die Wartung von COBOL-Programmen von Banken spezialisiert. Alter, schlecht dokumentierter COBOL-Code ist für uns ein Leichtes. Wir helfen Ihnen, bestehende COBOL-Programme zu warten und zu migrieren. Dafür haben wir eigene Verfahren entwickelt, die in zahlreichen Kundenprojekten erfolgreich eingesetzt wurden."

Oder:

„Wir verbinden Menschen mit Computern. Wir sind Interaction Designer. Die von uns gestalteten User Interfaces erleichtern es Menschen, Software intuitiv und effektiv zu bedienen. Wir werten Ihre Software mit einem attraktiven und zeitgemäßen Design auf – selbstverständlich unter Erfüllung aller gesetzlichen Ergonomie- und Arbeitsschutzanforderungen."

Ideen für den Anfang von Elevator Statements

Beginnen Sie Ihr Elevator Statement mit:

- einem interessanten Fakt: „Wussten Sie, dass 90 Prozent aller IT-Projekte nicht rechtzeitig oder nicht im Rahmen des geplanten Budgets fertiggestellt werden?"
- einem Wow-Effekt: „Hallo, ich heiße Manfred Drahtzieher. Ich bin der Erfinder der SuperApp für CIOs, die in der XYZ Publikation unter den zehn besten Apps des Jahres 2014 gelistet war."
- einer super kurzen Aussage mit sieben Wörtern
- dem wichtigsten Kundennutzen
- einer typischen Situation aus der Tätigkeit
- einem Witz
- Ihrem größter Erfolg beim Kunden

Seien Sie kreativ. Das zieht neugierige Fragen nach sich, und genau das wollen Sie. Es geht darum, Kontakte herzustellen und Interesse für weitere Erklärungen zu wecken. Sie wollen schließlich die Kommunikation mit potenziellen Kunden aufnehmen und nicht beenden.

Formulieren Sie Ihre Aussage zweimal: Einmal für Ihre schriftliche und einmal für Ihre mündliche Kommunikation.

Die Entwicklung einer wirklich umwerfenden und überzeugenden Aussage ist eine echte Herausforderung und braucht Zeit. Zur Inspiration schauen Sie auf die Aussagen anderer Unternehmen. Einige Elevator Statements von IT-Dienstleistern finden Sie zum Beispiel auf *CIO.de*.

Holen Sie sich ein ehrliches Feedback und testen Sie Ihre Aussage bei Freunden und Bekannten. Lassen Sie Ihr Elevator Statement nicht von anderen schreiben – das ist Ihre Kernaussage. Schreiben Sie, was für Sie Sinn macht.

Benutzen Sie kurze Sätze und tragen Sie Ihre Aussage klar vor. Das geht nur mit vorheriger Übung. Freuen Sie sich, wenn Ihnen auf die Frage „Und was machen Sie beruflich?" ein starker Satz locker über die Lippen geht.

---

[7] Prof. Simon, Hermann: „Wachsen in der Nische". In: www.brandeins.de, Stand: 01.10.2012.

[8] Tampier, Karsten: „So senken Sie die Kosten für IT-Berater" In: www.cio.de, Stand: 14.08.2013.

Kapitel 03

Ihre Leistungen: Das A und O Ihres Unternehmens

„Qualität bleibt, wenn der Preis längst vergessen ist."

H. Gordon Selfridge

Exzellente Leistungen sind die Grundlage jedes erfolgreichen Beratungsgeschäfts. Dabei gehen Ihre Leistungserbringung und Ihr Marketing Hand in Hand. Es kommt darauf an, dass Sie das von Ihren Kunden erwartete Leistungsniveau zu hundert Prozent erfüllen, oder besser: es übertreffen. Ihre wichtigste Fähigkeit ist deshalb, das zu <u>liefern</u>, was Sie versprechen. Letztlich zahlen sich die Qualität Ihrer Beratung, Ihre Integrität, Ihre Loyalität und Ihre hohe Reputation aus.

Kunden erwarten hervorragende Leistungen von ihren IT-Consultants. Dazu gehört in der IT-Beratungspraxis, dass Sie Ihre Beratungsergebnisse greifbar machen – durch Code-Zeilen, Systemspezifikationen oder IT-Management-Präsentationen. Achten Sie dabei sowohl auf den Inhalt als auch auf das äußere Erscheinungsbild Ihrer Ergebnisse, denn die Kundenbewertung kann sich einem guten Erscheinungsbild nicht entziehen. Das gilt auch für Source Code.

Wenn einem Kunden das Preis-Leistungs-Verhältnis eines IT-Consultants nicht gerechtfertigt erscheint, dann wird er diesen nicht weiter beauftragen oder versuchen, den Preis zu senken. Kunden sind nicht – ohne Gegenleistung – loyal.

Marketing kann Ihre Leistung nicht verbessern – diese muss von Anfang an stimmen. Nur wenn Sie Ihren Kunden einen echten Mehrwert liefern, werden Sie wiederbeauftragt und empfohlen.

Ihr Leistungsportfolio

In jedem Markt gibt es Kunden, die verschiedene Kompetenzen, Erfahrungen, Qualitäten, Formate und Verfügbarkeiten von IT-Beratungsleistungen nachfragen, und die gewillt sind, unterschiedliche Preise dafür zu zahlen.

Wie umfangreich ist Ihr Leistungsportfolio? Hier geht es um die Tiefe Ihrer Beratungsleistungen in einem Bereich, nicht um die Vielzahl Ihrer Beratungsthemen. Bieten Sie Ihren Kunden beispielsweise mehr an als nur die Programmierung von Software oder das Management seines IT-Projekts. Bieten Sie ergänzende Leistungen in Ihrem Bereich an. Für einen Programmierer könnten das Workshops zu Programmieralgorithmen und für einen IT-Projektleiter die Durchführung von Audits in schlecht verlaufenden IT-Projekten sein. Überlegen Sie, welche weiteren vor- oder nachgelagerten Tätigkeiten in Ihrem Bereich anfallen, die Sie im Rahmen eines Leistungspakets anbieten könnten.

Wenn Sie Ihr Leistungsangebot erweitern, dann profitieren Sie auf vielfältige Weise: Sie stellen sich dem Markt als Lösungsanbieter in Ihrer Nische dar. Sie erreichen einen größeren Markt, verwerten Ihr Wissen mehrfach und heben sich gegenüber Konkurrenten ab. Mit Leistungspaketen erzielen Sie höhere Umsätze und testen mit Einstiegsprojekten, inwiefern beim Kunden Bedarf nach weiteren Beratungsleistungen besteht.

Bauen Sie Ihr Leistungsportfolio zum Beispiel wie eine Pyramide auf – basierend auf Ihren günstigsten Leistungen bis hin zu höherwertigen Beratungsleistungen:

- längerfristige Projektarbeit
- Kurzprojekte, Audits, Assessments
- Vorträge, Seminare, interne Workshops
- Infoprodukte wie Studien, Fachartikel und Whitepapers

Neben der Abstufung nach der Leistungsart können Sie Ihre Leistungen auch auf andere Kundensegmente erweitern bzw. differenzieren, zum Beispiel nach Branchen oder nach Managementposition.

Die Herausforderung besteht oft darin, diese Leistungspakete auf Basis echter Kundenbedürfnisse zu identifizieren, zu definieren und zu vermarkten. Idealerweise arbeiten IT-Consultants und Marketingspezialisten dabei eng zusammen.

Einstiegsprojekte: Ihre Türöffner zum Kunden

Mit welchen Leistungen haben Sie bisher bei Ihren rentablen Kunden angefangen? Verdeutlichen Sie sich, welcher Einstieg letztlich Erfolg hatte – aber auch, was nicht funktioniert hat, zum Beispiel wenn die Managementebene des Kunden zu niedrig oder kein Budget vorhanden war. Erfolgreiche IT-Consultants versuchen, möglichst nah am Entscheider und früh in das Projekt einzusteigen. Entwickeln und testen Sie verschiedene Vorgehensweisen.

Sicher haben Sie schon einmal eine Probefahrt gemacht, um sich von der sportlichen Fahrleistung und Ausstattung Ihres Traumautos zu überzeugen. So wie Sie in der Vinothek verschiedene Weine verkosten, dient im IT-Beratungsgeschäft das Audit einer IT-Systemarchitektur, einer IT-Projektorganisation oder eines IT-Lieferantenportfolios als Einstieg in eine neue Kundebeziehung. Der Einstieg kann auch über eine Präsentation oder einen Workshop zu neuesten technologischen Entwicklungen beim CIO oder IT-Bereichsleiter erfolgen.

Diese Maßnahmen dienen dazu, Ihre Interessenten von Ihrer Kompetenz zu überzeugen. Indem Sie Ihre Leistung konkret machen, bauen Sie Vertrauen auf und erhöhen damit die Kauf- und Entscheidungsbereitschaft zu Ihren Gunsten. Dieses Vorgehen ist für beide Seiten vorteilhaft: Ihr Kunde und Sie können in dieser ersten Phase evaluieren, inwiefern weitere Investitionen in den Aufbau der Kunden-Lieferanten-Beziehung sinnvoll erscheinen.

Idealerweise beginnen Sie mit Einstiegsprojekten, die weitere Beauftragungen leicht ermöglichen. Strukturieren Sie Ihr Leistungsportfolio aber so, dass ein Kunde Sie in verschiedenen Projektsituationen und Rollen beauftragen kann. Beginnen Sie mit projektvorbereitenden Leistungen und entwickeln Sie Ihr Angebot darauf aufbauend zu komplexeren Leistungsinhalten.

Beispiele für Einstiegsprojekte sind:

- Wirtschaftlichkeitsberechnungen zum Einsatz einer neuen Technologie
- IT-Projektplanungen
- IT-Audits

Entwickeln Sie Einstiegsprojekte, um typische Problemstellungen Ihrer Zielgruppe mit deutlich reduziertem Zeit- und Beratungsaufwand zu beantworten. Dies kann beispielsweise ein Workshop über die gesetzlichen Vorgaben und die Revisionssicherheit bei der Digitalisierung von Unternehmensdokumenten nach GDPdU sein.

Eine Studie über die auf dem Markt angebotenen ECM-Technologien kann zum Beispiel dazu führen, dass ein Kunde Sie anfragt, bei der Auswahl einer solchen Technologie zu unterstützen und im Anschluss die Projektleitung bei der Implementierung zu übernehmen.

Infoprodukte

Infoprodukte sind hochwertige, entgeltliche Fachinformationen in verschiedenen Formaten, etwa als PDF oder EPUB. Mit ihrer Hilfe bauen Sie sich eine zusätzliche Umsatzquelle auf und Sie ziehen die Aufmerksamkeit von Interessenten an Ihrem Nischenthema auf sich.

Im Vergleich zu wissenschaftlichen Artikeln und Büchern sind Infoprodukte meist weniger theoretisch, sondern vielmehr pragmatisch verfasst. Sie liefern konkrete Lösungen für tatsächliche Kundenprobleme und erleichtern die Arbeit der Kunden signifikant, wie Produktvergleiche zur Entscheidungsunterstützung, lösungsorientierte und praxisnahe Arbeitshilfen oder Benchmark-Studien. Sie konzentrieren sich auf eine spezifische Problematik oder Zielgruppe und zeichnen sich durch einen hohen Praxisbezug und Nutzwert aus, etwa „50 Kriterien zur Auswahl eines Cloud-Anbieters" oder eine „Beispielrechnung zur Wirtschaftlichkeitsanalyse von Virtualisierungstechnologien".

Weitere Beispiele für Infoprodukte sind:

- Anbieter- und Marktübersichten
- Anforderungskriterien zur Auswahl von Technologien, IT-Services und -Lieferanten
- Wirtschaftlichkeitsberechnungen für den Einsatz neuer Technologien
- generische IT-Projekt- und -Implementierungszeitpläne
- Checklisten für IT-Projekte und Prozessspezifikationen für den IT-Betrieb

Herstellerunabhängige IT-Consultants sind mit ihren Infoprodukten aus Kundensicht objektiver und investigativer im Vergleich zu den Marketingmaterialien der Technologiehersteller und damit für diese eine wichtige Entscheidungshilfe.

Im Vergleich zum kostenfreien Whitepaper sollten Sie für Ihr Infoprodukt eine Schutzgebühr erheben. Indem Sie Ihrem Produkt einen Preis zuordnen, geben Sie Ihrer Arbeit einen Wert, und Sie filtern diejenigen heraus, die kostenfrei Informationen abziehen wollen. Stattdessen erhalten Sie Kontakt zu Interessenten, die bereit sind, in die Beantwortung einer Fragestellung zu investieren und ernsthafter an Beratungsleistungen zu diesem Thema interessiert sind. Falls Sie Ihr wertvolles intellektuelles Kapital nicht an die Konkurrenz geben wollen, dann behalten Sie sich in der Vermarktung Ihres Infoprodukts das Recht vor, dieses nur an Anwenderunternehmen zu senden.

Die Preise für Infoprodukte reichen vom Buchpreis bis hin zu mehreren Tausend Euro. Was ist nun ein angemessener Preis für Ihr Infoprodukt? Orientieren Sie sich nicht zwingend an der Seitenzahl. Die Zeiten der Ziegelsteinbücher im IT-Bereich sind vorbei. Der Wert eines Infoprodukts – und damit sein Preis – bemisst sich vielmehr nach der Bedeutung des Themas, seiner praktischen Relevanz für den Kunden und seiner Einzigartigkeit.

Wenn sich eine Bank für die Einführung einer Business Intelligence Anwendung interessiert, die mehrere Hunderttausend

Euro an Software-Lizenzgebühren und ein Vielfaches davon in der Implementierung kosten wird, dann ist eine Marktübersicht oder ein Vergleich der Technologieanbieter sicherlich einen Bruchteil dieser Gesamtinvestition wert.

Fragen Sie Ihren Kunden, welche spezifischen Informationen für ihn hilfreich sind und was ihm diese wert wären. Welche Risiken kann er durch die Verwendung des Infoprodukts vermeiden? Wie hoch ist sein alternativer Aufwand, um sich diese Information zu beschaffen, zum Beispiel gemessen in Beratertagen? Zu welchem Preis werden ähnliche Infoprodukte angeboten? Sie können den Preis auch nach Zielgruppe differenzieren. So zahlen Technologieanbieter, Berater und IT-Dienstleister für den ECM-Vergleichstest für Endkunden deutlich mehr als die Anwender.[9]

Es gibt viele Infoprodukte im IT-Bereich, Beispiele sind etwa:

- "Leadership Compass: Identity Provisioning" von Kuppinger Cole, € 1.295,-
- "Radar for Integration Technologies for Hybrid Cloud" von Enterprise Management Associates, $ 795,-
- „Strategisches IT-Management" der Handelsblatt-Jahrestagung, € 499,-

Welche Infoprodukte könnten Sie anbieten? Denken Sie zunächst an typische Dokumente und Arbeitsergebnisse, die Sie in Ihren letzten Projekten für sich oder für Ihre Kunden erstellt haben. Überlegen Sie dann, welche sich für ein Infoprodukt verwerten lassen. Die Idee dahinter ist einleuchtend: Wenn sich ein Unternehmen mit einem bestimmten Thema beschäftigt, dann ist dieses meist auch für andere interessant.

Fangen Sie mit einer Idee an und testen Sie diese. Bauen Sie auf dem auf, was funktioniert. Lernen Sie daraus: Manche Infoprodukte werden erfolgreich sein, andere nur kostendeckend oder gar ein Flop. Entwickeln Sie zunächst ein einfaches Infoprodukt. Interviewen Sie zum Beispiel Vordenker in Ihrem Bereich für einen Artikel. Lassen Sie sich bei einem Vortrag oder Webinar aufnehmen und vermarkten Sie die Aufnahme. Prüfen Sie, welche Infoprodukte Sie leicht erstellen können, die für Ihre Zielgruppe relevant sind und die es so noch nicht gibt. Die zigste Präsentation zur Bedeutung des IT-Servicekatalogs bringt keiner mehr.

Kurze Innovationszyklen in der IT–Beratung

Kein IT-Beratungsunternehmen kann sich langfristig auf dem Markt behaupten, wenn es seine Leistungen nicht weiterentwickelt. Ihr „Brot-und-Butter"-Geschäft wird Sie zwar wirtschaftlich eine Weile auslasten, aber ohne permanente Innovationsbereitschaft veralten Themenkompetenz und Technologieexpertise im IT-Bereich schnell. Bieten Sie deshalb einen Mix aus bewährten und neuen Leistungen an. Innovativ sein heißt, schneller als der externe Wandel zu sein.

Der Lebenszyklus einer Beratungsleistung stellt sich wie folgt dar: Ein innovatives IT-Beratungsunternehmen führt eine neue Beratungsleistung ein, setzt auf eine neue Technologie oder zeigt ein innovatives Vorgehen bei der Gestaltung von IT-Organisationen auf. Damit erzielt es hohe Tagessätze. Die Leistung wird exklusiv angeboten, der Markt ist ungesättigt. Andere IT-Beratungsunternehmen erkennen das und kopieren die Leistung. Um die Aufmerksamkeit der Kunden zu gewinnen, bieten sie die gleiche Leistung günstiger an. Mit der steigenden Anbieterzahl sättigt sich der Markt und der Preis fällt. Das innovative IT-Beratungsunternehmen, das die Leistung entwickelt und zuerst angeboten hat, muss seine Investition in die innovative Leistung amortisieren, solange es der einzige oder dominierende Anbieter ist bzw. solange seine einzigartigen Fähigkeiten und Ressourcen von den anderen nicht kopiert werden.

Unabhängig davon, ob Sie aktiv sind oder eher später auf den Zug aufspringen, wenn sich Themen und Technologien bereits etabliert haben: Als IT-Consultant werden Sie regelmäßig neue Leistungen anbieten müssen. Seien Sie lieber aktiv. Bleiben Sie in Ihrem Fachgebiet auf dem Laufenden. Reden Sie mit Ihren Kunden und Interessenten. Investieren Sie einige nicht fakturierbare Stunden, um mit Entscheidern über deren Geschäftsprobleme zu sprechen. Die Grundidee ist, dass Sie den wahren Leidensdruck und konkreten Bedarf identifizieren, den Ihre Zielgruppe hat. Entwickeln Sie darauf aufbauend innovative Beratungsleistungen, die Sie mit Ihren Fähigkeiten lösen können.

Die Branchen Ihrer Kunden unterliegen permanenten Veränderungen, und die IT-Branche selbst entwickelt sich mit dramatischer Geschwindigkeit weiter. Gespräche und Interviews mit Kunden in Kombination mit den Visionen und Prognosen von IT-Vorreitern helfen Ihnen bei der Entwicklung Ihrer innovativen Beratungsleistungen.

> **Einen Schritt weiter: Bevor es Ihre Kunden wissen.**
>
> „Die Menschen wissen nicht, was sie wollen, bis man es ihnen zeigt." behauptete Steve Jobs.[10] Er versuchte herauszufinden, was seine Kunden wirklich brauchen, noch bevor diese es selbst wussten. Auch Henry Ford stellte fest: „Wenn ich Kunden gefragt hätte, was sie brauchen, hätten sie geantwortet: Ein schnelleres Pferd."
>
> Es ist an Ihnen, aus den Zeilen zu lesen, die noch nicht geschrieben sind. Ihre Intuition ist gefragt!

Wenn Sie Ihren Markt gut kennen, haben Sie vielleicht bereits Ideen, wie Sie mit Ihren neuen Beratungsleistungen die Kundenprobleme besser, schneller oder günstiger lösen. Fragen Sie Ihre Kunden nach Feedback, insbesondere solche Kunden, die selbst Vorreiter und offen für innovative Beratungsleistungen sind – ohne Ihre neuen Leistungen gleich verkaufen zu wollen.

Zukunftsfähiges Leistungsportfolio

Analysieren Sie Ihr Leistungsangebot. Ihr Ziel sollte ein ausgewogenes Portfolio sein, das heißt einige Leistungen mit hohem Wachstumspotenzial, solide „Brot-und-Butter"-Leistungen sowie ein paar neue, innovative Leistungsangebote. So realisieren Sie Ihren benötigten Grundumsatz und sind gleichzeitig für die Zukunft gerüstet.

Leistungsangebote, die sich noch in einer frühen Phase ihres Produktlebenszyklus befinden, zum Beispiel Hype-Themen wie Internet of Things, BYOD und Big Data erfordern Investitionen, etwa in Form von Weiterbildungen oder Marketingmaßnahmen. Da der Erfolg dieser Leistungen anfangs unklar ist, sollten Sie regelmäßig prüfen, ob Sie weiter in diese investieren oder sie wieder aus dem Portfolio nehmen sollten. Ihre „Brot-und-Butter"-Leistungen bilden das Rückgrat Ihres IT-Beratungsgeschäfts. Dies können etwa langlaufende Implementierungs- oder Transformationsprojekte sein. Investieren Sie parallel in neue, vielversprechende Beratungsleistungen und deren Vermarktung. Belassen Sie Beratungsleistungen, die kaum rentabel sind oder sich in einem stagnierenden Markt befinden, im Portfolio, solange diese einen positiven Deckungsbeitrag erwirtschaften. Investieren Sie aber nicht mehr in auslaufende Leistungen oder Technologien, die in absehbarer Zeit obsolet sein werden.

Prüfen Sie, wie Sie Ihr Leistungsportfolio optimieren können.

Auswirkungen der Lebenszyklusphasen eines Technologieproduktes auf das IT-Beratungsgeschäft

Die Umsätze technologieorientierter IT-Consultants stehen in direkter Abhängigkeit zur Lebenszyklusphase der Technologie selbst:

Innovationen: Die Technologie ist brandneu (zum Beispiel SAP HANA). Hohe Tagessätze sind möglich. Noch ist der Wettbewerb gering. Da es kaum Erfahrungen gibt, sind Investitionen in den Wissensaufbau nötig. Das Risiko besteht darin, dass sich die Technologie nicht durchsetzt.

Plateau: Die Technologie hat sich etabliert (zum Beispiel Java). Viele Installationen erzeugen eine hohe Nachfrage. Zahlreiche IT-Consultants befinden sich im Markt, die Konkurrenz ist groß, die Preise sinken.

Auslaufend: Die Nachfrage nach dieser Technologie nimmt ab (zum Beispiel Natural/ADABAS). Investitionen lohnen sich nicht mehr.

Themen und Budgets der Zukunft

Prägten Themen wie Client/Server Computing und Object Oriented Programming, ERP und CRM die Zeit von 1994 bis 2004, so beschäftigten wir uns in den letzten zehn Jahren mit Themen wie Web 2.0 und Social Media, IT Service Management, Mobile Apps, IT-Sicherheit, Globalisierung und Cloud Computing.

IT-Trends und Marktprognosen werden jährlich von verschiedenen IT-Research-Unternehmen wie *Gartner*, *Forrester Research* oder *IDG* herausgegeben. Für 2014 identifizierte *Gartner* folgende zehn strategische Technologietrends: [11]

1. Mobile Device Diversity & Management
2. Mobile Apps & Applications
3. The Internet of Everything
4. Hybrid Cloud & IT as Service Broker
5. Cloud/Client Architecture
6. The Era of Personal Cloud
7. Software Defined Anything
8. Web Scale IT
9. Smart Machines
10. 3D Printing

Neue Technologien und Themen sind gut für das IT-Beratungsgeschäft, denn sie schaffen Bedarf der inhaltlichen Einordnung und Klärung sowie der anschließenden Umsetzung.

Halbwertzeit von IT-Wissen

Die Halbwertzeit von IT-Wissen wird immer kürzer. Hochschulwissen und berufliches Fachwissen verlieren nach fünf bis zehn Jahren 50 Prozent ihrer aktuellen Bedeutung. Technologiewissen „verfällt" aber häufig bereits nach zwei bis drei Jahren. Das *Fraunhofer-Institut* geht mittlerweile beim IT-Wissen von einer Halbwertzeit von nur einem Jahr aus.[12]

Werten Sie Statistiken und Reports aus, um zu sehen, welche Trends Ihr Unternehmen oder Ihr Geschäftsmodell beeinflussen. Schauen Sie auch, welche Fähigkeiten auf dem Arbeitsbzw. auf dem Projektmarkt gesucht werden oder wie die großen IT-Beratungsunternehmen ihr Leistungsportfolio weiterentwickeln.

T-Systems fokussiert laut Geschäftsbericht verstärkt auf Leistungen wie Cloud Computing und IT-Lösungen für Branchen, die sich derzeit im Umbruch befinden, etwa Energieversorgung, Gesundheitswesen und Automobilindustrie. Im Jahr 2015 will das Unternehmen im Wachstumsfeld Cloud Services rund acht Milliarden Euro Umsatz erwirtschaften.[13]

Für Sie als IT-Consultant ist es wichtig, dass Sie sowohl die Branchen Ihrer Kunden, die Trends in der IT-Industrie und im IT-Beratungsgeschäft im Auge behalten.

Fähigkeiten der Zukunft für IT–Consultants

Hochwertige Leistungen werden höher honoriert; doch welche Leistungen sind hochwertig? Im IT-Beratungsgeschäft werden unterschiedliche Einsatzbereiche mit teilweise stark voneinander abweichenden Beratungshonoraren unterschieden:[14]

- IT-Projektleiter, IT-Architekten, IT-Consultants zur Unterstützung von IT-Investitionsentscheidungen,
- IT-Consultants für die Anforderungsanalyse und technologische Spezifikationen,
- IT-Experten für die Installation und Konfiguration von Standardtechnologien (zum Beispiel Oracle Database, Microsoft Sharepoint),
- Software-Entwickler,
- Software-Tester,
- IT-Administratoren.

Wanted: IT-Consultants

Laut *IG-Metall*-Gehaltsstudie gehören IT-Consultants zu den gesuchtesten Berufsgruppen auf dem IT-Arbeitsmarkt. Vor allem Geschäftsführer und Partner von IT-Beratungsunternehmen, Senior Consultants sowie IT-Projektleiter gehören zu den Spitzenverdienern der Branche. Der erfolgsabhängige, variable Anteil am Einkommen wächst mit der Berufserfahrung und der steigenden Verantwortung.

Gutes Geld gibt es auch für Vermarktungs- und Vertriebsprofis. Hier liegt der variable Gehaltsanteil bei 40 Prozent.[15]

Konzeption wird besser bezahlt als Administration. Wer strategisch arbeitet verdient tendenziell mehr als jemand, der operativ für den Betrieb sorgt. Tätigkeiten wie Fehler finden und den Betrieb gewährleisten werden geringer entlohnt als Leistungen wie Projekte leiten, Konzepte erstellen und IT-Architekturen entwerfen.

Laut einer Stundensatzauswertung von *GULP* fordern IT-Projektleiter im Durchschnitt 82 Euro pro Stunde. Sie liegen damit in der Entlohnung 22 Euro oder 36 Prozent über den IT-Administratoren.[16]

Idealprofil eines IT-Consultants

Laut *Ingolf Wittmann*, Direktor für komplexe IT-Lösungen bei *IBM*, sollten IT-Consultants ein T-Profil aufweisen: Tiefes, vertikales Technologiewissen kombiniert mit themenübergreifender Expertise. Darüber hinaus sollten sie technische Sachverhalte verständlich darstellen, sodass Menschen ohne Spezialwissen sie verstehen können. Damit fungieren sie als Übersetzer zwischen dem Business und den IT-Spezialisten. Diese Fähigkeiten werden über jahrelange Lernprozesse aufgebaut und zeichnen erfahrene IT-Consultants aus.[17]

IT-Mitarbeiter in Unternehmen sollen immer mehr mit immer weniger Mitteln leisten. Künftig werden unternehmensinterne IT-Abteilungen eine geänderte Rolle bei der Koordination von IT-bezogenen Aufgaben wahrnehmen. Outsourcing und Cloud Computing treiben diesen Wechsel voran. Eine *Gartner*-Studie zu IT-Services zeigt auf, dass Vermittleraufgaben wie Cloud Services Brokerage, immer wichtiger werden.[18]

Unternehmensinterne IT-Abteilungen werden sich so positionieren, dass sie die Auswahl und Kontrahierung externer Cloud Services für ihre internen Fachabteilungen anbieten. Themen, die sich in diesem Zusammenhang für IT-Consultants ergeben, sind zum Beispiel:

- Erstellung von Wirtschaftlichkeitsberechnungen für den Einsatz von Cloud Services
- Auswahl von Cloud Services und Gestaltung der Cloud Services Verträge
- Integration der Cloud Services in die bestehende IT-Landschaft

Verstehen Sie die Kundenbedürfnisse

Es ist wichtig, dass Sie wissen, wie Sie Ihre Leistungen im Sinne Ihrer Kunden verbessern oder erweitern können. Die Krux ist, dass Ihre Kunden es Ihnen aber meist von selbst nicht sagen. Wenn Ihr Kunde mit Ihren Leistungen nicht zufrieden ist, wird er Sie nicht weiter beauftragen. Die Begründungen sind dann vielfältig, aber letztlich passt ihm Ihr Preis-Leistungs-Verhältnis nicht.

„Get a slap in the face instead a pat on the back"

Fragen Sie nach den wahren Gründen! Das ist zwar erst einmal hart, bringt Sie aber langfristig weiter. Statt „Sind Sie mit uns zufrieden?", fragen Sie Ihre Kunden besser „Wie können wir unsere Leistungen für Sie verbessern und unser Angebot in Ihrem Sinn ausbauen?"

Diese Fragen geben Ihrem Kunden die Möglichkeit, Ihnen konstruktive Vorschläge zu unterbreiten. Außerdem nimmt er wahr, dass Sie sich und Ihre Leistungen weiterentwickeln wollen. Er kann Ihnen ein Feedback geben, ohne Ihnen auf die Füße zu treten. Wenn Ihnen Ihr Kunde sagt, dass er zufrieden ist, bitten Sie ihn um seine Referenz oder fragen Sie ihn, ob er Sie weiterempfehlen würde.

Machen Sie Ihre Leistung sichtbar

Was will ich, wenn ich am Samstagmorgen in die Waschanlage fahre? Klar: ein sauberes Auto, und zwar von innen und außen. Ich will wissen, wie lange ich warten muss, was es kostet und ob es das Zusatzangebot „Wachs und Politur" gibt. Erklärungen zur technischen Funktionsweise der Autowaschanlage interessieren mich nicht. Ich will nur mein Problem lösen: Ein schmutziges in ein sauberes Auto wandeln.

IT-Beratungsleistungen sind erklärungsbedürftig, ihre Qualität ist schwer messbar. Es reicht leider nicht, wenn Sie wissen, was Sie alles für Ihre Kunden tun können. Sie müssen es Ihrer Zielgruppe auch klar kommunizieren, und zwar in einer solchen Form, dass Ihre Kunden Ihren Mehrwert verstehen und erkennen, welche Ergebnisse sie von Ihnen erhalten werden.

Viele IT-Beratungsunternehmen stellen zwar auf ihrer Website ihre Kompetenzen dar, gehen aber dann nicht den nächsten Schritt. Sie zeigen nicht auf, welche Ergebnisse sie für ihre Kunden erbringen können und wie sie dies erreichen. Manche IT-Consultants tun sich schwer, ihr Leistungsangebot und ihren Beratungsansatz konkret zu beschreiben, ihre Leistungen klar zu definieren und die sich daraus ergebenden Vorteile für den Kunden herauszuarbeiten. Sie halten ihre Leistungsbeschreibungen vage, um eine möglichst breite Zielgruppe abzudecken. „IT-Beratung" oder „Systemintegration" heißt es dann, gefolgt von einer allgemeinen Beschreibung, was alles möglich ist, und alles Weitere wird individuell im Gespräch geklärt.

Durch unklare Leistungsbeschreibungen verlieren Sie Interessenten oder sprechen die falschen Kunden an. Ein potenzieller Kunde fragt sich möglicherweise, in welchem Umfang Sie Ihre Leistungen anbieten, wie die Vorgehensweise bei einer Zusammenarbeit aussieht, wie hoch seine Kosten sein werden oder wovon diese abhängen. Eventuell ruft er Sie an, um seine Fragen zu klären – oder er sucht weiter.

Sagen Sie Ihrem Kunden deshalb, welche Probleme Sie für ihn lösen, was Sie konkret für ihn tun können, und vor allem: was er davon hat, wenn er Sie beauftragt. Mit typischen Projekteinsätzen führen Sie ihm vor Augen, in welchen Szenarien und Situationen Sie ihn unterstützen können, je konkreter und umfangreicher desto besser.

Beschreiben Sie neben Ihren konkreten Leistungen auch den Wert Ihrer Leistungen für Ihren Kunden sowie

- Ihre Zielgruppe,
- die Herausforderung, mit der sich Ihre Kunden typischerweise konfrontiert sehen und deren Leidensdruck;
- die wirtschaftliche Bedeutung des Problems, das Sie lösen können bzw. die Konsequenzen, wenn das Problem nicht gelöst wird;
- Ihre Lösung, das anvisierte Ergebnis Ihrer Leistung sowie Ihr konkretes Vorgehen;
- den monetäre Nutzen und weitere Vorteile Ihrer Leistungsergebnisse für den Kunden;
- den geschätzten Umfang, Ihre Preisliste bzw. die Berechnungsgrundlage für Ihre Preise;
- Gründe, warum ein Kunde Sie statt anderer IT-Consultants beauftragen sollte.

Verweisen Sie auch auf Referenzkunden und Fallbeispiele. Der Vorteil einer konkreten Leistungsbeschreibung ist, dass Sie Ihren Kunden mit Informationen zu Ihrer Leistungsfähigkeit versorgen. Sie erhalten einen Vertrauensvorschuss, wenn ein potenzieller Kunde frühzeitig erkennt, was Sie liefern können – und welche Leistungen Sie nicht anbieten. Auch das ist eine wichtige Information. Wenn Sie Ihre Leistungen modular anbieten, kann er sich immer noch entscheiden, für welchen Leistungsumfang er Sie beauftragen möchte.

---

[9] ECM-Vergleichstest 2012. In: www.computerwoche.de, Stand: 21.12. 2013

[10] Yarow, Jay: „The Best Steve Jobs Quotes From His Biography". In: www.businessinsider.com, Stand: 26.11.2011.

[11] Cearley, David: „Top 10 Strategic Technology Trends for 2014". In: www.gartner.com, Stand: 10.12.2013.

[12] Probst, Gilbert, Romhardt, Kai: Bausteine des Wissensmanagements – ein praxisorientierter Ansatz. In: Dr. Wieselhuber & Partner (Hrsg.): Handbuch Lernende Organisation. Wiesbaden: Gabler, 1997, S. 129-143.

[13] Deutsche Telekom: Geschäftsbericht 2011. In: www.telekom.com, Stand: 21.10.2013.

[14] Tampier, Kartsen: „Tagessätze für IT-Berater: Trend 2013". In: www.maturity.com, Stand: 01.01.2013.

[15] IG Metall: „Die Betriebe haben die Krise gut gemeistert" In: www.igmetall.de, Stand: 12.04.2012.

[16] GULP: „Stundensatz-Forderung der IT-/Engineering-Freiberufler nach Positionen" In: www.gulp.de, Stand: 01.08.2013.

[17] Ramge, Thomas: „Im Schwitzkasten der Nerds". In: www.brandeins.de, Stand: 01.01.2013.

[18] King, Ed: „The Emerging Role of the Cloud Service Brokerage". In: www.wwpi.com, Stand: 25.07.2013.

Teil II

Marketing @ Work

Kapitel 04

Ihr optimaler
Marketing-Mix

„Marketing is not a short-term selling effort but a long-term investment. Selling is only the tip of the marketing iceberg. "

Philip Kotler

Welches ist der beste Marketing-Mix für IT-Consultants? Bei dieser Frage geht es nicht um richtig oder falsch, sondern darum, was für Sie funktioniert und in welche Marketingziele Sie verfolgen.

Wenn Sie sich gerade als IT-Consultant selbstständig gemacht haben, sich von einem Hauptkunden unabhängig machen oder mit Ihrem IT-Beratungsunternehmen wachsen wollen, dann werden Sie Ihre Marketingmaßnahmen auf die Gewinnung von neuen Kunden ausrichten. Sind Sie bereits eine Weile im Geschäft, dann besteht Ihr Marketingziel möglicherweise darin, Ihren Umsatz bei Bestandskunden zu sichern und auszubauen. Meist ist es eine Kombination beider Ziele.

Was für den einen IT-Consultant wirkt, gilt nicht zwangsläufig für den anderen. Wenn es um die Vermarktung geht, hat jeder IT-Consultant eine andere Meinung und seine eigenen Erfahrungen gemacht. Fragen Sie andere Einzelkämpfer oder IT-Beratungsunternehmen, wie diese ihre Aufträge akquirieren und ihre Kundenbeziehungen ausbauen. Sie werden unterschiedliche Antworten erhalten.

Ziel Ihres Marketings sollte ein voller Vertriebskanal sein. Einerseits wollen Sie neue Kunden gewinnen und andererseits den Umsatz mit Ihren Bestandskunden erhöhen. Das heißt,

Sie wollen zunächst genügend und vor allem die richtigen potenziellen Kunden für Ihre Leistungen interessieren. Ihre Bestandskunden sollten wissen, welche Leistungen Sie noch anbieten. Letztlich wollen Sie Kunden, die Ihre Leistungen und deren Wert verstehen und dafür bezahlen wollen – und können.

Aus Kundensicht

Laut einer Studie finden Kunden ein neues Beratungsunternehmen über die folgenden Quellen:

- persönliche Empfehlungen von Kollegen inner- und außerhalb des eigenen Unternehmens
- Marketing des Beraters mittels Vorträgen und Publikationen in Fachzeitschriften
- Listung des Beraters in Expertenportalen oder Business-Netzwerken[19]

Erfolgreiche IT-Consultants mit starken Kundenbeziehungen zeichnen sich durch folgende Eigenschaften aus:

- Sie sind die Geheimwaffe ihrer Kunden, und werden „mitgenommen", wenn diese den Arbeitgeber wechseln.
- Sie haben sich über Jahre ein berufliches Netzwerk aufgebaut und erhalten darüber Kundenanfragen. Sie scheuen sich auch nicht, nach Empfehlungen zu fragen.
- Sie pflegen loyale Beziehungen zu ihren Kunden und erkennen frühzeitig Potenzial für weitere Aufträge. Sie sind auch loyal zu ihren Kunden, wenn deren Karriere einmal wackelt. Dadurch sichern sie sich Folgeaufträge, sobald es für ihre Kunden wieder bergauf geht.
- Sie publizieren in Fachzeitschriften oder referieren auf Konferenzen zu Themen, in denen sie sich eine solide Kompetenz erarbeitet haben, und sie bekommen die Anerkennung ihrer Bestandskunden und die Aufmerksamkeit von potenziellen Neukunden.

Viele IT-Consultants bevorzugen eine indirekte Vermarktung. Sie haben sich einen guten Ruf bei ihren Kunden und in ihrer Nische aufgebaut und werden häufig weiterbeauftragt.

Sie publizieren, halten Vorträge oder werden im Internet gefunden, sodass potenzielle Kunden und Projektvermittlern auf sie aufmerksam werden und sie anfragen. Es ist zweifelsohne angenehmer, wenn der Kunde zuerst anruft.

Andere IT-Consultants vermarkten ihre Einstiegsprojekte, Infoprodukte, Webinare und Workshops aktiv an ihre Zielgruppe, um einen qualifizierten Kundenkontakt zu erhalten. Insbesondere in wettbewerbsintensiven Bereichen bietet sich eine offensivere Vermarktung an.

Die Top-Lead-Generatoren

Folgende Maßnahmen generieren qualitativ gute Interessenten für kleine IT-Beratungsunternehmen:

- E-Mail-Marketing an die bestehenden Kunden und an Interessenten. Ihre Liste an Interessenten, die von Ihnen Informationen erhalten möchten, ist daher Gold wert.
- Listung in Expertenportalen und Suchmaschinen (*Google*).
- Veranstaltungen und Webinare von Geschäftspartnern.
- Direktansprache der Zielgruppe, insbesondere Telefonmarketing.[20]

Viele Einzelkämpfer arbeiten auftragsbezogen mit Projektvermittlern oder als Subunternehmer mit IT-Beratungsunternehmen. Diese Geschäftsbeziehung wird umso wichtiger, je weniger Endkunden direkt mit Freiberuflern kontrahieren.

In den meisten Fällen ist es eine Kombination verschiedener Maßnahmen über einen längeren Zeitraum, die im Wechselspiel letztlich zu neuen Aufträgen und zu Weiterbeauftragungen führen.

Warum gutes Marketing für die Gewinnung neuer Kunden so essenziell ist

Erst nach der Beauftragung können Sie einem neuen Kunden Ihre hohe Leistungsfähigkeit beweisen. Davor sieht er nur die

Qualität Ihres Marketings. Während Bestandskunden Ihre exzellente Leistung bereits zu schätzen wissen, sehen potenzielle Neukunden nur Ihre Website, lesen Ihre Fachartikel, erleben Sie als Redner, scannen Ihr Kompetenzprofil in einem Expertenportal oder hören von einem Geschäftspartner, wie erfolgreich Sie ihm geholfen haben.

Stellen Sie sich vor, Sie wurden einem interessanten Kontakt empfohlen. Gut für Sie. Doch welche Enttäuschung kommt auf, wenn dieser auf Ihre Website geht und dort nicht sofort erkennen kann, welche konkreten Leistungen Sie anbieten und warum er ausgerechnet mit Ihnen arbeiten soll. Sie können nicht „nicht kommunizieren". Das heißt, dass Sie sogar dann eine Botschaft senden, wenn Sie sich nicht aktiv vermarkten. Die Art und Weise Ihrer Außendarstellung sagt viel über Sie und Ihr Unternehmen aus. Von einem hochbezahlten IT-Consultant wird man erwarten, dass seine Kommunikations- und Vermarktungsfähigkeit dies auch widerspiegeln.

Sie sind nicht IBM, T–Systems & Co.

Was IT-Beratungsunternehmen wie *IBM, T-Systems, Accenture* oder *TCS* und die anderen Großen von Ihnen unterscheidet, ist schlicht deren Größe. Mit dem Jahresumsatz von neun Milliarden Euro der *T-Systems* und dem entsprechendem Marketing- und Vertriebsbudget können Sie nicht konkurrieren. Laut einer Umfrage der *Information Technology Services Marketing Association* (ITSMA) geben IT-Beratungsunternehmen und IT-Services-Anbieter weltweit circa ein Prozent ihres Umsatzes für Marketing aus.[21]

Als selbstständiger IT-Consultant oder kleines IT-Beratungsunternehmen haben Sie aber nicht die finanziellen Mittel für umfangreiche Marktforschung, großangelegte Markenkampagnen, teure Fernsehspots, einen CEBIT-Messestand, aufwendige Studien oder luxuriöse Kundenevents. Die gute Nachricht ist: Das brauchen Sie auch nicht. Sie können ebenfalls neue Kunden gewinnen, und zwar mit für Sie angemessenem Aufwand. Ihr Marketing sollte effizient und wirkungsvoll sein. Das schaffen Sie, indem Sie Ihre Zeit und finanzielle Mittel in ausgewählte Maßnahmen investieren.

Testen Sie verschiedene Maßnahmen

Es gibt viele Möglichkeiten, neue Kunden zu akquirieren und Bestandskunden auszubauen, aber leider kein Patentrezept. Jeder IT-Consultant und jedes IT-Beratungsunternehmen hat seine eigene Vermarktungsmethodik.

Wie haben Sie bisher Ihre fünf besten Kunden gewonnen? Welche Maßnahmen haben nichts gebracht? Überprüfen Sie die Ergebnisse Ihres Marketings monatlich. Listen Sie, wie viele neue Interessenten Sie gewonnen haben, aus welcher Quelle diese stammen und wie es letztlich zu neuen Beauftragungen kam. Testen Sie dabei

- verschiedene Marketing-Aussagen,
- Fachartikel zu unterschiedlichen Themen,
- variierende Angebote für Einstiegsprojekte.

Testen Sie den höchsten Preis, den Sie verlangen können, um trotzdem noch eine akzeptable Auslastung zu erzielen. Wenn Sie 100 Prozent Ihrer Aufträge realisieren oder sogar Anfragen aufgrund von zu hoher Auslastung ablehnen müssen, dann ist Ihr Preis zu niedrig. Wenn Sie aufgrund des hohen Preises nicht beauftragt wurden, dann finden Sie heraus, zu welchem Preis Ihr Konkurrent den Zuschlag erhalten hat.

Probieren Sie einige der in diesem Buch dargestellten Marketingmaßnahmen aus und halten Sie fest, welche für Sie erfolgreich sind. Verbessern Sie diese kontinuierlich. Dann können Sie nach einiger Zeit Ihre jährliche Umsatzprognose auf Basis Ihrer Marketingmaßnahmen treffen.

Die folgende Tabelle zeigt den Umsatz, den in kleines IT-Beratungsunternehmen aufgrund seiner Marketingmaßnahmen prognostiziert. Erfahrungsgemäß generiert es pro Seminar drei bis sechs Interessenten, wobei zwei von drei dieser Interessenten das Einstiegsprojekt in Höhe von 25.000 Euro beauftragen. So erhält es den Einstieg in das Kundenunternehmen, und in einigen Fällen resultieren daraus Folgeaufträge.

Erfolg/ Marketingmaß- nahme	Bestands- kunden- Empfehlung	Seminar	Webinar
Interessenten pro Maßnahme	0,5	3 - 6	2 - 4
Häufigkeit pro Jahr	laufend	4	12
Interessenten pro Jahr	2	12 - 24	24 - 48
Abschlussrate	75 %	66 %	25 %
Kunden pro Jahr	1 - 2	8 - 16	6 - 12
Umsatz pro Kunde/Jahr	€ 150.000	€ 25.000	€ 15.000
Gesamtumsatz pro Maßnahme	€ 150.000 – € 300.000	€ 200.000 – € 400.000	€ 90.000 – € 180.000

Das IT-Beratungsunternehmen in diesem Beispiel testete verschiedene Maßnahmen und sammelte diese Erfahrungswerte.
Für Sie können das andere Maßnahmen und Ergebnisse sein.
Wichtig ist, dass Sie sich verdeutlichen, welche Maßnahmen
für Sie gute Ergebnisse erzielen – und welche nicht.

Fünf bis sieben Kontaktpunkte zum Kunden

Um Vertrauen und Glaubwürdigkeit bei potenziellen Kunden
aufzubauen, sind viele Kontaktpunkte notwendig. Einerseits
war es zwar noch nie so einfach und günstig, eine Zielgruppe
zu erreichen; andererseits erschlägt uns die Vielzahl der Kommunikationskanäle.

Vielleicht sind Sie sich nicht sicher, ob und in welchem Aus-
maß bestimmte Marketingmaßnahmen sich wirklich lohnen
und inwiefern diese ihren Aufwand wert sind. Zu schnell wird
aufgegeben. Erfolgreiche IT-Consultants berichten von er-
staunlichen Wechselwirkungen und Vermarktungserfolgen,
die die verschiedenen Maßnahmen nach sich zogen. Bei-

spielsweise dass sie im Gespräch mit neuen Kunden Nebensätze hörten wie: „Mein Kollege war ganz begeistert von Ihren Projektmanagement-Fähigkeiten. Er hat mir erzählt, wie Sie sein schiefliegendes Projekt endlich erfolgreich zum Abschluss gebracht haben"; „Ich habe Ihren Artikel in der Fachzeitschrift HMD gelesen"; oder „Sie haben doch auf der Konferenz vor zwei Monaten die Chancen und Risiken von Cloud Computing gegenübergestellt."

Unterschätzen Sie auch nicht den Effekt auf Ihre bestehenden Kunden, wenn eine Konferenzbroschüre mit Ihnen als Redner auf deren Schreibtisch landet, Ihr Newsletter als lesenswert an Kollegen weiterleitet wird oder Sie in der Presse als Experte zu einem Thema interviewt werden.

Einmal gießen reicht nicht

Stellen Sie sich einen Bauern vor. Er hat sich ein Feld mit fruchtbarem Boden ausgesucht, die richtigen Pflanzen für den Boden bestimmt und sich unbehandeltes, hochkeimfähiges und frisches Saatgut gekauft. Im Frühling sät er aus. Er wird seine Saat gießen, jäten und pflegen, bis aus ihr erst zarte, dann robustere Pflanzen werden, die im Herbst Früchte tragen, die er ernten kann.

Sie sehen: Mit ein paar wenigen Saatkörnern ist es genauso wenig getan wie mit einmal wässern. Also pflegen Sie Ihre Kundenkontakte wie zarte Pflänzchen. Eine regelmäßige und richtige Ansprache baut langfristig Vertrauen auf. Sie wollen, dass Ihre potenziellen Kunden Sie bereits kennen, bevor Sie mit Ihnen das erste Mal zusammenarbeiten, und Bestandskunden immer wieder auf Sie zu kommen, sobald sie Bedarf an Ihren IT-Beratungsleistungen haben.

Meine Empfehlung: Suchen Sie sich neben Ihrer Website fünf weitere Marketingmaßnahmen, mit denen Sie Ihre Marketingziele erreichen wollen und mit denen Sie klarkommen. Mehr zum Thema Marketingplan finden Sie in Kapitel 18.

Worauf es in Ihrer Kommunikation ankommt

Es gibt zwei zentrale Elemente in Ihrer Kommunikation:

1. <u>Was Sie kommunizieren, das heißt Ihre Aussage:</u>
   Die Formulierung Ihres USP, die Beschreibung Ihres
   Leistungsportfolios und die Listung der Kundenvorteile,
   Ihr Kompetenzprofil, Ihre Fallstudien und Testimonials.
2. <u>Wie Sie kommunizieren, das heißt in welchem Format
   und über welches Medium:</u>
   Ihre Website und Ihre Kommunikation per E-Mail, Tele-
   fon, in Vorträgen, im Brief, Newsletter, Whitepaper, im
   Webinar und in der Präsentation.

Es geht nicht darum, dass bestimmte Medien gut oder schlecht
sind – auch wenn einige besser funktionieren als andere. Es
geht darum, dass die richtige Aussage beim Kunden ankommt
und dass dieser sie wahrnimmt. Entscheider in Unternehmen
recherchieren und nutzen mehrere Quellen und Medien, um
Informationen einzuholen, bevor sie ihre Entscheidungen zur
Beauftragung von IT-Consultants treffen.

Die Kunst des Copywriting

Viele IT-Beratungsunternehmen versenden gelegentlich ihren
Newsletter oder ein Mailing an ihre Kunden oder schalten Anzeigen in Fachzeitschriften. Dies alles mit unterschiedlichem
Erfolg. Machen Sie aber nicht den Fehler, einzelne Medien
für die Wirksamkeit Ihrer Aktion verantwortlich zu machen,
falls die Ergebnisse unter Ihren Erwartungen liegen. Meist ist
es der Inhalt, der nicht zieht – also die Aussage.

Was immer Sie vorhaben, Ihr Aufwand und Ihre Kosten, um
über die jeweiligen Medien zu kommunizieren, sind die gleichen, das gilt für das Mailing an die 500 Leiter IT-Sicherheit
ebenso wie für die halbseitige Anzeige in der Fachzeitschrift.
Es gibt nur einen zentralen Unterschied, warum manche Maßnahmen erfolgreicher sind und andere reine Zeit- und Geldverschwendung:

„It's the message, stupid."

Es geht <u>immer</u> um Ihre Aussage, die Ihren Kunden klar und
deutlich machen soll, warum er <u>Sie</u> beauftragen soll. Auf Ihren Aussagen baut Ihre komplette Kommunikation auf. Sie

wollen diese klar, überzeugend und unwiderstehlich herüberbringen, sodass Ihre Kunden, potenziellen Kunden und Geschäftspartner sofort verstehen, <u>was</u> Sie für <u>wen</u> machen.

Idealerweise sprechen Sie Ihren Kunden dort an, wo ihn der Schuh am meisten drückt. Bringen Sie seinen Leidensdruck auf den Punkt. Sie zeigen ihm damit, dass Sie seine Herausforderungen und seine Probleme verstehen, aber auch seine Ziele, Wünsche und Arbeitsweisen kennen. Holen Sie ihn da ab, wo er steht, und sprechen Sie seine Sprache. Dies erreichen Sie am besten, indem Sie seine Fragen aufgreifen und ihm mit Lösungsansätzen und Praxistipps weiterhelfen.

Was denken Ihre Kunden über Ihre Leistungen? Was sind deren Befürchtungen und Frustrationen in der Zusammenarbeit mit IT-Consultants? Auch das ist eine wichtige Erkenntnis, denn sie ist die Basis für Ihre Antworten auf die Einwände potenzieller Kunden. Deshalb funktionieren Publikationen und Vorträge so gut. Mit ihrer Hilfe können Sie unberechtigte Bedenken korrigieren und Entscheidungsprozesse des Kunden beschleunigen. Was so einfach erscheint, ist es aber nicht.

Darin liegt die große Kunst: zunächst herauszufinden, worin das eigentliche Problem des Kunden besteht. Diesen Prozess des Verstehens der Kundenbedürfnisse, der eigentlichen Problematik und deren Zusammenhänge können Sie nicht delegieren. Diese Aufgabe müssen Sie selbst lösen. Sie als IT-Consultant sind beim Kunden vor Ort, kennen sein Geschäft, sprechen mit ihm. Sie wissen am besten, warum IT-Leitern zum Beispiel die Schatten-IT einzelner Fachabteilungen Kopfschmerzen bereitet. Sie erkennen, dass es ihnen bei der Software-Entwicklung mit indischen Partnern an einem starken lokalen Projektleiter mangelt oder dass die Wartung ihrer SAP-Anwendungen jährlich ein hohes Budget verschlingt.

Auch wenn Sie neben Ihrer Projektarbeit kaum Zeit haben: Sie können die Formulierung dieser Problembeschreibung nicht abgeben. Keine außenstehende Agentur kennt die spezifischen und typischen Probleme der Kunden besser als Sie. Nur Sie als IT-Consultant können die Problemstellung mit Ihrem Sachverstand zielgruppengerecht formulieren. Diese zum Teil komplexen Zusammenhänge, Hintergründe und spezifischen Ursachen sowie deren Auswirkungen klar und deutlich

zu formulieren und auf den Punkt zu bringen ist eine besondere Fähigkeit. Ein externer Texter kann Sie dabei unterstützen, Ihre Texte zu schleifen. Die originäre, inhaltliche Arbeit
verbleibt aber bei Ihnen.

Wenn Sie sich also fragen, wie Sie mit Ihrem Marketing
schnell bessere Ergebnisse erzielen, dann lautet die Antwort:
Indem Sie Ihre Aussagen – also Ihre Inhalte – optimieren.

Viele Kommunikationskanäle

Ihre starke Aussage kommunizieren Sie nun in verschiedenen Formaten und über unterschiedliche Kommunikationskanäle an Ihre Kunden und Interessenten. Dabei sollte Ihre
Website als Marketing-Hub an erster Stelle stehen. Bei vielen Freiberuflern ist das Pendant dazu ihr Kompetenzprofil
in Expertenportalen, in den Business-Netzwerken und bei
Projektvermittlern.

Wirkungsvoll sind nach wie vor der persönliche Kontakt mit
den Kunden, den Interessenten und dem Netzwerk – sei es
im direkten Gespräch oder per Telefon. Dies kann ein Treffen auf einer Veranstaltung, im Rahmen einer Messe oder
beim Business-Lunch sein. Es kann aber auch ein Präsentati-
onstermin sein, der im Vorfeld vereinbart wurde.

Mit Newslettern, per E-Mail oder gedruckt per Post, halten
Sie Ihr berufliches Netzwerk auf dem Laufenden.

Eine Präsentation können Sie als Vortrag auf einer Konferenz, während eines Business-Lunchs oder auf Einladung
des Kunden halten. Sie können die aufgezeichnete Präsentation auch als Video auf *YouTube* veröffentlichen oder als
Gast beim Webinar eines Geschäftspartners referieren.

Ihre Fachartikel können Sie vielfach veröffentlichen, zum
Beispiel in einer Fachzeitschrift, als Eintrag in einem Blog
eines Multiplikators, auf Ihrer Website oder in Ihrem
Newsletter.

Sie wollen Ihr Einstiegsprojekt bewerben? Sie können Ihre
Zielgruppe per Direktmailing oder per Telefon ansprechen.
Oder schalten Sie eine Anzeige in einer Fachzeitschrift und
nutzen Sie *Google AdWords*-Anzeigen. Bieten Sie den Mit-

gliedern von Branchenverbänden einen Bonus an, oder bewerben Sie Ihr Angebot in den Foren der Business-Netzwerke.

Finden Sie heraus, welche Informationsquellen und Medien die Entscheider Ihrer Zielgruppe typischerweise nutzen, um sich über die Leistungen von IT-Consultants zu informieren. Fragen Sie Ihre Bestandskunden, wie sie nach Projektabschluss mit Ihnen in Kontakt bleiben wollen.

Der CIO bevorzugt eventuell andere Quellen als der IT-Sicherheitsbeauftragte oder der Leiter des Rechenzentrums, insbesondere was die branchen- und funktionsspezifischen Medien, Foren und Arbeitskreise angeht.

IT-Medienportale[22]

Die fünf meist besuchten deutschen IT-spezifischen Medienportale im Internet sind *chip.de, computerbild.de, heise.de, pcwelt.de* und *computerbase.de*.

Weitere deutschsprachige Medien für IT-Entscheider sind: *Computerwoche.de*, *CIO.de*, *it-business.de*, *silicon.de*, *itmittelstand.de*, *it-director.de*, *computerzeitung.de*, *zdnet.de*, *tecchannel.de*, *computerwelt.at* sowie *computerworld.ch* und *inside-it.ch*.

---

[19] Buday, Robert: „How Consulting Firms are Making Their Marketing More Sociable: A 2012 Research Report". In: www.bloomgroup.com, Stand: 17.08.2012.

[20] MarketingCharts: „Traditional Media Not a Good Source of Leads, Say B2B Marketers". In: www.marketingcharts.com, Stand: 03.12.2012.

[21] Schwartz, Julie: 2013 Services Marketing Budget Allocations and Trends. In: www.itsma.com, Stand: 01.03. 2013.

[22] Heinemann, Jan-Hendrik: „Die deutschen Top 40 der Tech-Medien im Netz" In: www.t3n.de, Stand: 21.11.2013.

Kapitel 05

Ihre Website: Das Zentrum Ihres Marketings

„Zu niemandem ist man ehrlicher als zum Suchfeld von Google."

Constanze Kurz

Ihre Kunden konfigurieren im Internet ihr Auto individuell und bestellen per Mausklick zum besten Preis. Sie erkunden Orte auf der ganzen Welt in 360-Grad-Sicht. Sie werden sich nicht mit der Website eines IT-Beratungsunternehmens zufrieden geben, auf der nur ein allgemeiner Verkaufstext steht. Potenzielle Kunden erwarten von der Website eines IT-Consultants und IT-Beratungsunternehmens nicht nur ein professionelles Aussehen. Sie wollen in erster Linie verstehen, ob <u>Sie</u> ihnen helfen können.

Mitarbeiter von Kundenunternehmen recherchieren im Internet aktiv nach spezifischen Informationen und nach IT-Consultants, um berufliche Herausforderungen zu meistern – selbst wenn sie bereits andere IT-Consultants beschäftigen. Sie schauen sich Ihre Website an und die ihrer Wettbewerber, um grundsätzlich einzuschätzen, wie gut Sie und das eigene Unternehmen zusammenarbeiten könnten. Oft besuchen Interessenten Ihre Website oder lesen Ihre Publikationen lange bevor sie Sie persönlich kennenlernen. Kundenunternehmen, Projektvermittler und IT-Beratungsunternehmen finden IT-Consultants im Internet. Nur wenige IT-Consultants jedoch suchen umgekehrt aktiv im Web nach potenziellen Kunden.

Ohne eine gute Website werden Sie als ernstzunehmender Lieferant beim Kunden nicht ernstgenommen. Ob Sie als Einzelkämpfer oder als Lösungsanbieter bzw. Unternehmen wahrgenommen werden, entscheidet sich oft schon hier. Mit der rasanten Entwicklung der internetbasierten Kommunikation ist es für Sie deshalb wichtig, eine aussagekräftige Webpräsenz zu etablieren und diese ergänzt durch Online Meeting Tools für die Kommunikation mit interessierten Neukunden und Bestandskunden zu nutzen.

Obwohl Sie nur besser sein müssen als Ihre direkten Wettbewerber, sollten Sie sich an den Besten orientieren und einen hohen Anspruch an sich, Ihre Arbeitsergebnisse und Ihre Außenwirkung stellen. Gestalten Sie Ihre Website glaubwürdig, informativ und nutzerfreundlich. Falls Sie aufgrund Ihrer Auslastung keine freien Kapazitäten dafür haben, bedienen Sie sich externer Unterstützung. Auch wenn Sie es selbst könnten: Als IT-Consultant ist es nicht effizient, in die Tiefen der Website-Programmierung abzutauchen. Arbeiten Sie vielmehr an Ihren Inhalten. Mit Ihrer Website wollen Sie Ihre Kompetenz darstellen und einen Kundendialog aufbauen – nur wenige IT-Consultants wollen damit ihre Fähigkeiten in der Web-Programmierung demonstrieren.

Kunden finden IT–Consultants im Internet

85 Prozent der Unternehmen finden ihre Lieferanten im Internet. Sie suchen aktiv nach einer Lösung für ihr Problem und landen dabei idealerweise auf Ihrer Website. Neben Ihrem beruflichen Netzwerk sind Interessenten, die aktiv nach Ihren Leistungen gesucht und Sie gefunden haben, Ihre zweitbeste Quelle für Neukunden.

Insbesondere Nischenanbieter profitieren vom Internet, denn sie können gezielt werben und von potenziellen Kunden über spezielle Stichworte gefunden werden. Kunden suchen über spezifische Stichworte nach konkreten Informationen oder Hilfestellungen, wie Checklisten usw. Mit den richtigen Stichworten, sei es auf Ihrer Website, in Foren, auf *YouTube* oder auf Expertenportalen, werden Sie über *Google* von Interessenten relativ leicht gefunden. Hier kommt die Suchmaschinenoptimierung Ihrer Website ins Spiel, um auf den höheren Plätzen der unbezahlten Suchergebnisse zu erscheinen.

Kunden nutzen die Informationen in ihren Entscheidungsphasen, um sich ungestört vorab über Sie und Ihre Leistungen zu informieren. Während Sie eventuell sehen, wer sich Ihr Kompetenzprofil in *XING* angesehen hat, wissen Sie meist nicht, wer Ihre Website besucht hat. Arbeiten Sie mit Handlungsaufforderungen auf Ihrer Website, um es Interessenten so einfach wie möglich zu machen, mit Ihnen Kontakt aufzunehmen.

> Einstiegsprojekte verkaufen sich per Internet.
>
> In zahlreichen Erfahrungsberichten von IT-Beratungsunternehmen zeigt sich, dass sich deren Leistungen durchaus im Internet vertreiben lassen. Natürlich nicht die Großaufträge, sondern eher Infoprodukte sowie spezifische, gut definierte Einstiegsprojekte. Wichtig ist, dass die Leistung nutzbringend und ausführlich beschrieben wird und einfach beauftragt werden kann. Auf diese Weise wurden bereits hochwertige Interessenten gewonnen, Kunden aufgebaut und Folgeaufträge akquiriert.

Ihr Marketing–Hub

Betrachten Sie Ihre Website als Ihren Marketing-Hub, welcher gleichzeitig Ihr Präsentationsraum, Ihre Bibliothek und Ihre PR-Maschine ist. Dabei spiegeln der Inhalt, das Aussehen und die Nutzerfreundlichkeit Ihrer Website Ihre Kompetenz und Ihre Professionalität wider. Die Website ist Teil Ihrer visuellen Unternehmensidentität, denn sie reflektiert Ihren Stil und Ihre Fähigkeit, sich darzustellen. Sie erklärt Ihre Positionierung, listet Referenzen, bietet Arbeitsproben, publiziert Fachinformationen und beginnt idealerweise die Kommunikation mit neuen Kunden, Mitarbeitern und Geschäftspartnern. Sie alle können sich so vorab ein Bild von Ihnen machen, Sie unverbindlich kennenlernen und dabei Unsicherheiten abbauen bzw. erstes Vertrauen gewinnen.

Worauf achten Sie in einem neuen Laden?

Wenn Kunden in einen neues Geschäft gehen, dann registrieren sie in Bruchteilen von Sekunden den Aufbau des Ladens, die Qualität der Ware, die Aufmerksamkeit des Personals und die Sauberkeit. Sie gewinnen schnell einen ersten Eindruck und entscheiden, ob sie hier einkaufen oder weitergehen wollen. Neue Besucher auf Ihrer Website verhalten sich nicht anders. Sie fällen ihre Entscheidungen aufgrund der Glaubwürdigkeit und des Wertes der Website – noch bevor die Seite vollständig geladen wurde. Besucher verweilen länger auf Websites, die gut gemacht sind.

Die Websites von IT-Beratungsunternehmen präsentieren sich unterschiedlich. Einige sind aussagekräftig und strahlen Professionalität aus. Bei anderen findet man nur einen allgemeinen Begrüßungstext und das Kompetenzprofil eines IT-Consultants. Man versucht dann vergeblich herauszufinden, worin der Leistungsumfang des Unternehmens besteht und was es auszeichnet. Es findet sich keine konkrete Leistungsbeschreibung oder ein Angebot für ein Einstiegsprojekt, keine interessanten Inhalte, kurz: Es gibt keinen Grund, warum sich ein Interessent hier weiter aufhalten oder in Kontakt treten sollte. Bei Websites, die unprofessionell, fehlerhaft oder veraltet sind, wird schnell weitergeklickt. Ein Interessent ist nach erfolglosem Umschauen grußlos gegangen.

Ziele Ihrer Website

Mit Ihrer Website sprechen Sie verschiedene Zielgruppen an: Kunden und Interessenten, Mitarbeiter und Bewerber, Geschäftspartner und Investoren, die Presse und *Google*.

Auf Ihrer Website sollte sofort klar werden,

- welche Unternehmensvision und -werte Sie verfolgen,
- wen Sie als Kunden wollen und wen nicht,
- warum Kunden Sie beauftragen sollten,
- welche konkreten Leistungen Sie anbieten,

- warum Kunden Ihnen vertrauen können,
- mit wem Sie als Mitarbeiter oder Geschäftspartner zusammenarbeiten wollen – und mit wem nicht.

Ihre Website sollte zudem Elemente enthalten, die den Besucher zu Aktionen animieren: Call-to-Action, also eine Handlungsaufforderung, zum Beispiel zur Anmeldung für Ihren Newsletter, zur Bestellung einer Checkliste oder Anbieterübersicht, zur Terminvereinbarung für ein Expertengespräch, zur Teilnahme an einer Studie, zur Anmeldung zum Webinar oder Seminar. Machen Sie es Ihren Besuchern leicht, auf verschiedene Art und Weise mit Ihnen Kontakt aufzunehmen. Binden Sie interaktive Elemente wie die Weiterleitung per E-Mail oder die Verknüpfung zu Ihrem *XING-* oder *LinkedIn*-Profil ein.

Durch kostenfreie Whitepapers, die potenzielle Kunden lediglich mit ihrer E-Mail-Adresse bezahlen, generieren Sie zudem Leads. Übertreiben Sie es aber nicht mit dem Sammeln von Kontaktinformationen. Es ist üblich, Inhalte kostenfrei zu erhalten. Die E-Mail-Adresse reicht, um mit Interessenten in Kontakt zu treten. Senden Sie Informationen nur auf Anfrage, niemals als Spam. Wenn Ihr Material hilfreich ist, werden potenzielle Kunden auf Sie zukommen.

Eine effektive Website bietet mehr als nur Ihren Namen, Ihre Kontaktinformationen, einen Verkaufstext und Hingucker. Die tollsten Bilder können einen schwachen Inhalt nicht ausgleichen. Ihre Website soll zeigen, wie Sie denken und wie Sie arbeiten. Sie sollte Ihre Perspektive darstellen und zeigen, wie Sie mit wichtigen Anliegen Ihrer Kunden umgehen. Gehen Sie dabei ins Detail.

Zeigen Sie, wer Sie als IT-Consultant oder als IT-Beratungsunternehmen sind: durch Ihre Büroadresse, ein Foto von Ihnen und Ihrem Beratungsteam, Ihre Kundenliste, Ihre Publikationen und Mitgliedschaften. Aktualisieren Sie die Inhalte Ihrer Website regelmäßig, zum Beispiel die Konferenztermine, bei denen Sie als Redner auftreten. Beweisen Sie Ihre Glaubwürdigkeit, indem Sie zufriedene Kunden per Testimonials zu Wort kommen lassen, Ihr Kompetenzprofil hinterlegen, Fallstudien und Projektbeispiele aufzeigen oder Arbeitsproben zur Verfügung stellen.

Eliminieren Sie Rechtschreibfehler und Inkonsistenzen. Stellen Sie sicher, dass Ihre Website auch auf mobilen Geräten gut angezeigt wird. Stellen Sie Fakten und Aussagen anschaulich dar und nutzen Sie Infografiken, Präsentationen und Videos. Menschen lieben es, zu hören und zu sehen.

Legen Sie eine Landing Page für Angebote an, das heißt eine Website, die nach einem Klick auf Ihre *Google AdWords*-Anzeige erscheint. Diese beinhaltet Ihr spezifisches Angebot, zum Beispiel ein Einstiegsprojekt oder ein Infoprodukt mit dem entsprechenden Bestellformular.

Entwickeln Sie Ihre Website als Zentrum Ihrer Marketingaktivitäten immer weiter. Planen Sie sich die Zeit dafür fest ein oder bestimmen Sie eine verantwortliche Person für die kontinuierliche Verbesserung und regelmäßige Aktualisierung Ihrer Website.

Der Themenbereich „Online Marketing" füllt ganze Bücherregale, aber wenn Sie die obigen Punkte beachten, kommen Sie schon recht weit. Technisch und finanziell ist es heute einfacher denn je, eine professionelle Website zu erstellen. Es kommt eher darauf an, dass Sie sich vorab überlegen, wie Ihre Marketingstrategie aussehen soll. Wenn Sie diese einmal festgelegt haben, können Sie sie auch überzeugend kommunizieren.

Die Struktur und die Inhalte Ihrer Website

Die Website-Struktur eines IT-Beratungsunternehmens enthält typischerweise neben der Homepage Seiten zu folgenden Aspekten: Leistungen, Beratungsansatz, Fallstudien, Publikationen, Unternehmensdetails, Karrieremöglichkeiten, Presse, Partner, Veranstaltungen, Kontakt und Impressum.

Home: Ihre Empfangshalle

Auf der Homepage, Ihrem Foyer, erhalten Besucher einen Überblick und ersten Eindruck von Ihnen. Sie sollte visuell ansprechen und einladend, klar und aufgeräumt sein. Kommen Sie gleich zum Punkt und machen Sie Ihrem Besucher klar, wie Sie ihm helfen können.

Einige IT-Consultants stellen auf ihren Websites typische Szenarien ihrer Kunden dar und zeigen auf, wann diese auf sie zukommen. Andere präsentieren ihre neueste Studie, verweisen auf den nächsten Workshop oder bieten dem Besucher etwas an, um mit ihm in Kontakt zu treten. Andere stellen ihre Positionierung kurz am Whiteboard per Video oder per Audio-Präsentation vor.

Leistungen: Welchen Kundennutzen Sie liefern

Kunden haben eigentlich kein Interesse an Ihnen oder Ihrem IT-Beratungsunternehmen, schon gar nicht an Ihren Hobbies. Kunden interessieren sich nur für sich selbst und wollen Lösungen für ihre Probleme.

Zum Beispiel interessiert es einen Kunden, der auf der Suche nach einem IT-Consultant für die Einführung einer CRM-Lösung ist nicht, wie eine spezielle CRM-Technologie im Detail funktioniert. Er will nur wissen, ob Sie ihm dabei helfen können und ob Sie als IT-Consultant eindeutig für die notwendige Implementierungsarbeit qualifiziert sind. Eine detaillierte Darstellung Ihres technologischen Wissens ist aus Kundensicht dann wenig hilfreich und für diesen auch nicht bewertbar. Ein Testimonial eines früheren Kunden zu Ihrer Projektarbeit im Rahmen der Einführung einer CRM-Lösung schafft hingegen durchaus die notwendige Zuversicht in Ihre Leistungsfähigkeit.

Leider sind viele Marketingaussagen selbstzentriert und konzentrieren sich nur auf die Darstellung der grundsätzlichen Leistungsfähigkeit eines IT-Beratungsunternehmens und weniger auf den Nutzen, den ein Kunde daraus gewinnen kann. Dieser fragt sich dann zu Recht: „Und was habe ich davon?"

Nutzen Sie folgende Aussagen in der Kommunikation mit Ihren Kunden:

1. „Unsere Kunden beauftragen uns, um [nennen Sie die Vorteile für den Kunden].
2. „Kunden beauftragen uns, weil wir …[stellen Sie Ihren USP dar bzw. was Kunden an Ihnen schätzen, aber die Konkurrenz nicht aufweisen kann].

Zum Beispiel:

„Unternehmen beauftragen TopSecure Advisors, um sensible Unternehmensdaten vor unbefugten internen Zugriffen oder

Hackerangriffen von außen zu schützen. Wir helfen Verantwortlichen für IT-Sicherheit, eine geeignete Sicherheitsstrategie zu entwickeln sowie die dafür notwendigen Prozesse und Technologien auszuwählen und zu implementieren. Das machen wir bereits seit 20 Jahren erfolgreich und sind seitdem permanent auf dem neuesten Stand der IT-Sicherheitstechnologien."

Beschreiben Sie Ihre spezifischen Leistungen und nennen Sie den für den Kunden erzielbaren Nutzen: welche Probleme er mit Ihrer Hilfe lösen kann und in welchen Situationen er Sie am besten beauftragt.

Referieren Sie Erfolge, die Sie für Kunden erzielt haben – beispielsweise dass Sie bei der Firma ABC ein neues ECM-System erfolgreich eingeführt und dabei die Verschlagwortung digitaler Dokumente signifikant verbessert haben. Belegen Sie Ihre Aussagen, zum Beispiel mit einem Link zur entsprechenden Fallstudie. Stellen Sie Ihre Leistungen in Bezug auf Ihre Positionierung und im Vergleich zu Ihren Wettbewerbern deutlich dar. Rücken Sie dabei Ihre Kunden in den Vordergrund Ihrer Marketingaussage, nicht sich selbst.

Unterteilen Sie Ihre Leistungen nach Branchen, Funktionen und Technologien, um sie übersichtlicher darzustellen. Sie können sich auch am Entscheidungsprozess Ihrer Kunden orientieren, etwa mit dem Angebot, Technologieanbieter zu listen, die grundsätzlich als Handlungsalternativen zur Lösung eines Technologieproblems in Frage kommen oder der Erarbeitung der Technologiebewertungskriterien, die Sie aus einer spezifischen Kundensituation ableiten, um darauf basierend eine Bewertung durchzuführen.

Beschreiben Sie Ihre idealen Projekte und Kunden. Sie erzielen damit zwei Vorteile: Erstens verstehen Ihre Kunden besser, wie Sie ihnen helfen können und wie Sie sich von anderen IT-Consultants abheben. Zweitens filtern Sie Kunden heraus, die für Sie nicht interessant sind.

Ihr Beratungsansatz: Wie Sie arbeiten

Kunden wollen nicht nur verstehen, was Sie als IT-Consultant liefern können, sondern auch wie Sie das machen. Hier geht es zum einen um die Nennung Ihrer Methoden und Tools wie zum Beispiel BPMN, PRINCE2 oder Scrum, aber auch darum, verständlich zu beschreiben, wie Sie mit Kunden zusammenarbeiten.

Viele Kunden wissen, dass sie ein Problem haben, wollen aber keinen IT-Consultant beauftragen. Sie scheuen sich, das dafür benötigte Budget bei ihrem Vorgesetzten anzufragen oder haben Bedenken, durch den Einsatz eines externen IT-Consultants interne Abläufe zu stören und dadurch bestehende Probleme zu verschärfen.

Manche IT-Consultants bevorzugen es, in ihrem eigenen Büro zu arbeiten, andere sind lieber vor Ort beim Kunden oder kombinieren beides. Ausschlaggebend ist hier meist das Kundenunternehmen und ob die Arbeiten eher in virtuellen Teams organisiert werden, die hauptsächlich via E-Mail und Telefonkonferenz – eventuell sogar über mehrere Zeitzonen und in verschiedenen Sprachen – kommunizieren oder ob die Arbeiten von lokalen Teams an einem Ort und via Präsenzsitzungen ausgeführt werden.

Obwohl kein IT-Projekt dem anderen gleicht, wollen Kunden vorab wissen, mit welchen Kosten sie rechnen müssen und wie lange die Leistungserbringung in etwa dauern wird. Sie wissen jedoch auch, dass diese Informationen nur durch ein spezifisches Angebot komplettiert werden können. In der Zwischenzeit können Sie als IT-Consultant ihnen bereits Antworten auf folgende Fragen geben:

- Benötigen Sie als IT-Consultant die Mitarbeit des Kunden zur Erbringung Ihrer Leistungen? Und wenn ja, in welchem Umfang?
- Wie stellt sich eine beispielhafte Projektteamstruktur zur Erbringung der von Ihnen angebotenen Leistungen dar?
- Wie stellen Sie sicher, dass sich Ihr Einsatz für den Kunden rechnet? Wie behalten Sie Ihre Kosten im Griff?
- Wie ist der Vorlauf für Ihr Engagement bzw. Ihre Verfügbarkeit?

Diese Auskünfte helfen Ihren Interessenten, Ihre Arbeitsweise zu verstehen. Für viele Kunden sind dies neben den

Kosten, der Qualifikation und den Referenzen eines IT-Consultants maßgebliche Kriterien, anhand derer sie einen IT-Consultant auswählen.

Fallstudien: Was Sie schon erreicht haben

Wenn Sie auf Ihrer Website Fallstudien darlegen, erzeugen Sie Aufmerksamkeit. Potenzielle Kunden versprechen sich davon Insider-Einblicke und Hinweise zur Lösung ihrer eigenen Problemstellung. Gut gemacht sind Fallstudien ein effektives Marketingmittel, denn sie beantworten für Interessenten eine wichtige Frage: Wie kann dieser IT-Consultant mit meinem Unternehmen zusammenarbeiten, um die gewünschten Ergebnisse zu erzielen?

Fallstudien verdeutlichen angewandte Strategien und Vorgehensweisen und vermitteln eine Idee von den in anderen Projekten genutzten Ressourcen. Sie stellen eine Größenordnung her und bringen einen potenziellen Kunden in seinem Entscheidungsprozess einen Schritt näher an die Beauftragung Ihrer Leistungen.

Erläutern Sie in Ihren Fallstudien auch Probleme und Hindernisse aus Ihrer Projektarbeit. Erklären Sie, wie Sie zusammen mit Ihrem Kunden diese Herausforderungen angegangen sind. Heben Sie dabei immer hervor, dass die Lösung gemeinsam mit dem Kunden entstanden ist.

Halten Sie Ihre Fallstudien kurz. 300 bis 500 Wörter können genügen. Formulieren Sie ihre Fallstudien immer nach dem gleichen Muster und in sich konsistent. Dies erleichtert es Lesern, den Inhalt mehrerer Fallstudien schnell zu überblicken. Zudem ist es dadurch auch für Sie einfacher, die Fallstudien zu erarbeiten.

Gibt es eine „Herausforderung mit einem Ergebnis" oder „ein Problem mit einer Lösung"? Was auch immer die Formulierung ist, bleiben Sie dabei. Folgende Strukturierung hat sich für Fallstudien bewährt:

- Herausforderung
- Herangehensweise
- Ergebnis

Nennen Sie in Ihren Fallstudien die Kundenunternehmen –
unter der Voraussetzung, dass Sie deren Einverständnis haben. Bieten Sie an, den Kontakt zu diesen Kunden auf Anfrage herzustellen. Lassen Sie Ihre Fallstudien nicht von PR-
Leuten schreiben – schreiben Sie sie selbst. Die anschließende
formale Prüfung und sprachliche Justierung können Sie danach immer noch extern an ein Schreibbüro vergeben.

Eine Fallstudie zu entwickeln ist Teil Ihres Wissensmanagements. Nutzen Sie dafür idealerweise den gemeinsam mit Ihrem Kunden erstellen Projektabschlussbericht. Berichten Sie
mit Ihren Kunden und über sie, über ihre Erfolge – und nur
indirekt über sich selbst.

Tipps für Fallstudien

- Erzählen Sie eine Geschichte, listen Sie nicht
  nur Fakten. Bauen Sie Spannung auf. Seien Sie
  ehrlich und aufschlussreich. Stellen Sie den
  Kundenerfolg in den Vordergrund.
- Beschreiben Sie plakativ den Kern des Leiden-
  druckes, ein legitimes Problem. Erläutern Sie,
  wie Sie dieses gemeinsam mit einem Kunden
  gelöst haben. Nennen Sie eine zufriedenstel-
  lende Schlussfolgerung.
- Übertreiben Sie Ihren Erfolg nicht. Fügen Sie
  spezifische, messbare Ergebnisse hinzu.

Allerdings sind Fallstudien zwangsläufig rückblickend und
für einige Kunden eventuell nicht mehr relevant, insbesondere dann, wenn diese bereits Jahre zurückliegen. Wen interessiert heute noch Ihr erfolgreiches Y2K-Projekt, in dem Sie
alte COBOL-Programme nach zweistelligen Jahresangaben
durchforstet haben? Trotzdem: Fallstudien dienen als Referenz Ihrer Leistungsfähigkeit und als Beispiele für Ihre Fähigkeiten.

Testimonials: Was Kunden über Sie berichten

Fügen Sie Ihrer Website einige Testimonials zufriedener
Kunden hinzu. Es reicht, wenn es nur einige wenige sind – je

namhafter, desto besser. Testimonials werden erwartet. Prominent platziert, haben sie auf Ihrer Website ihre Berechtigung. Mit guten Testimonials vermeiden Sie, sich wie ein Aufschneider anzuhören, der nur selbst über seine ausgezeichneten IT-Beratungsleistungen spricht. Wenn Ihre Kunden Sie preisen, dann klingen Ihre Versprechungen verlässlich. Testimonials aus Ihrer Zielgruppe, von Experten oder Meinungsführern, tragen mehr zu Ihrer Glaubwürdigkeit bei als alle ihre Marketingtexte zusammen. Sie sind Fürsprecher für die Qualität Ihrer Beratungsleistung, Ihren Mehrwert oder das von Ihnen gelieferte Preis-Leistungs-Verhältnis. Sie entkräften damit die Vorurteile Ihrer Interessenten.

Leider sind viele Testimonials irrelevant oder kommen nicht auf den Punkt: „Tolle Arbeit geleistet, gerne wieder." Herr Unbekannt, Belanglosfirma. Sie können wirkungsvollere Testimonials von Ihren Kunden bekommen, kurz, spezifisch und spritzig:

„Der Unterschied zwischen gut und genial: Mit einer genialen Idee für die Verbesserung unserer Application Management Services hat uns Herr Gutrat geholfen, im letzten Jahr 25 Prozent unserer Kosten in diesem Bereich einzusparen." Herr Kenntjeder, CEO, Wichtig AG

Mit jedem Testimonial ermöglichen Sie es Ihren Interessenten, Vertrauen in Sie als IT-Consultant zu etablieren und ihr Beratungsbudget auf Sie zu verwenden.

An der Erstellung eines guten Testimonials müssen Sie aktiv mitwirken. Viele IT-Consultants fragen Ihre Kunden: „Können Sie mir ein Testimonial geben?" Dann warten sie, haken nach und bekommen irgendwann eine Antwort. Enttäuscht stellen sie dann fest, dass das Testimonial langweilig und nichtssagend ist.

Hier kommen einige Tipps, die Ihnen helfen, Enttäuschungen zu vermeiden und stattdessen tolle Testimonials zu bekommen:

1. Suchen Sie sich Kunden heraus, mit denen Sie in der Zukunft weiterhin zusammenarbeiten möchten und die von Ihrer Zielgruppe anerkannt werden.

2. Stellen Sie sicher, dass es eine überzeugende Geschichte zu erzählen gibt. Wenn Ihre Leistung keinen großen Einfluss auf Ihren Kunden hatte, wird Ihr Testimonial nicht genug Gewicht haben.

3. Wählen Sie Personen und Projekte, die einen Schlüsselaspekt Ihrer Leistungen betonen. Während der eine Ihre Fähigkeit rühmt, komplexe Technologien für das IT-Management verständlich zu erläutern, lobt der andere Ihre Durchsetzungsfähigkeit als Projektleiter in schwierigen IT-Projekten. Fokussieren Sie auf Ihre wichtigsten Verkaufsargumente und suchen Sie nach einem Testimonial, das diese unterstützt.

Wie kommen Sie an eindrucksvolle Testimonials? Indem Sie starke Fragen nutzen und Ihr Kunde das sagt, worauf es Ihnen ankommt – und indem Sie editieren. Sie sollen niemandem Worte in den Mund legen, aber viele Menschen schreiben nicht gerne, und erst recht keine Testimonials.

Um hilfreiche Aussagen zu erhalten, fragen Sie Ihre Kunden:

„Welches Problem hatten Sie, bevor wir Sie unterstützten?"

Es könnte zum Beispiel sein, dass der vorherige IT-Projektleiter das Projekt in eine Schieflage gebracht und damit erhebliche Probleme für den Kunden erzeugt hatte. Oder dass Ihr Kunde nach neuen technologischen Ansätzen suchte, um ein Legacy-System aus den 1980er Jahren abzulösen, und dafür Ihre spezifische Expertise benötigte. Weitere Fragen für die Generierung eines Testimonials sind:

- „Um wie viel hat unsere Leistung Ihren Umsatz bzw. Gewinn gesteigert oder Ihre Kosten gesenkt?"
- „Wie viel Zeit haben wir Ihnen durch unseren Einsatz gespart?" „Haben Ihnen unsere Leistungen das Leben erleichtert? Wenn ja, wie?" Diese Frage ist kritisch. Je spezifischer die Antwort, desto besser.
- „Was schätzen Sie am meisten an unserer Zusammenarbeit?" Menschen schätzen emotionales Wohlbefinden oft mehr als handfeste Betrachtungen.
- „Würden Sie uns Ihren Kollegen oder Geschäftspartnern weiterempfehlen? Warum?"

- „Waren Sie anfangs skeptisch bezüglich der Zusammenarbeit?" Es ist immer etwas beängstigend, in einen neuen
  IT-Consultant zu investieren. Eine Stellungnahme dazu
  kann einem neuen Interessenten helfen, diese Befürchtungen zu überwinden.

Interviewen Sie Ihren Kunden persönlich, am Telefon oder
senden Sie eine E-Mail mit Ihren Fragen. Sie werden überrascht sein, wie viele Ihrer Kunden Ihnen aussagekräftige und
vertriebsunterstützende Testimonials geben.

So gehen Sie am besten vor:

1. Bitten Sie Ihren Kunden um Erlaubnis, seine Erfolgsge-
   schichte und seine Erfahrung mit Ihnen zu publizieren.
   Lassen Sie ihn entscheiden, wie er genannt werden will –
   aus Ihrer Sicht idealerweise mit Namen, Position und
   Firma. Wenn er daran nicht interessiert ist, dann üben Sie
   keinen Druck aus.
2. Halten Sie das Interview kurz, ca. 10-15 Minuten.
3. Manche IT-Consultants nehmen das Interview auf, um
   sich besser auf das Gespräch zu konzentrieren. Informieren Sie Ihren Kunden auf alle Fälle vorab, falls Sie so verfahren möchten.
4. Stellen Sie Ihre Fragen und hören Sie gut zu. Die erste
   Antwort ist meistens vage. Haken Sie nach und ermuntern
   Sie Ihren Kunden, spezifischer zu werden.
5. Geben Sie Ihrem Kunden Zeit, damit er seine Gedanken
   sammeln kann und nichts Wichtiges übersieht.

Fishing for Compliments

Eine weitere Herangehensweise: Wenn Sie ausgezeichnete Arbeit leisten, fragen Sie nicht direkt nach
einem Testimonial. Machen Sie Ihrem Kunden stattdessen zuerst ein Kompliment. Danken Sie ihm,
dass er ein Top-Kunde ist, und sagen Sie ihm, wie
sehr Sie die Zusammenarbeit mit ihm genossen haben. Nun tritt das Gesetz der Gegenseitigkeit in
Kraft: Wahrscheinlich wird er nun auch Ihnen sagen,
dass Sie ein toller IT-Consultant sind. Jetzt ist der

Zeitpunkt, um ihn zu fragen, ob er seine Erfahrungen mit Ihnen mit zukünftigen Kunden teilen würde.

Wenn Sie Ihre Antworten haben, ist die Hälfte schon getan. Nun fängt die Bearbeitung an. Verändern Sie nichts von dem, was Ihr Kunde gesagt hat. Ganz im Gegenteil, Sie sollten den Duktus, den Tonfall und den Stil Ihres Kunden so gut wie möglich beibehalten. Ansonsten würden sich alle Testimonials ähnlich anhören und Ihre Interessenten skeptisch werden.

Helfen Sie Ihrem Kunden, prägnant und spezifisch zu sein. Suchen Sie sich die besten Aussagen heraus und formulieren Sie diese in ein neues, kürzeres und kraftvolleres Testimonial um. Dann fragen Sie ihn, ob es seine Erfahrungen widerspiegelt. Erst wenn Sie sein Einverständnis haben, können Sie es veröffentlichen. Informieren Sie Ihren Kunden, wenn sein Testimonial publiziert wurde, sodass er es mit anderen teilen kann.[23]

Schauen Sie sich regelmäßig Ihre Testimonials an und prüfen Sie, inwiefern sie noch Ihrer geschäftlichen Ausrichtung entsprechen. Besorgen Sie regelmäßig neue und sortieren Sie andere aus. Wichtig ist, dass Ihre Testimonials einem potenziellen Kunden bei der Entscheidung helfen, ob Sie der richtige IT-Consultant für diesen sind.

Publikationen: Was es von Ihnen zu lesen gibt

Ihre Erfahrungen und Kompetenzen sind Ihre Währung. Dafür zahlen Ihre Kunden gute Tagessätze. Neben Ihrer grundsätzlichen Leistungsfähigkeit und Ihrem guten Ruf besteht Ihr Vermögen in Ihrer Berufserfahrung, Ihrem Methodenwissen und Ihrer Technologiekompetenz. Viele IT-Consultants teilen daher ihr Wissen mit dem Markt.

Publikationen eignen sich hervorragend als Lead-Generatoren. Darin liegt ihr Hauptnutzen. Leser werden Kontakt mit Ihnen aufnehmen und Fragen stellen oder Ihnen auch einfach nur Kommentare zu Ihren Inhalten senden. Diese Kontaktaufnahme ist wertvoll, denn damit beginnen Sie, eine geschäftliche Beziehung und Vertrauen aufzubauen.

Sie können Ihre Publikationen entweder zum kostenfreien direkten Download gegen Angabe der E-Mail-Adresse oder gegen eine Schutzgebühr bereitstellen. Wichtig ist, dass Sie durch Ihre Publikationen mit Ihrer Zielgruppe in Kontakt kommen und eine Liste mit Interessenten aufbauen, die von Ihnen Informationen erhalten wollen. Im Kapitel 06 gehen wir ausführlich auf das Thema Publikationen ein.

Presse: Was es über Sie zu lesen gibt

Ihre Presseseite sollte alle Informationen beinhalten, die für die Öffentlichkeitsarbeit bestimmt sind. Halten Sie die Seite übersichtlich und aktuell.

Listen Sie Aktuelles zuerst auf:

- Pressemitteilungen
- Artikel über Sie
- Ihre Publikationen (Fachartikel und Bücher)
- Ihre Vorträge als Redner auf Fachkonferenzen
- Ihr Veranstaltungskalender

Halten Sie auf Ihrer Presseseite Fotos und Ihr Logo zum Download bereit. Nennen Sie einen Ansprechpartner für die Presse.

Über uns: Ihre Geschichte

Kunden und Interessenten, aber auch Mitarbeiter, Bewerber und Geschäftspartner sind nicht nur an zahlenbasierten Fakten interessiert, sondern auch neugierig, welche Geschichte hinter Ihrem Unternehmen steckt. Berichten Sie daher über den Werdegang Ihres Unternehmens. Beschreiben Sie, wie und warum Ihr IT-Beratungsunternehmen gegründet wurde oder wann Sie sich als IT-Consultant selbstständig gemacht haben. Listen Sie Ihre Erfolgsstationen und zeigen Sie, wie Ihnen Ihre Kunden beim Erfolg geholfen haben. Erwähnen Sie durchaus auch ein paar Hürden, die Sie auf Ihrem bisherigen Weg nehmen mussten. Das macht Sie authentisch.

An dieser Stelle können Sie einen Blick hinter die Kulissen gewähren und den menschlichen Teil des Unternehmens hervorheben, sodass Ihre Besucher fühlen, dass sie es mit echten Menschen zu tun haben. Hier können Sie auch Fotos einzelner IT-Consultants zeigen, deren Verantwortlichkeiten anführen und Kontaktinformationen sowie deren jeweilige Vita zur Verfügung stellen.

Arbeiten Sie mit uns: Ihr Employer Branding

Für IT-Beratungsunternehmen sind interne und externe Mitarbeiter essenziell. Sie stellen eine weitere wichtige Zielgruppe Ihrer Website dar. Sie präsentieren Ihr Unternehmen damit den Menschen, mit denen Sie auf der Produktions- und Lieferantenseite zusammenarbeiten wollen. Hier kommt die Terminologie des „Employer Branding" ins Spiel. Große IT-Beratungsunternehmen betreiben eigene Microsites für ihren Karrierebereich.

Bevor sich potenzielle Mitarbeiter oder freiberufliche IT-Experten bei Ihnen vorstellen, suchen sie zunächst nach Vertrauen und prüfen, ob sie mit Ihnen zusammenarbeiten wollen. Informieren Sie diese auf Ihrer Website. Stellen Sie zum Beispiel dar,

- was Ihre Mitarbeiter machen, welche Bedeutung sie für den Erfolg ihrer Kunden haben, an welchen Ergebnissen sie teilhaben oder wie ein typischer Beratertag aussieht;
- wie interne Mitarbeiter sich weiterentwickeln können, welche Weiterbildungen Sie anbieten, welche Investitionen Sie in Ihre Mitarbeiter tätigen, wie gut die Teamzugehörigkeit ist und ob Sie ein Mentoring für Junior IT-Consultants anbieten;
- welche Positionen und Möglichkeiten der Zusammenarbeit Sie externen IT-Consultants bieten und welche Kriterien oder Qualifikationen für Sie wichtig sind;
- welche offenen Stellen Sie besetzen wollen und
- wie Sie sich die Kontaktaufnahme wünschen und wie das Bewerbungsverfahren verläuft.

Natürlich ist es auch hier überzeugender, Beweise anzuführen, Fotos zu zeigen und Mitarbeiter selbst sprechen zu lassen, etwa indem Sie Ihre Aussagen mit Testimonials und Fallstudien Ihrer Mitarbeiter belegen.

Blog

Ihr Blog ist Ihr Journal bzw. Tagebuch, in dem Sie fachliche und marktrelevante Themen diskutieren und bewerten oder einfach nur interessante Gedanken aus Ihrer täglichen Arbeit mitteilen. Als integralen Bestandteil Ihrer Website können Sie Ihren Blog auch nutzen, um neue Leistungen anzuzeigen und die Begründung für Ihr neues Leistungsangebot bereits in der Phase der Leistungsdefinition – also während der Entstehungsgeschichte – zu erläutern. Ihr Blog bietet Ihnen zudem die Möglichkeit zum dokumentierten, fachlichen Dialog mit Kunden und Interessenten. Einige IT-Consultants betreiben nur einen Blog anstelle einer Website.

Der Vorteil des eigenen Blogs besteht darin, dass Sie als Herausgeber nicht auf die Gatekeeper wie die Redakteure in Massenmedien oder Fachzeitschriften angewiesen sind. Sie können Ihre Inhalte einstellen wann und wie Sie wollen. Während Sie in den Social-Media-Foren nur auf gepachtetem Boden bauen, haben Sie in Ihrem eigenen Blog die uneingeschränkte Kontrolle.

Blog-Inhalte werden von Google hoch bewertet. Sie verbessern Ihr Suchmaschinen-Ranking, sodass Sie leichter gefunden werden. Im Vergleich zu Content-Management-Systemen sind Blog-Systeme einfacher einzurichten und zu pflegen. Die bekannteste Blog-Software ist *WordPress*.

Um Ihren Blog interessant und aktiv zu halten, müssen Sie permanent Inhalte produzieren. Die Zahl der Beiträge kann variieren, sollte aber mindestens bei zwei bis vier pro Monat liegen. Die Inhalte sollten abwechslungsreich sein. Sie stellen meist eine Mischung aus Tipps, Kommentaren zu aktuellen Ereignissen und Branchennews dar. Ein kurzer Hinweis auf das nächste Seminar, das eigene Buch oder eine innovative Leistung ist üblich. Viele Blogger verteilen ihr Wissen häppchenweise, um mit ihren Beiträgen beim Leser Lust auf mehr zu wecken oder um Fragen anzuregen.

Um richtig zu bloggen, benötigen Sie Zeit: für gute Inhalte, die Beantwortung von Fragen und die Auseinandersetzung mit Kommentaren. Als IT-Consultant werden Sie mit dem Bloggen wahrscheinlich kein Geld verdienen. Sie können gelegentlich auch Gastkommentare in anderen Blogs schreiben oder Gastbeiträge anderer IT-Consultants in Ihrem Blog publizieren. Achten Sie dabei darauf, dass diese eher komplementär – statt konkurrierend – zu Ihren eigenen Inhalten eingebunden werden.

Der Erfolg des Bloggens ist schwer messbar, aber Sie können die Anzahl der Leser, die Qualität der Kommentare und die Häufigkeit der Erwähnungen in anderen Blogs auswerten. Die positive Langzeitwirkung dürfen Sie keinesfalls unterschätzen; bloggen erfordert aber die entsprechende Ausdauer für die Erarbeitung der notwendigen Beiträge.[24]

SEO – lassen Sie sich über Google finden

Wenn Menschen im Internet nach Lösungen für ihre Probleme suchen, verwenden Sie Suchmaschinen – und insbesondere den Marktführer *Google*. An dieser derzeit mit Abstand meistgenutzten Suchmaschine kommt man nicht vorbei. Es ist daher erstrebenswert, zu Ihren spezifischen Stichworten möglichst auf der ersten Seite der *Google-Ergebnisse* angezeigt zu werden, denn die organische Suche wird von den Nutzern höher geschätzt als die Werbung durch Anzeigenschaltung.

Doch *Google* entscheidet, an welcher Stelle eine Web-Seite angezeigt wird, wenn ein Interessent eine bestimmte Suchabfrage startet. Um bei *Google* ein hohes Ranking zu bekommen, rät die Suchmaschine zu hochwertigen Inhalten:[25]

- Verwenden Sie eigene, neu geschriebene Texte.
- Bieten Sie in Ihrem Blog Kommentarmöglichkeiten, um neue Texte und Aktualisierungen zu erhalten.
- Verlinken Sie auf andere Websites und innerhalb Ihrer eigenen Seiten, möglichst im Text. Bewerben Sie Ihre themenspezifischen Unterseiten mit *Google AdWords*-Anzeigen.

Beachten Sie, dass *Google* nicht Ihre Website rankt, sondern die einzelnen Seiten, also Webpages, Ihrer Website. Nutzen Sie deshalb nur ein wichtiges Stichwort pro Webpage. Gliedern Sie zum Beispiel Ihre Leistungen im Bereich IT-Sicherheit in spezifische Themen, wie etwa ISO 27001, IT-Grundschutz, IT-Notfallplanung und IT Compliance & Risk.

Listen Sie Ihre Webpages auch in Online-Verzeichnissen, verlinken Sie, wann immer es geht, auf Ihre Webpage, zum

Beispiel bei Einträgen in Blogs oder Kommentaren in Business-Netzwerken. Wenn Sie Ihre Publikationen veröffentlichen, fügen Sie immer einen Link zu Ihrer Webpage ein. Relevante Inhalte sind der Schlüssel im Online Marketing.

Der *Google AdWords Keyword-Planer* zeigt zu jedem Stichwort die monatlichen Suchanfragen an, gibt Ideen für Anzeigengruppen und zeigt weitere, relevante Suchbegriffe an.

Die Übersicht zeigt beispielhaft, wie häufig diese Stichworte im Juni 2014 in Deutschland per *Google* gesucht wurden:

Stichwort	Monatliche Suchanfragen
Business Intelligence	8.100
QlikView	6.600
Business Intelligence Software	210
Microsoft Business Intelligence	170
Business Intelligence Consultant	40

Entscheiden Sie daher – auch mit Hilfe der *Google Suchanfragen* – mit welchem Stichwort Interessenten Ihre Webpage finden sollen. Nutzen Sie dieses Stichwort dann konsequent in der Überschrift Ihrer Webpage, der URL, in der Meta-Beschreibung sowie in den ersten Abschnitten der Webpage. Für wichtige Inhalte, die andere, eigenständige Stichworte enthalten, sollten Sie eine eigene Webpage erstellen.

Ein großer Vorteil im Online Marketing besteht in der einfachen Erfolgskontrolle einzelner Maßnahmen. Letztlich kommt es darauf an, dass Sie es schaffen, nicht nur von potenziellen Kunden und Mitarbeitern gefunden zu werden, sondern dass diese auch mit Ihnen Kontakt aufnehmen. Den Erfolg Ihrer Maßnahmen können Sie anhand der Anzahl und Qualität der Interessenten messen, die Ihre Whitepapers oder Infoprodukte heruntergeladen, Ihren Newsletter abonniert oder Sie direkt angefragt haben.

Die Geschwindigkeit, mit der sich das Online Marketing entwickelt, ist ebenso rasant wie im restlichen IT-Bereich. Zahlreiche Agenturen haben sich darauf spezialisiert.

---

[23] Haddad, Chris: „How to get testimonials that don't suck", In: www.bisz-nik.com, Stand: 20.09.2013.

[24] Gillies, Constantin: „Bloggen – aber richtig", In: Training aktuell 08.2012, S. 39-41.

[25] Singhal, Amid: „More guidance on building high-quality sites", In: googlewebmastercentral.blogspot.de, Stand: 20.09.2013.

Kapitel 06

Publikationen: Machen Sie Ihre Kunden schlau

„Wir hungern nach Wissen und ertrinken in Informationen."

John Naisbitt

Zur Darlegung ihrer Kompetenz publizieren IT-Consultants und IT-Beratungsunternehmen zu spezifischen IT-Themen. Sie veröffentlichen Fachartikel, Whitepapers, Fallstudien, Online-Präsentationen oder schreiben Beiträge in Blogs. Einige sind sogar Buchautoren. Große IT-Beratungsunternehmen erstellen darüber hinaus Kundenzeitschriften, Studien, E-Books, Microsites und mobile Apps zur Vermarktung. Sie betreiben Content Marketing. [26]

IT-Themen entwickeln sich ständig weiter. Obwohl oder gerade weil es dadurch eine regelrechte Informationsflut gibt, ist der Bedarf an hochwertigem IT-Beratungswissen groß. Kunden suchen immer nach objektiven Einblicken, etwa um ihre Leistungsfähigkeit und Wirtschaftlichkeit zu verbessern. Sie wollen wissen, wie neue Technologien ihre Branche revolutionieren oder wie innovative IT-basierte Geschäftsmodelle aussehen.

Die richtige Publikation zur richtigen Zeit kann Sie bei einem Kunden auf die Liste der Top-IT-Consultants katapultieren. Indem Sie eine für ihn relevante Problematik auf den Punkt bringen, zeigen Sie ihm, wie Sie das Thema verstehen und strukturieren. Gleichzeitig bekommt er ein Bild davon, wie präzise und verständlich Sie sich ausdrücken – beides wichtige Indizien für Ihre Leistungsfähigkeit als IT-Consultant.

Kunden finden neue IT-Consultants über Empfehlungen, aber auch über Texte von ihnen, die sie lesen. Es braucht nur eine gute, von Ihnen im Rahmen einer Publikation dargelegte Idee, damit ein potenzieller Auftraggeber zum Telefon greift und mit Ihnen in Kontakt tritt. Ihr vorab geteiltes Wissen und der damit verbundene Vertrauensvorschuss in Ihre Kompetenz können das ausschlaggebende Kriterium sein, warum <u>Sie</u> den Auftrag bekommen – und nicht ein anderer IT-Consultant.

> ### Whitepapers
>
> Whitepapers sind weit verbreitet in der IT-Branche. Dementsprechend viele gibt es. Skeptiker meinen, dass sie nicht mehr wirkungsvoll sind. Doch wie beim Fernsehen stellt sich auch hier die Frage: Liegt es am Medium oder am Inhalt? Zahlreiche IT-Portale veröffentlichen Whitepapers, zum Beispiel *heise.de/whitepapers, itworld.com/white-papers, whitepaper.cio.de* und *itwhitepapers.com.*

Manche IT-Consultants teilen nur ungern ihr Wissen, denn sie befürchten, dadurch ihren Wettbewerbsvorsprung zu verlieren. Legen Sie nicht Ihr komplettes intellektuelles Kapital offen, sondern geben Sie nur so viel preis, dass Sie sich damit wohl fühlen. Orientieren Sie sich daran, wie es Ihre Wettbewerber handhaben. Sie können hochwertige Infoprodukte auch nur auf Anfrage, an potenzielle Kunden, herausgeben.

Ebenso wie andere Marketingmaßnahmen können Publikationen kurzfristig nur geringe Ergebnisse liefern. Damit Sie von dieser Maßnahme profitieren, sollten Sie regelmäßig und mit hoher Qualität veröffentlichen.

Ihre Ziele im Content Marketing

Das Publizieren bietet sich an, um den Wert einer erklärungsbedürftigen IT-Beratungsleistung in einer nicht werblichen Art zu demonstrieren. Die Idee dahinter ist einfach: Sie belegen Ihr Leistungsversprechen durch Inhalte und bleiben bei Ihren Kunden im Gespräch. Sie wollen erreichen, dass Ihre Zielgruppe Sie als Experten wahrnimmt, Sie als solchen aner-

kennt und <u>über</u> Sie und Ihre Leistungen spricht. Letztlich be-
absichtigen Sie,

- Interessenten für Ihre Leistungen zu gewinnen und Aufträge zu akquirieren;
- eine Leserschaft aufzubauen, die von Ihnen Informationen erhalten will und
- intellektuelles Kapital aufzubauen.

Sie müssen nicht zum Guru werden, doch es lohnt sich, mit
Publikationen einen Expertenstatus aufzubauen und diesen
permanent zu festigen. Der Effekt, den Sie bei Interessenten
und Kunden hervorrufen wollen, ist: „Wenn wir bei diesem
Thema mit einem IT-Consultant zusammenarbeiten, dann mit
diesem."

Wie ein Buch einen Beratungsauftrag in Millionen-höhe sicherte

Die Idee zum Buch kam aus der Praxis. Das neue
Technologiethema war gerade heiß. Der Inhaber eines kleinen IT-Beratungsunternehmens war zwar
mit Kundenprojekten voll ausgelastet, doch er
wusste, dass Experten zu diesem neuen Thema bald
stark nachgefragt sein würden. Also publizierte er
<u>das</u> Buch dazu! Unvergesslich der Moment, als er
das Buch druckfrisch an seinen Kunden übergab. Es
räumte bei diesem alle Zweifel darüber aus, ob sein
kleines Unternehmen für das Thema über ausrei-
chende Kompetenz verfügen würde – und gab den
Ausschlag zu einer großen Beauftragung. Allein dieser Auftrag rechtfertigte die vielen in die Bucherstel-
lung investierten Stunden. Der Marktwert des Unternehmens stieg, weitere Aufträge folgten, Konferenzveranstalter kamen auf den Autor zu und engagier-
ten ihn als Redner.

In Gesprächen mit IT-Consultants wird immer wieder deutlich, welche Vorteile sie aufgrund ihres Bekanntheitsgrades
bei ihrer Zielgruppe haben: Sie werden häufiger als Experten

in Projekten oder als Interviewpartner in der Fachpresse angefragt. Mit der größeren Bekanntheit steigt oft ebenso die Nachfrage nach ihren Beratungsleistungen – und damit auch ihr Selbstbewusstsein und ihr Preis. Ihr Status trägt dazu bei, dass ihre Kunden die höheren Preise akzeptieren.

Ihr ultimatives Ziel beim Publizieren sollte darin liegen, mehr oder bessere Aufträge zu erhalten, die ohne Ihre Publikationen nicht zustande gekommen wären.

Kontakt zu Interessenten aufbauen

Um neue Aufträge zu akquirieren, müssen Sie zunächst in den Kontakt mit Interessenten kommen. Dazu verteilen Sie Ihre Publikationen über die verschiedenen Online- und Offline-Kanäle an Ihre Zielgruppe, zum Beispiel über die Fachpresse und Ihr eigenes soziales, berufliches Netzwerk. Machen Sie es den Lesern einfach, Ihre Publikationen mit ihrem Netzwerk zu teilen, zum Beispiel mit Hilfe von Share Buttons per E-Mail, *XING, LinkedIn, YouTube, Google+* oder andere von Ihnen bevorzugte Plattformen.

Damit Interessenten aber nicht nur Ihre Publikation lesen, sondern auch Kontakt mit Ihnen aufnehmen, benötigen Sie eine Handlungsaufforderung. Verlinken Sie zur Terminvereinbarung für ein Expertengespräch und bieten Sie dem Leser an, eine hilfreiche Checkliste bei Ihnen anzufragen. Fordern Sie im Gegenzug die E-Mail-Adresse des Interessenten ab. Garantieren Sie, dass Sie die Daten vertraulich behandeln, nicht weitergeben und nur für interne Zwecke gebrauchen werden.

Analysieren Sie die Interessenten, die Sie mit Ihren Publikationen gewinnen. Bauen Sie zu diesen langsam eine Beziehung auf, indem Sie sie mit weiteren nützlichen Informationen versorgen. Dies ist ein langfristiger Prozess, da die Vertrauensbildung zeitaufwendig ist und vieler qualitativer Kontaktpunkte bedarf. Fragen Sie Ihre Interessenten nach deren Feedback und inwiefern Sie noch spezielle Fragen zum Thema beantworten können. Auf diese Weise erzielen manche IT-Consultants nach einer Weile erste kleinere Umsätze, zum Beispiel indem sich Interessenten zum Seminar anmelden oder ein Einstiegsprojekt beauftragen.

Sie benötigen jedoch Ausdauer und Geduld. Vom Erstkontakt bis zu einer größeren Beauftragung kann es Wochen und Monate dauern. Vergessen Sie aber nicht, dass eine daraus resultierende Kundenbeziehung viele Jahre halten kann. Die Mühe lohnt sich also. Letztlich geht es um den schrittweisen Beziehungsaufbau und den Einstieg in das Kundenunternehmen.

Einmal erstellen, mehrfach verwerten

Betrachten Sie Ihre Publikationen als wiederverwertbares, intellektuelles Kapital, das Sie mehrfach nutzen können, etwa um ein Angebot zu erarbeiten oder um sich bei Kunden wieder ins Gespräch zu bringen. Konvertieren Sie Ihre einmal generierte Aussage in verschiedene Formate, zum Beispiel als:

- Artikel in einer Fachzeitschrift
- Buch bzw. E-Book
- Titelthema im eigenen Newsletter oder als Fremdbeitrag im Newsletter eines Geschäftspartners
- Vortrag für Konferenzveranstalter
- Podcast (Audio, Video)

Bereiten Sie Ihre Inhalte auch als Webinar, Webcast, Infografik oder als Microsite auf. Mit einem Seminar oder Inhouse-Workshop können Sie sich sogar zusätzliche Umsatzmöglichkeiten erschließen.

Ein Buch ist mehr

Ein Buch ist ein sehr umfangreiches Publikationsprojekt, das sich oft länger als die meisten Kundenprojekte hinzieht.

Ein Buch zu lesen ist ein persönlicher Prozess, der das Leben eines Menschen beeinflussen kann. Es werden Denkprozesse in Gang gesetzt, die Veränderungen anstoßen. Während des Lesens taucht der Leser in die Gedankenwelt und die Argumentationen des Autors ein. Er beschäftigt sich aktiv mit dem Gelesenen und fängt an, sich eigene Gedanken zu machen, das Gelesene weiterzuentwickeln und auf seine Situation anzuwenden.

Ein Buch begleitet den Leser häufig lange. Zudem hat ein gedrucktes Buch etwas Magisches, besonders wenn es professionell aussieht. Noch nehmen wir Bücher in die Hand, stellen sie ins Regal oder reichen sie weiter. In Zukunft werden sich E-Books aber sicherlich weiter durchsetzen. Ein Buch ist daher _mehr_ als ein Artikel oder Whitepaper, inhaltlich und haptisch. Es strahlt eine höhere Glaubwürdigkeit aus.

Vom IT-Consultant zum Autor

Während die Vorteile erfolgreicher Publikationen auf der Hand liegen, gilt es bei der Umsetzung dieser Marketingmaßnahme jedoch einiges zu beachten. Wenn Sie sich nicht sicher sind, ob das Publizieren für Sie das Richtige ist, beantworten Sie sich folgende Fragen:

Verfügen Sie über Inhalte, über die Sie regelmäßig publizieren können? Haben Sie etwas Wichtiges zu sagen? Sind Ihre Themen auf Ihre Zielgruppe fokussiert? Um dies herauszufinden, erstellen Sie eine Publikationsstrategie. Listen und gliedern Sie Ihre Themen.

Schreiben Sie gern? Wenn nicht, dann lassen Sie es. Sind Sie bereit, Ihren Schreibstil ständig zu verbessern? Leser wollen keine theoretischen Abhandlungen, sondern klar, verständlich und konsistent dargestellte Informationen.

Haben Sie die Zeit? Bei ausgelasteten IT-Consultants besteht die größte Herausforderung darin, die Balance zwischen ihrer Arbeit im Kundenprojekt und dem Publizieren zu finden. Um regelmäßig qualitativ hochwertige und für Zielgruppe relevante Inhalte zu erstellen, benötigen Sie Zeit. Meist findet das Publizieren on top des Kerngeschäfts statt. Sie können sich allerdings bei der Erstellung und Vermarktung der Publikationen unterstützen lassen und sich somit teilweise entlasten.

Verkraften Sie Kritik? Neben der Anerkennung wird es eventuell auch ablehnende Reaktionen auf Ihre Publikation geben, ob als öffentliche Rezension oder indem hinter vorgehaltener Hand negativ über die Publikation und Sie gesprochen wird.

Seien Sie darauf gefasst. Nehmen Sie konstruktive Hinweise ernst und zum Anlass, die Publikation zu verbessern.

Wenn Sie sich entschlossen haben, zu publizieren, dann fangen Sie an und halten Sie durch. Entlasten Sie sich, wo immer dies sinnvoll erscheint. Binden Sie Co-Autoren in Ihre Publikationen ein, zum Beispiel komplementäre Experten. Interviewen Sie Vordenker und referenzieren Sie auf Studienergebnisse. Falls Sie lieber sprechen als schreiben, diktieren Sie Ihr Skript und lassen es dann niederschreiben. Ich empfehle nicht unbedingt, einen Ghostwriter zu engagieren, aber diese Möglichkeit wird durchaus genutzt. Geben Sie Ihre Texte zum Überarbeiten an einen professionellen Lektor. Dabei geht es nicht nur um Rechtschreibung und Grammatik, sondern auch um die Lesbarkeit und die Optimierung des Schreibstils. Für die Definition, Umsetzung und Erfolgsmessung Ihrer Publikationsstrategie können Sie sich Unterstützung von externen Marketingexperten holen. Lagern Sie das Design der Vorlage, die Konvertierung der Publikation in die verschiedenen Formate und die Vermarktung Ihrer Publikationen aus.

Delegieren Sie aber nicht die Erstellung Ihrer Kerninhalte. Könnten Sie diese Tätigkeit outsourcen, dann könnte die damit beauftragte Person auch Ihren Beratungsjob beim Kunden machen.

Ideale Inhalte. Wählen Sie sorgfältig

Wählen Sie die Inhalte für Ihre Publikationen so aus, dass ein Interessent sich bei der Beauftragung der IT-Beratungsleistung für Sie – und nicht für Ihre Wettbewerber – entscheidet. Ideale Themen sind solche, in denen Sie stark sind, über die Sie am besten schreiben können und auf die Ihre Zielgruppe wartet.

Achten Sie bei der Themenauswahl auf Ihre Einzigartigkeit, den Kundenbedarf, den Wettbewerb und die Nische:

Kundenbedarf: Vermeiden Sie Themen, die für Ihre Zielgruppe nicht relevant sind und für die es keinen Bedarf gibt.

Wettbewerb: Aufgrund der hohen Nachfrage werden Sie auch Themen behandeln, die für Ihre Zielgruppe relevant sind, bei denen Sie aber nicht der Einzige sind, der dazu publiziert. Behalten Sie die Publikationen der Konkurrenz im Auge.

<u>Nische:</u> Die Zielgruppe für ein Nischenthema ist zwar kleiner, aber dafür heben Sie sich durch die stärkere Fokussierung leichter von Wettbewerbern ab. Sie werden relevanter für diese Zielgruppe, zum Beispiel mit Nischenpublikationen wie „Kriterien zur Auswahl eines Cloud-Dienstes für niedergelassene Ärzte" oder „IT-Lösungen für Schulen im Überblick".

Richten Sie Ihre Publikationen auf Ihre unterschiedlichen Zielgruppen aus – etwa den CIO oder den IT-Bereichsleiter für die Software-Entwicklung. Schneidern Sie Ihr Thema auf bestimmte Branchen, ein Unternehmen, einen Entscheider, die verschiedenen Phasen und Stakeholder im Entscheidungsprozess zu.

Liefern Sie nur <u>relevante</u> Inhalte. Alles andere ist Zeitverschwendung – für Sie und Ihre Leser. Um die richtigen Inhalte zu definieren, fahren Sie zweigleisig:

1. Prüfen Sie zum einen, welche Inhalte Sie in <u>einzigartiger</u> Weise liefern können. Was können Sie besser als die anderen, was machen Sie anders? Verstehen Sie, wie stark die Marktnachfrage ist und was die speziellen Fragen oder Problemstellungen der Zielgruppe sind. Recherchieren Sie die Meinungen – on- und offline.
2. Überlegen Sie, welche Fragen und Probleme Ihre Zielgruppe innerhalb jeder Entscheidungsphase hat. Finden Sie die Treiber für das Thema. Identifizieren Sie, wer im Entscheidungsprozess welche Rolle spielt und welche Informationen benötigt werden.

Was zeichnet ein erfolgreiches Whitepaper aus?

Wenn Sie mit einem Whitepaper qualifizierte Leads generieren wollen, dann beantworten Sie darin die Fragen, die Interessenten typischerweise haben:

- In welchem Kontext kann Ihre Leistung sinnvollerweise eingesetzt werden?
- Welchen Nutzen bietet Ihre Leistung?
- Wie profitieren Kunden von Ihrer Leistung?

- Warum ist es besser, mit Ihnen als mit anderen IT-Consultants zu arbeiten?
- Anhand welcher Kriterien beurteilen Kunden Ihre Leistung?

Für Sie als IT-Consultant ist Ihr ideales Publikationsthema eines, das Sie im Schlaf beherrschen, für das ein Bedarf besteht, das ein Kundenproblem löst und das Ihre Leistungen vermarktet.

Geben Sie Ihren Interessenten relevante und wertvolle Inhalte an die Hand und animieren Sie sie dazu, mit Ihnen in Kontakt zu treten. Letzteres ist der schwierigste, aber auch der hilfreichste Teil. Viele Publikationen informieren zwar, lassen aber konkrete Handlungsanweisungen vermissen.

Publikationsinhalte organisieren

Gehen Sie bei der Inhaltsbestimmung in fünf Schritten vor:

Erstens: Bestimmen Sie Ihre Publikationsziele und deren Messgrößen. Wenn Sie Interessenten gewinnen wollen, messen Sie die Anzahl und Qualität der Interessenten, zum Beispiel über die generierten E-Mail-Adressen. Wenn Sie Ihre Zielgruppe über Ihr Leistungsangebot informieren wollen, bestimmen Sie die Anzahl der Leser, die auf Ihre Anzeige geklickt haben. Wollen Sie mit Ihrer Zielgruppe direkt in Kontakt kommen, zählen Sie die Teilnehmer Ihres Webinars oder Workshops.

Zweitens: Definieren Sie die Zielgruppe Ihrer Publikation. Klären Sie für sich, wie Sie in eine neue Kundenorganisation einsteigen wollen und wer ihre zukünftigen Auftraggeber sein sollen, zum Beispiel der Leiter IT Service Management oder der Leiter IT-Sicherheit. Versuchen Sie, Ihre Zielgruppe zu charakterisieren. Beschreiben Sie die Ziele und Probleme Ihrer Zielgruppe so spezifisch wie möglich.

Drittens: Beschreiben Sie die Ziele der Publikation: „Lernen Sie, wie ein IT-Servicekatalog aufgebaut wird", oder „Bestimmen Sie, welche IT-Leistungen sinnvoll ausgelagert werden können" oder „Erfahren Sie, wie die Betriebskosten für eine Virtual Desktop Infrastructure berechnet werden."

Viertens: Zeigen Sie die einzelnen Schritte auf, um die erwünschten Ziele zu erreichen. Nennen Sie Beispiele.

Fünftens: Geben Sie Ihrem Leser einen Anreiz, mit Ihnen Kontakt aufzunehmen. Bieten Sie ihm ein erstes, kostenfreies Expertengespräch an.

Im Entscheidungsprozess begleiten

Im IT-Bereich stehen Kunden häufig vor Entscheidungen, die neue Technologien und organisatorische Maßnahmen, aber auch die anzuwendende Methodik betreffen. Kunden suchen dann aktiv nach brauchbaren Informationen, um ihr Problem zu lösen. Auch IT-Beratungsleistungen sind erklärungsbedürftig und unterliegen langen Verkaufszyklen.

Ihre Publikationsinhalte sollten zielgruppen- und situationsspezifisch sein, zum Beispiel den Entscheider mit dem Budget, die Fachabteilung mit dem Problem und das Projektteam mit dem Implementierungsauftrag ansprechen. Während Vorreiter-Unternehmen das Thema eventuell bereits umsetzen, sind andere erst dabei, dieses für sich aufzugreifen. Indem Sie Ihre Publikationen auf die einzelnen Phasen des Entscheidungsprozesses ausrichten, holen Sie Ihre Interessenten dort ab, wo sie stehen. Verwenden Sie in Ihren Publikationen die Sprache Ihrer Kunden, sodass diese sich in Ihren Publikationen wiederfinden. Behalten Sie bei der Entwicklung der Inhalte Ihre Zielgruppe und deren Informationsbedürfnisse in den verschiedenen Entscheidungsphasen im Blick:

In der ersten Phase des Entscheidungsprozesses besteht Ihr Publikationsziel darin, Aufmerksamkeit zu schaffen. Umreißen Sie den Leidensdruck der Zielgruppe und zeigen Sie die Fähigkeiten auf, die nötig sind, um das Problem anzugehen. Helfen Sie Ihrer Zielgruppe, das eigentliche Problem zu erkennen und Ziele zu definieren. Stellen Sie Ihre Beratungsleistungen im Kontext dar, aber halten Sie Ihre Publikation aufklärend.

Technologieanbieter und große IT-Beratungsunternehmen setzen hier bereits an, um frühzeitig auf dem Radar des Kunden zu erscheinen. Beispiele sind Vorträge oder Artikel wie „Die steigenden strategischen Risiken von Cyber-Attacken" oder „Big Data für bessere Preisentscheidungen".

In der Recherchephase hat die Zielgruppe das Thema für sich erkannt und prinzipiell verstanden. Jetzt definiert sie ihre Anforderungen und sucht nach geeigneten Lösungen für den speziellen Einsatzbereich. Idealerweise steigen Sie als IT-Consultant bereits in dieser Phase beim Kunden ein.

Demonstrieren Sie Ihre Kompetenz, indem Sie Publikationen verfassen, die das eigentliche Problem untersuchen sowie objektive Lösungsansätze und verschiedene Handlungsoptionen aufzeigen. Stellen Sie potenziellen Kunden hilfreiche Infoprodukte wie die detaillierte Gegenüberstellung der am Markt verfügbaren Technologien oder einen beispielhaften Anforderungskatalog zur Verfügung. Beispiele sind Artikel wie „Anbieterüberblick: Technologien zum Schutz vor Cyber-Attacken".

In dieser Phase verbringen Kunden viel Zeit. Heben Sie in Ihren Publikationen immer den Kunden und seine Sichtweise hervor. Bewerten Sie zum Beispiel die Marketingaussagen der Technologieanbieter aus herstellerneutraler Sicht. Differenzieren Sie sich von den Publikationen anderer IT-Beratungsunternehmen, indem Sie auf einen spezifischen Aspekt fokussieren oder das Thema für eine Nische aufbereiten.

Klären Sie Ihren Kunden darüber auf, woran er einen geeigneten IT-Consultant für seine Problematik erkennen kann. Demonstrieren Sie anhand von Fallstudien, wie andere Kunden Sie zur Bewältigung eines vergleichbaren Problems hinzugezogen haben. Geben Sie einen Überblick über die Bandbreite Ihrer Leistungen. Kunden nehmen Sie wahr und entwickeln eine Vorstellung von Ihrer Leistungsfähigkeit.

In der Evaluierungsphase suchen Kunden nach einer konkreten Lösung für ihr Problem. Sie vergleichen Handlungsoptionen, bewerten mögliche Anbieter und erstellen Entscheidungsgrundlagen.

Stellen Sie in Ihrer Publikation beispielsweise die Vor- und Nachteile der verschiedenen Handlungsoptionen dar oder beurteilen Sie die am Markt verfügbaren Technologien, zum Beispiel „Worauf Handelsunternehmen bei der Auswahl einer Big-Data–Technologie zur Preisoptimierung achten sollten".

Als unabhängiger IT-Consultant sind Sie für Ihre Kunden in dieser Phase seines Entscheidungsprozesses Gold wert. Sie sind prädestiniert dafür, sie in der Phase des RFPs (Request for Proposal) zu unterstützen, die Angebote der Technologieanbieter kritisch zu hinterfragen und letztlich eine den Anforderungen entsprechende Lösung auszuwählen. Zeigen Sie Kunden, wie Sie dies bereits erfolgreich für andere Kunden durchgeführt haben. Neutralität und Methodik sind wichtig.

Zeigen Sie in der Publikation auf, worauf Kunden bei der Auswahl des Projektleiters und des Implementierungsteams achten sollten. Weisen Sie darauf hin, wie es sich für den Kunden rechnet, mit dem richtigen IT-Consultant – Ihnen – zusammenzuarbeiten.

In der <u>Umsetzungsphase</u> wählen Kunden die für sie richtige Lösung aus und setzen ihre Entscheidung um, zum Beispiel indem sie die neue Technologie implementieren, die organisatorischen Maßnahmen durchführen oder eine neue Methodik einführen.

In Ihrer Publikation fokussieren Sie darauf, worauf Kunden in der Umsetzung ihres Vorhabens etwa in der Verhandlung mit den Technologieanbietern. Legen Sie zum Beispiel anhand von Projektmanagementplänen dar, wie Kunden schrittweise zum Ziel kommen und worauf Sie bei der Planung des Implementierungsprojekts achten sollten, beispielsweise „Projektplan zur Implementierung einer Software für das Mobile Device Management". Erläutern Sie die Erfolgsfaktoren und Fallstricke erfolgreicher Implementierungen. Gehen Sie auch auf die personelle Zusammensetzung von Implementierungsteams ein und darauf, in welcher Weise Sie als externer IT-Consultant in diesem Zusammenhang den größten Mehrwert für den Kunden erbringen.

Senden Sie diese Art der Publikationen nur auf Anfrage an echte Interessenten. Nehmen Sie potenziellen Kunden etwaige Bedenken bezüglich der Zusammenarbeit mit Ihnen. Falls die Befürchtung eines Kunden darin besteht, dass Sie „zu teuer" sind, lassen Sie Referenzkunden für sich sprechen und diese bestätigen, dass Sie Ihren hohen Tagessatz „unterm Strich" wert sind.

Weisen Sie am Ende Ihrer Publikationen durchaus darauf hin, warum insbesondere Sie als spezialisierter IT-Consultant oder IT-Beratungsunternehmen für die Durchführung eines solchen Projekts geeignet sind: etwa weil Sie die relevanten Kriterien dieser Technologieauswahl kennen und einige der verfügbaren Technologien bereits erfolgreich eingeführt haben. Sie können sogar Ihre Leistungen mit denen Ihrer Wettbewerber vergleichen, solange Sie objektiv bleiben.

Wie Sie verschiedene Stakeholder ansprechen.

Die Geschäftsführung eines mittelständischen Unternehmens hat sich entschlossen, ein Identity Management-System einzuführen, um die Identitäten der Mitarbeiter zu verwalten. Die Geschäftsführer haben im Vorfeld der Entscheidung von dessen hoher Bedeutung für die Unternehmenssicherheit erfahren und sind von der Notwendigkeit überzeugt. Nun steht der IT-Leiter vor der Herausforderung, eine passende Identity Management Technologie auszuwählen und einzuführen. Es wird ein Projektteam gebildet, das den Markt recherchiert. Dieses Team erstellt eine Anbieterübersicht, einen Anforderungskatalog und einen Vergleich der verschiedenen Identity Management Technologien. Die Erfassung der Anforderungen muss hierbei alle Stakeholder – also Personen, die ein berechtigtes Interesse an dieser neuen Technologie haben – berücksichtigen:

Während die Geschäftsführung grundsätzliche Risiken der Unternehmensführung zu bewältigen sucht, sind die IT-Architekten daran interessiert, wie die zukünftige Identity Management Technologie in die bestehende IT-Landschaft integriert werden kann. Der Leiter Unternehmenssicherheit wird pragmatische Fragen zum Technologieeinsatz stellen. Der Datenschutzbeauftragte und die Mitarbeitervertretung wollen sicherstellen, dass die geltenden Gesetze und Vereinbarungen eingehalten werden.

> Als IT-Consultant können Sie Ihre Publikation spe-
> ziell auf die Stakeholder ausrichten, über die Sie den
> Einstieg in ein Kundenunternehmen suchen, zum
> Beispiel indem Sie die Rechtslage für Datenschutz-
> beauftragte erläutern.

Die Publikationsstrategie erstellen

Eine gute Publikationsstrategie gibt an, wann was für wen publiziert wird. Sie hilft Ihnen im Prozess des Publizierens, indem Sie Ihnen Ihre Ziele zu jeder Zeit vor Augen führt.

Der Publikationsprozess umfasst die folgenden fünf Stufen:

1. Erstellung der Publikations- und Vermarktungsstrategie
2. Zielgruppenkonforme Themendefinition
3. Themenrecherche
4. Schreiben, Editieren und Korrigieren
5. Vermarktung der Publikation

Die Vermarktung umfasst u.a. die Erstellung des Mediakalen-
ders, der darlegt, wann welche Publikation wo veröffentlicht
wird. Achten Sie dabei darauf, Ihre Publikationen nur dort zu
platzieren, wo Sie Ihre Zielgruppe – etwa die IT-Architektur-
Verantwortlichen von Banken – erreichen können.

Organisieren Sie Ihren Schreibprozess

Gehen Sie beim Schreiben systematisch vor:

Legen Sie sich eine Kladde an. Sammeln Sie Ideen zum
Thema, Artikel, Zitate, Bilder und Informationen aus Zeit-
schriften und aus dem Internet. Stellen Sie die Quellen sicher
(Name, Datum) und ordnen Sie die Beiträge nach Themen.
Sie können Tools wie *Evernote*, *Springpad* oder *Microsoft
Office OneNote* dafür nutzen.

Gliedern Sie. Wir alle lesen zunächst das Inhaltsverzeichnis
einer Publikation, um uns einen Überblick zu verschaffen.
Dessen Funktion kann auch eine Mindmap, Stichworte, Kern-
aussagen oder wichtige Thesen übernehmen. Erstellen Sie
eine Liste mit allen essenziellen Punkten, die Sie abdecken
wollen. Dann organisieren Sie Ihre Einträge. Falls Sie zu viel
Material haben, konsolidieren oder streichen Sie.

Benennen Sie jeden Gedanken. Wenn Sie Ihre Gliederung haben, benennen Sie jeden Abschnitt und listen Sie die Details auf, die Sie ansprechen möchten. Identifizieren Sie alle Fakten, Hinweise zur weiteren Recherche oder Punkte, die Sie näher betrachten wollen. Notieren Sie, wo Sie ein Fallbeispiel oder eine Infografik einfügen wollen.

Wählen Sie die Medien aus, die für die Vermarktung Ihres Artikels wichtig sind. Was nützt Ihnen der beste Artikel, wenn er Ihre Zielgruppe nicht erreicht? Wenn Sie in einer renommierten Fachzeitschrift erscheinen wollen, dann erkundigen Sie sich vorab über das Einreichen von Artikeln bei dieser. Im Rahmen ihrer jährlichen Mediaplanung veröffentlichen Fachzeitschriften ihre Schwerpunktthemen. Kontaktieren Sie den Redakteur der Zeitschrift und informieren Sie sich, wie diese mit Autoren zusammenarbeiten, welche Themen gefragt sind, welcher Stil und welches Format akzeptiert wird und wie das Rückgaberecht aussieht. Finden Sie heraus, welche Verlage Artikel von freien Autoren annehmen und wer dabei die Rechte hält.

Setzen Sie sich einen Zeitplan für Ihre Recherche und Ihren Schreibprozess. Ihre normale To-do-Liste ist sicher mehr als voll und Themenrecherche sowie Schreiben sind das Letzte, was Sie zusätzlich noch abarbeiten wollen. Es scheint nie genug Zeit für alles zu sein.

Blocken Sie sich Zeiten für das Schreiben. Planen Sie Puffer für das Überarbeiten ein, denn Sie könnten in der letzten Phase noch weiteres, neues und wichtiges Material entdecken oder es könnten ungeplante Verzögerungen auftreten. Gegebenenfalls warten Sie noch auf Studienergebnisse, das Okay für die aktuelle Kundenreferenz oder Sie müssen einige Fakten nachrecherchieren. Unterschätzen Sie diese Arbeit nicht: Sie benötigt oft mehr Zeit als ursprünglich gedacht.

Bleiben Sie flexibel. Schreiben ist ein Prozess. Es kann durchaus passieren, dass Sie während des Schreibens auf ein neues Konzept stoßen, bemerken, dass Ihr Aufbau nicht optimal gewählt ist oder feststellen, dass das Zitat, um das Sie Ihren Text konzipiert haben, zu trivial ist. Seien Sie darauf gefasst, dass Sie Änderungen vornehmen müssen und achten Sie darauf,

dabei Ihre ursprüngliche Idee und deren Mehrwert aufrecht-
zuerhalten.

> ### Externe Publikationen.
>
> Es gibt bereits viele gute Fachartikel in Ihrem The-
> mengebiet. Teilen Sie die interessantesten mit Ihrem
> Netzwerk. Arbeiten Sie andere Vordenker geschickt
> in Ihre eigenen Aussagen ein oder geben Sie Emp-
> fehlungen zu Studienergebnissen von renommierten
> Technologie-Marktforschungsunternehmen wie
> *Gartner*. So finden Sie zum Beispiel IT-Kennzahlen
> für das IT-Management bei *ComputerEcono-
> mics.com*. Kommentieren, bestätigen oder widerle-
> gen Sie die Studien anderer Experten. Damit zeigen
> Sie Ihrer Zielgruppe, dass Sie ein Experte für Ihr
> Thema und up to date sind.

Vermarkten Sie Ihre Publikationen

Insbesondere in den ersten Wochen nach Erscheinen Ihrer
Publikation sollten Sie aktiv dafür sorgen, diese bekanntzu-
machen. Schließlich nützt es nichts, wenn Sie interessante Inhalte produzieren und Ihre Zielgruppe nichts davon weiß.
Hier finden Sie einige Tipps, wie Sie Ihre Publikationen selbst
effizient vermarkten können:

Erstellen Sie zunächst eine Webpage, auf der Sie die Publikation veröffentlichen, gegen die E-Mail-Adresse eines Interessenten oder gegen eine Schutzgebühr. Entscheiden Sie, ob alle
Marktteilnehmern Zugang zur Publikation erhalten dürfen o-
der nur potenzielle Kunden auf Anfrage.

Erwähnen Sie Ihre Publikation in Ihrer gesamten Kommunikation: an prominenter Stelle auf Ihrer Website, in Ihrem
Newsletter und in Ihrer E-Mail-Signatur. Informieren Sie Ihre
Kunden, Lieferanten und Geschäftspartner, zum Beispiel indem Sie Ihnen einen Auszug aus Ihrer Publikation zusenden.
Bitten Sie Ihre Netzwerk-Kontakte darum, diese E-Mail auch
an andere interessierte Kollegen weiterzuleiten.

Weisen Sie online auf Ihre Publikation hin, beispielsweise über Ihr Social-Media-Profil und in Online-Verzeichnissen wie *Google Books*. Laden Sie eine Präsentation über die Publikation auf *SlideShare* hoch oder stellen Sie sie kurz in einem Video auf *YouTube* vor. Schreiben Sie Gastbeiträge in *XING*- und *LinkedIn*-Foren, IT- und Branchen-Portalen sowie in den Blogs Ihrer Zielgruppe. Verlinken Sie immer auf die Webpage Ihrer Publikation.

Bieten Sie ein Webinar zum Thema an. Nutzen Sie ihre Publikation als Eintritt bei Konferenzveranstaltern. Bereiten Sie drei Präsentationen vor: einen einstündigen Keynote-Vortrag, einen halbtägigen Workshop und ein ganztägiges Seminar.

Versenden Sie Pressemitteilungen an Fachzeitschriften und -portale und bieten Sie sich als Interviewpartner an. Versenden Sie die Publikation oder einen Auszug davon an Multiplikatoren, wie die Vorsitzenden der wichtigsten Verbände Ihrer Zielgruppe, Professoren und andere, gut vernetzte IT-Consultants.

Verkaufen Sie Ihre Publikation in größeren Auflagen an Unternehmen und Verbände, damit diese sie für ihre Mitarbeiter und Mitglieder erwerben oder an diese verteilen. Bieten Sie sie Anbietern Ihrer Zielgruppe an, die Publikation an ihre Kunden zu verschenken.

Ein Buch im Eigenverlag veröffentlichen

Sie brauchen keinen traditionellen Verlag, um ein Buch zu veröffentlichen. Viele Autoren publizieren heute im Eigenverlag. Beide Vorgehensweisen haben ihre Vor- und Nachteile. Einen renommierten Fachverlag müssen Sie von Ihrem Manuskript erst überzeugen, was mühsam sein kann. Andererseits bieten Book-on-Demand-Anbieter wie *Lulu.com* oder *CreateSpace.com* Verlagsleistungen wie Lektorat, Buchdesign und Marketing an. Autoren bringen ihr Buch schneller auf den Markt und behalten die inhaltliche Hoheit über Ihr Werk – ein nicht unwesentlicher Vorteil.

Behalten Sie jedoch stets Ihre Ziele im Auge: Sie wollen mit Ihren Publikationen Ihre Kompetenz darstellen, Glaubwürdigkeit bei Ihrer Zielgruppe aufbauen und letztlich rentable Aufträge erhalten. Publikationen – als Marketingmaßnahme – sind nur ein Mittel zum Zweck.

Die Wirkung von Publikationen tritt meist zeitverzögert ein. Es ist nicht immer einfach, den Nutzen direkt zu bestimmen. Versuchen Sie es trotzdem, indem Sie den Erfolg in Bezug zu Ihren Zielen messen. Berechnen Sie zum Beispiel die direkten Auswirkungen in Form von zusätzlichem Umsatz, neuen Kunden, rentableren Aufträgen oder höheren Tagessätzen. In Bezug auf Ihre Marketingziele: Wie erhöhte sich Ihre Bekanntheit im Zielmarkt? Wie wirkten sich die Publikationen auf die Kommunikation mit Interessenten und Bestandskunden aus? Wie oft wurden Sie respektive Ihre Publikationen in der Presse zitiert? Wie viele konkrete Projektanfragen gab es?

Pressearbeit

Pressemitteilungen sollen eine Nachricht transportieren. Die Fertigstellung Ihrer Publikation ist definitiv eine Neuigkeit, die es zu verkünden lohnt. Redakteure, die Pressemitteilungen durchforsten, wählen ihre Beiträge aus einer Flut von Informationen aus. Sie gewichten bei ihrer Entscheidung nach der Relevanz, dem Emotionsgehalt, der Auswirkung, dem Zeitplan und dem spezifischen Interesse ihrer Leserschaft.

Beantworten Sie im ersten Absatz Ihrer Pressemitteilung die fünf W-Fragen: Wer? Was? Wann? Wo? Wie?

Schreiben Sie kurze, einfache Sätze und allgemein verständlich. Erklären Sie Fachausdrücke. Stellen Sie die Tatsache sachlich dar und in der dritten Person, also „das IT-Beratungsunternehmen ABC GmbH veröffentlichte …" statt „wir veröffentlichen…". Bauen Sie Namen und Zitate ein. Geben Sie Ihrer Pressemitteilung eine kurze und knackige Überschrift sowie ein Vorspann bei längerem Text. Fügen Sie Bildmaterial wie Fotos und Infografiken sowie Links hinzu.

Es gibt zwei Möglichkeiten, wie Sie Ihre Artikel platzieren und Öffentlichkeitsarbeit betreiben können. Beide werden von IT-Consultants genutzt und haben ihre Berechtigung. Oft werden sie auch in Kombination angewendet:

<u>Erstens:</u> Arbeiten Sie mit den Redaktionen der Fachpresse. Das erfordert zwar mehr Vorarbeit, längere Vorlaufzeit und mehr Abstimmung, ist aber im Endeffekt wirksamer. Ihr Artikel wirkt glaubwürdiger, wenn er in einer Fachzeitschrift oder einem anerkannten Online-Portal publiziert wird.

Wenn Sie einen Artikel für eine Fachzeitschrift oder ein Kapitel in einem Buch verfasst haben, dann lassen Sie sich vom Verlag bestätigen, wie Sie diesen Beitrag für eigene Marketingzwecke nutzen dürfen. Es ist nicht unüblich, dass Autoren ihren eigenen Artikel nicht oder nur gegen eine Gebühr an den Verlag an Dritte weitergeben bzw. auf ihrer Website veröffentlichen dürfen. Klären Sie dies vorab.

Legen Sie sich einen auf Ihre Nische zugeschnittenen Presseverteiler an, mit dem Sie einen möglichst persönlichen Kontakt zu den verantwortlichen Redakteuren der Fachzeitschriften aufbauen. Diese sind häufig jahrelang dabei, sodass es sich für Sie langfristig lohnt, in Vitamin-B zu investieren.

Die Pressehandbücher von *Kroll* und *Stamm* bieten eine umfassende Übersicht über alle deutschen Medien. *Pressekatalog.de* listet 60.000 Fachzeitschriften. Nutzen Sie neben den IT- auch die branchenspezifischen Medien Ihrer Zielgruppe.

<u>Zweitens:</u> Sie können Ihre Pressemitteilungen darüber hinaus selbst in kostenfreie oder gebührenpflichtige Presseportale einstellen. Damit umgehen Sie nicht nur die Gatekeeper, sondern die Pressemitteilung erscheint sofort im Internet. Es gibt dabei allerdings keine Garantie, dass Sie mit Ihrem Beitrag in einer Fachzeitschrift erscheinen.

Während große IT-Beratungsunternehmen eigene Presseabteilungen beschäftigen, arbeiten kleinere mit externen PR-Profis zusammen. Die Kosten sind meist überschaubar und beziehen sich entweder auf einen Artikel oder eine Monatsgebühr für die PR-Arbeit.

Unabhängig von interessanten Meldungen und Ihrem individuellen Presseverteiler beruht der Erfolg Ihrer gesamten Pressearbeit auf Kontinuität. Versenden Sie lieber regelmäßig eine Pressemitteilung als einmal ein kurzfristiges Bombardement, das nach einem halben Jahr wieder vergessen ist.

> ### Relevante Presseportale für IT-Consultants
>
> Der *Presseportal Report* listet folgende IT-relevanten Presseverteiler auf (in Klammern die Zahl der Besucher pro Monat):
>
> - *Pr-inside.com* (1,1 Millionen)
> - *Online-artikel.de* (950.000)
> - *Inar.de* und *Openpr.de* (beide ca. 500.000)
>
> Darüber hinaus gibt es weitere gebührenfreie Presseportale wie *PRcenter.de, News4press.com, Offenes-presseportal.de* und *Presseanzeiger.de* sowie gebührenpflichtige wie *Pressebox.de, Presse1.de, Pressetext.com* und *LifePR.de*.[27]
>
> Nachteilig ist, dass die Streuverluste hoch sind, auch wenn Sie unter der Rubrik „IT & Software" oder „Dienstleistungen & Consulting" veröffentlichen.

Podcasting. Publizieren via Audio und Video

Viele Menschen hören oder sehen regelmäßig ihre Lieblingssendungen per Podcasting, zum Beispiel die Technology Podcasts von *NPR* oder die Videos von *CNET. IBM, McKinsey* und *Gartner* haben ihre eigenen *YouTube*-Kanäle, in denen sie ihre aktuellen Themen vorstellen. Im Gegensatz zum Broadcasting werden die Medieninhalte beim Podcasting gezielt von den Konsumenten abgerufen, und diese können mit dem Podcaster in den Dialog treten.

Nutzen Sie Podcasting in Ihrem Marketing-Mix, um Ihre Publikationen um ein persönlicheres und zeitgemäßes Format zu erweitern. Audio-Podcasts und Videos bieten sich an, Themen verbal zu präsentieren und Aufzeichnungen eigener Interviews und von Interviews mit Experten zu veröffentlichen. Stellen Sie sich per Imagevideo persönlich bei Ihrer Zielgruppe vor und erläutern Sie, wie Sie sich von Wettbewerbern abheben. Lassen Sie auch Ihre Kunden zu Wort kommen.

Wussten Sie, dass 65 Prozent aller Menschen „visuelle Lerner" sind? Videos werden deshalb als glaubhafter empfunden als andere Medien. Websites mit Videos regen Besucher zum längeren Verweilen an. *YouTube* ist die zweitgrößte Suchmaschine im Internet. *Google* bewertet Videos in seinem Suchalgorithmus hoch, was Ihr *Google*-Ranking positiv beeinflussen kann. Auch deshalb gewinnen Videos im Marketing an Bedeutung.

Seit Jahrzehnten gibt es Videos in der Unternehmenskommunikation, doch dank moderner Technik lassen sie sich heute leichter und günstiger erstellen. Selbst Einzelkämpfer mit kleinem Budget können sich Videos im Rahmen ihres Marketings leisten. Seit *YouTube* erwarten Zuschauer keine Blockbuster-Qualität mehr, sondern empfinden Videos als glaubwürdiger, wenn sie real erscheinen, zum Beispiel wenn sie in Ihrem Büro gedreht wurden. Sie brauchen ein knackiges Script, um Ihren Interessenten kurzweiliges Infotainment zu bieten. Langatmige Verkaufsshows sind genau wie öde Werbung: reine Zeit- und Geldverschwendung.

Ein Video gibt Ihnen als IT-Consultant oder als IT-Beratungsunternehmen ein Gesicht. Es erweckt Sie und Ihre Leistungen zum Leben. Wenn Sie Ihre Storyline gut aufbauen, sympathisch und vielleicht sogar humorvoll rüberkommen, erzeugen Videos einen viralen Effekt und haben enormen Werbecharakter.

Audio-Podcasts

Im Vergleich zu Videos sind Audio-Podcasts einfacher zu produzieren. Sie konzentrieren sich dabei nur auf Ihr Script und Ihre Aussprache. Zur technischen Erstellung benötigen Sie ein gutes Aufnahmegerät und eine Audioschnitt-Software wie *Audacity*.

Rechnen Sie mit vier Stunden für die Produktion einer 15-minütigen Sendung. Im Gegensatz dazu veranschlagen Sie für ein ein-minütiges Video circa sechs Stunden: drei Stunden für das Konzept, eine Stunde für die Aufnahme und zwei Stunden für das Schneiden.

---

[26] Pulizzi, Joe; Handley, Ann: „B2B Small Business Content Marketing:– 2014 Benchmarks, Budgets & Trends". In: www.contentmarketinginstitute.com, Stand: 01.07.2014.

[27] PR-Gateway: „Presseportal Report 2013: Kostenlose Presseportale im Vergleich". In: www.pr-gateway.de, Stand: 28.12.2013.

Kapitel 07

Bleiben Sie in Kontakt: Ihr Newsletter

„Wer will, dass ihm die anderen sagen, was sie wissen, der muss ihnen sagen, was er selbst weiß. Das beste Mittel, Informationen zu erhalten, ist Informationen zu geben."

Niccolò Machiavelli

Betrachten Sie Ihren Newsletter als das Multitalent in Ihrem Marketing-Mix. Richtig gemacht ist er ein starkes Marketinginstrument, mit dem Sie sich von anderen IT-Consultants und IT-Beratungsunternehmen abheben können. Er hilft Ihnen nicht nur dabei, Ihre geschäftlichen Beziehungen aufzubauen und zu pflegen, sondern auch dabei, Ihre Kunden an Ihr Leistungsportfolio zu erinnern und über neue Beratungsleistungen zu informieren. Er hilft Ihnen, mit Interessenten nach einem ersten Kontakt in Verbindung zu bleiben und Ihre Glaubwürdigkeit zu erhöhen. Er kann Kunden in ihrer Entscheidung für Sie bestätigen und im besten Fall neue Projektanfragen und Empfehlungen generieren, die Abschlussrate von Interessenten zu Kunden erhöhen und Folgeaufträge zu initiieren. Nicht selten werden begeisterte Leser zu Multiplikatoren.

Kurz: Mit Ihrem Newsletter halten Sie Kunden, Interessenten, Geschäftspartner und Mitarbeiter auf dem Laufenden – regelmäßig, spannend und persönlich. Die Herausforderung besteht auch hier in der effektiven und effizienten Umsetzung.

> ### Kundenzeitungen und Informationsportale
>
> Als Teil ihres Corporate Publishing geben IT-Anbieter und große IT-Beratungsunternehmen Kundenzeitungen heraus, wie den *IBM Insider* oder *Best Practice,* das Kundenmagazin der *T-Systems,* und betreiben Informationsportale wie *SAP.info.*

Newsletter stressfrei erstellen

Damit Sie regelmäßig Ihre Zielgruppe erreichen, müssen Sie Ihren Newsletter konsequenterweise auch regelmäßig produzieren. Mit folgenden Tipps nehmen Sie den Stress aus der Newsletter-Produktion:

Legen Sie sich einmal eine <u>Vorlage</u> für den Newsletter an – eher kürzer als länger, etwa im Umfang einer DIN A4-Seite. Bestimmen Sie verschiedene Rubriken, zum Beispiel „Neues aus dem Markt", „Meinung", „Interview", „Termine" und „Interna".

Um Deadline-Panik zu vermeiden, produzieren Sie zwei bis drei Newsletter im Voraus. Nutzen Sie Leerzeiten. Viele Artikel müssen nicht zwingend tagesaktuell sein. Einige sich kurzfristig ändernde Angaben wie Nutzerzahlen einer im Newsletter besprochenen Technologie oder der genaue Release-Stand einer Software können vor dem Versand aktualisiert werden.

Monatliche, quartals- oder halbjahresweise Publikation? Das ist eine Ermessensfrage: Wenn Sie viele Kunden mit eher kurzfristigen Projekten haben, senden Sie lieber öfter kürzere Newsletter. Bei monatlichen Newslettern kann ein Umfang von ein oder zwei Seiten durchaus genügen. Bei quartals- oder halbjahresweiser Publikation sollte Ihr Newsletter hinsichtlich der Seitenzahl dann etwas umfangreicher sein.

Last but not least: Informieren Sie mit Ihrem Newsletter nicht nur Ihre Kunden und Interessenten, sondern auch Geschäftspartner, Mitarbeiter, potenzielle Bewerber und Lieferanten.

Per E-Mail oder Briefpost?

Das ist Ihre Sache und hängt davon ab, was Ihre Zielgruppe bevorzugt und wie viel Sie für die Erstellung und den Versand Ihres Newsletters ausgeben wollen. Beide Formate sind wirkungsvoll.

Per E-Mail: E-Newsletter haben sich bewährt und sind mittlerweile ein Klassiker. Ihr Vorteil besteht darin, dass sie einerseits günstig und schnell sind und andererseits vom Empfänger an sein Netzwerk weitergeleitet werden und damit einen Multiplikator-Effekt erzielen können. Der größte Nachteil ist, dass manche Adressaten täglich ohnehin Hunderte E-Mails bekommen. Sie konkurrieren innerhalb dieses Mediums daher sehr stark um die Aufmerksamkeit Ihrer Zielgruppe. Auch hier gilt: Nutzen Sie Ihre Inhalte mehrfach, indem Sie die Inhalte Ihres E-Newsletters zum Beispiel auch über Ihre Website publizieren.

Per Briefpost: Warum senden Sie Ihrer ausgewählten Zielgruppe nicht eine hochwertige, gedruckte Version Ihres Newsletters zu? Ein markantes Blatt oder eine Doppelseite sind nicht nur greifbar, sondern verweilen bei gutem, hochwertigem Material (meistens) eine Weile auf dem Schreibtisch Ihres Kunden. Je höher Ihre Tagessätze sind, desto hochwertiger sollte auch Ihr Newsletter sein – sowohl inhaltlich als auch optisch. Damit setzen Sie ein klares Statement. Gut gemachte Newsletter werden durchaus von Kunden in die Hand genommen, gelesen und im besten Fall sogar langfristig aufgehoben und weitergereicht. Dann hat Ihr Newsletter sein Ziel erreicht: die positive Aufmerksamkeit Ihrer Kunden und die von potenziellen neuen Kunden.

Immer wieder Interesse wecken

Was macht einen tollen Newsletter aus? Sehen Sie selbst in Ihrer Inbox oder auf Ihrem Schreibtisch nach. Was haben die Newsletter gemeinsam, die Sie selbst lesen?

Egal, wie Sie Ihre Newsletter versenden, die Hauptsache ist, dass er einen Wiedererkennungswert erzeugt. Natürlich sollte er interessante Inhalte bieten, sodass sich Ihre Leser darauf freuen, ihn zu erhalten. Sie wollen weder nerven noch Ihren Lesern das Gefühl vermitteln, sie mit Werbung zu belästigen.

Die folgenden Elemente haben sich für den Aufbau eines Newsletters bewährt:

- eine fesselnde Überschrift
- ein interessanter Leitartikel
- ein aktuelles Fallbeispiel
- etwas Persönliches über Sie, Ihre Mitarbeiter oder Ihr Unternehmen
- eine neue Beratungsleistung, die Sie bewerben wollen

Außerdem:

- etwas Witziges aus dem Tagesgeschäft, ein Comic
- eine interessante Statistik oder Infografik
- Fotos von einer Konferenz oder einem Kundenevent
- die Anzeige eines Sponsors oder eine Empfehlung
- eine Stellenanzeige

Inhalte, die alle ansprechen

Menschen lassen sich gerne inspirieren, insbesondere mit Inhalten, die

- sie daran erinnern, dass das Leben kurz ist und Träume wahr werden;
- sie zum Lachen, Nachdenken oder Handeln bringen;
- sie überraschen, Hintergründe aufzeigen oder Geheimnisse enthüllen;
- ihre Annahmen bestätigen oder ihre Vorurteile herausfordern;
- zeigen, wie David gegen Goliath gewinnt;
- ein bekanntes Thema aus einem neuen Blickwinkel betrachten.

Von diesen Inhalten bekommen wir nie genug.

Wir freuen uns über gute Newsletter, ärgern uns aber über Spam. Niemand bekommt gerne ungefragt Werbung. Holen Sie sich deshalb die ausdrückliche Erlaubnis von Ihren Kunden und Interessenten, ihnen Ihren Newsletter senden zu dürfen. Sie wollen weder im Spam-Ordner noch ungelesen im Papierkorb landen. Auf gar keinen Fall wollen Sie Ihre Kunden verärgern. Es versteht sich von selbst, die An- und Abmeldung zum Newsletter so einfach wie möglich zu gestalten.

Newsletter einfach versenden

Sammeln Sie anfänglich intensiv und dann regelmäßig interessante Inhalte für Ihren Newsletter. Versenden Sie den Newsletter immer am gleichen Tag, zum Beispiel am dritten Montag im Monat, pünktlich und fehlerfrei. Behalten Sie ein Exemplar auf Ihrem Schreibtisch.

Es gibt viele Anbieter, über die Sie Ihren E-Mail-Newsletter versenden und managen können. Beispiele sind etwa *ConstantContact.com*, *ymlp.com* oder *1shoppingcart.com*.

Sie können Kosten sparen bzw. zusätzliche Einnahmen erzielen, indem Sie einen Teil des Newsletters von einem Anbieter sponsern lassen. Das kann in Form eines Flyers oder einer Anzeige im Newsletter geschehen.

Kapitel 08

Vorträge, Seminare & Webinare

„Um Erfolg zu haben, muss man die richtigen Leute auf der richtigen Party zur richtigen Zeit treffen."

Cyril Northcote Parkinson

Egal, ob Sie auf einer Konferenz einen Vortrag halten oder ein Seminar durchführen – das Sprechen stellt für IT-Consultants eine einzigartige Möglichkeit dar, sich direkt vor ihren potenziellen Kunden zu platzieren. Konferenz- und Seminarteilnehmer wollen offensichtlich mehr über Ihr Thema erfahren, nehmen sich die Zeit und haben meist ein Budget dafür ausgeben. Und Sie haben deren ungeteilte Aufmerksamkeit. Was könnte besser sein?

Wenn Sie bereits Inhalte im Rahmen Ihres Content Marketings ausgearbeitet haben, dann können Sie diese auch für Vorträge, Seminare und Webinare verwenden. Wenn Sie allerdings nicht gut vortragen oder ungern vor Publikum sprechen, dann lassen Sie es besser – oder üben Sie.

Vorträge bei Konferenzveranstaltern

Als Redner einer Konferenz erweitern Sie nicht nur Ihr geschäftliches Netzwerk, Sie positionieren sich auch als Experte und gewinnen Interessenten. Hier trifft sich der Markt. Hier wird der Buzz zu einem Thema generiert, neueste Trends und Konzepte vorgestellt, Stimmungen eingefangen, Meinungen diskutiert und Visitenkarten ausgetauscht.

Üben Sie

Wenn Sie sich für das Sprechen entscheiden, dann feilen Sie an Ihren Rednerqualitäten. Proben Sie. Verwenden Sie die meiste Zeit in der Vorbereitung auf Ihre Storyline und die schriftliche Ausarbeitung Ihrer Präsentation. Rechnen Sie für einen einstündigen Vortrag circa 15 bis 30 Stunden Vorbereitungszeit.

Verplanen Sie jeweils ein Drittel Ihrer Zeit für

* das Sammeln und Organisieren Ihrer Ideen
* die Ausarbeitung des „roten Fadens", den Sie verfolgen,
* das Erstellen der Präsentation und
* das laute Sprechen, das Vortragen.

Letzteres fällt leider häufig unter den Tisch, was man den Rednern dann auch anmerkt. Die Zuhörer vergessen eventuell, was Sie gesagt haben. Aber sie erinnern sich daran, wie sie sich bei Ihrem Vortrag gefühlt haben. Deshalb: Üben Sie! Es macht zwar nicht perfekt, aber es macht den Unterschied zwischen einer Spitzenleistung und einem Durchschnittsvortrag aus.

Vortrag ist nicht gleich Vortrag

Präsentationstechniken sind wichtig, reichen aber nicht. Damit Ihnen Ihr Vortrag neue Interessenten und letztlich Aufträge bringt, sollten Sie immer an Ihr Publikum denken. Und das Allerwichtigste: Langweilen Sie nicht. Das Fachpublikum hat bereits viel gehört. Ihre potenziellen Kunden werden nicht mitnehmen, was Sie für sie tun können, wenn Sie nicht die ungeteilte Aufmerksamkeit auf sich ziehen.

Vermeiden Sie zahlenintensive Präsentationen – es sei denn, Sie referieren zum Thema IT-Metriken. Beschränken Sie sich auf die wesentlichen Fakten, die Ihre Aussage in den Hauptpunkten unterstützen. Vorsicht mit Erfolgsgeschichten aus der Vergangenheit: Was für ein Unternehmen funktioniert hat, muss nicht für andere wirken. Zuhörer wollen eher etwas über neue Ansätze, über innovative Ideen und Technologien erfahren, die sie noch nicht kennen. Wenn Sie eine neue Lösung vorstellen, zeigen Sie gleichzeitig die Risiken auf und erklären Sie, worauf Ihre Zielgruppe achten sollte. Ermuntern Sie Ihr Publikum, kreativ zu denken.

Bleiben Sie beim Hauptthema. Verlieren Sie sich nicht in unwichtigen Details und kommen Sie möglichst schnell wieder auf den Punkt, falls Sie abschweifen. Halten Sie die Werbung in eigener Sache kurz. Verkaufen Sie Ihre Ideen, nicht Ihre Leistungen. Sie überzeugen durch Ihre Kompetenz. Interessenten kommen bei Bedarf auf Sie zu. Lassen Sie sich lieber vom Moderator entsprechend vorstellen.

Üben Sie, um ein exzellenter Sprecher zu werden. Nehmen Sie Ihre Präsentationen auf, analysieren Sie sie und verbessern Sie sich kontinuierlich.

Entwickeln Sie einen mitreißenden Inhalt

Jeden Tag werden Hunderte von Vorträgen gehalten. Obwohl viele IT-Consultants ihre Kunden sehr gut über ihren Schreibtisch hinweg ansprechen und von ihren Ideen überzeugen können, gelingt ihnen dies beim Vortrag nicht unbedingt.

Vorträge sollten einen Spitzeninhalt haben und die Zuhörer packen. Das Fachpublikum möchte sich in erster Linie weiterbilden und Fähigkeiten ausbauen. Gefragte Themen sind die, welche die Zuhörer dabei unterstützen, ihre Probleme zu lösen – mittels neuer Technologien, Prozesse oder Methoden. Versuchen Sie bei Ihren Vorträgen Lösungen anzubieten, die Ihr Publikum direkt anwenden kann. Bieten Sie innovative Antworten auf komplexe Probleme an. Übersetzen Sie Ihr Wissen in verständliche und greifbare Schritte.

Wenn Sie drei Vortragsthemen identifiziert haben, fragen Sie Ihre Netzwerk-Kontakte, das heißt Ihre Kunden, Ihre akademischen Kontakte und Branchenexperten, nach deren Meinung dazu.

Folgen Sie Ihrer Kompetenz. Sprechen Sie nur über das, was Sie tun und worüber Sie bestens Bescheid wissen. Das ist es, was Ihr Publikum wissen will. Das ist Ihr Wettbewerbsvorteil gegenüber anderen IT-Consultants mit weniger Erfahrung in Ihrem Bereich. Das Publikum wird Ihr Wissen anerkennen und Sie als glaubwürdig empfinden. Außerdem ist es für Sie einfacher, Gespräche zu Ihrer Expertise zu führen.

Alle Kunden teilen bestimmte thematische Vorlieben. Um diese Themenbereiche können Sie beispielsweise Ihre Vorträge aufbauen:

Wirtschaftlichkeit / Business Plan: „Wie Sie mit einer IT-Prozessoptimierung Ihre Kosten reduzieren und damit Ihre Gewinne steigern"

Organisation: „Sieben Wege, um Ihren Applikationsbetrieb zu optimieren"

Menschen: „Wie Sie die Produktivität Ihrer IT-Organisation trotz Fachkräftemangel und Fluktuation steigern"

Geplantes Ergebnis: „Sechs Schritte, um eine Virtual Desktop Infrastructure aufzubauen"

Maßnahmen zur Umsetzung einer Entscheidung: „Was Sie vor dem Start eines IT-Großprojekt unbedingt beachten sollten"

Erfolge messen: „Aufbau eines effektiven IT-Reportings für den Vertrieb von Konsumgütern"

Ausblick und Trends: „Fünf Trends, die Investitionsentscheidungen von IT-Organisationen im Jahr 2016 beeinflussen werden"

Wenn Sie ein IT-Consultant im Bereich IT-Service-Management sind, untersuchen Sie zum Beispiel die wichtigsten Service-Management-Prozesse nach Verbesserungsmöglichkeiten, konsolidieren Sie Aktivitäten, vergleichen Sie und stellen Sie Leistungen und Organisationsmodelle gegenüber. Sie können auch die Angebote und Maßnahmen verschiedener führender Outsourcing-Anbieter vergleichen.

Ein Experte im Bereich Cloud Computing könnte beispielsweise einen Vortrag über die Geschäftsmodelle der Cloud-Anbieter halten sowie darüber, auf welche geschäftskritische Faktoren IT-Organisationen bei der Auswahl ihrer Cloud-Anbieter achten sollten. Oder er erläutert, warum Unternehmen, statt die IT auszulagern, doch wieder stärker in die eigene Organisation investieren sollten.

Wenn alle in den Sonnenuntergang schauen, drehen Sie sich um und betrachten die entgegengesetzte Richtung. Versuchen

Sie, das Thema von einem neuen Blickwinkel aus zu sehen. Ihr Vortrag wird umso interessanter sein, vor allem für Konferenzveranstalter und Ihr Publikum, wenn Sie <u>nicht</u> ins gleiche Horn blasen wie die anderen und einen kontroversen oder provokanten Standpunkt einnehmen. Stimulieren Sie Ihr Publikum zum Nachdenken.

Wenn Sie einmal Ihr Thema selektiert und sich für Ihre Sichtweise entschieden haben, <u>isolieren Sie Ihre Kernaussage</u>. Was genau soll Ihrem Publikum im Gedächtnis bleiben? Versuchen Sie diese Kernaussage in ein oder zwei Sätzen wiederzugeben. Bauen Sie den Rest Ihrer Präsentation um diese Aussage herum auf.

Es war einmal ...

... ein Java-Programmierer mit einem Traum: Er wollte kein eigenes Auto besitzen und dennoch immer mobil sein. Jetzt entwickelt er ausgefeilte Software für einen CarSharing-Anbieter.

Anekdoten lockern Vorträge auf. Geschichten sind ideal, um einen Bezug zum Publikum aufzubauen. Wir verstehen Sachverhalte oft leichter im Kontext einer Geschichte. Ihre Symbolik und ihr Unterhaltungswert machen sie so kraftvoll, um eine Aussage herüberzubringen.

Erzählen Sie eine persönliche Geschichte, die gerade so viel von Ihnen preisgibt, dass sich Ihr Publikum mit Ihnen identifizieren kann, etwas über Ihren Hintergrund erfährt und besser versteht, was Sie vermitteln wollen.

Wie das Präsentieren ist auch das Geschichtenerzählen eine Fähigkeit, die nicht jedem in den Schoß fällt. Beides ist aber erlernbar. Wenn Sie eine gute Geschichte mit etwas Humor um Ihre Kernaussage herumstricken, dann wird diese Ihrem Publikum im Gedächtnis bleiben.

Werden Sie Redner

In IT-Beratungskreisen sind die Vorteile von Vorträgen auf Fachkonferenzen längst kein Geheimnis mehr. Schließlich vermarkten die Veranstalter die Konferenz mit tausenden Flyern per Direktmailing an ihre Zielgruppe. Entsprechend groß ist das Interesse der IT-Consultants, auf renommierten Veranstaltungen zu sprechen. Dabei konkurrieren IT-Consultants mit namhaften Referenten und Sponsoren um die knappen Vortragszeiten. Branchenevents sind um die Qualität ihrer Referenten herum aufgebaut und hätten ohne diese weniger Teilnehmer. Diese Nachfrage hat professionelle Redner hervorgebracht, die jahrelange Erfahrung als Referenten nachweisen können. Das ist harte Konkurrenz.

Spezialisierte IT-Consultants haben jedoch Qualitäten, die das Fachpublikum und die Konferenzveranstalter schätzen: Als Experte in ihrem Bereich verstehen sie den Leidensdruck ihrer Kunden genau. Sie sprechen nicht nur deren Sprache, sondern kennen auch die bedeutendsten Marktteilnehmer im Kontext Ihres Fachgebietes. Das Fachpublikum profitiert von den aufgezeigten Lösungsansätzen und dem Transfer des aktuellen Wissens.

Verbände, Branchenvereinigungen und Konferenzanbieter benötigen regelmäßig Redner für ihre Veranstaltungen. Referenzen sind der beste Weg, um ein Engagement als Redner zu erhalten, insbesondere dann, wenn sie Menschen übermittelt werden, die Sie schon einmal während einer Präsentation erlebt haben.

Die Veranstalter sind immer auf der Suche nach neuen, guten Referenten, Themen und Geschichten. Sie fordern auf ihrer Website auf, Themenvorschläge einzureichen oder einen Referenten vorzuschlagen. Lassen Sie sich von einem Kunden oder Kollegen zu Ihrem Themenbereich empfehlen oder nehmen Sie selbst Kontakt mit dem jeweiligen Konferenzmanager auf.

Tipps für die Zusammenarbeit mit Veranstaltern

Machen Sie sich eine Liste mit den für Ihre Zielgruppe relevanten Jahrestagungen. Wo gehen Ihre Kunden hin? Fragen Sie im Zweifel nach. Wählen Sie einige wenige Events aus und versuchen Sie, sich dort als Redner zu platzieren. Beachten Sie den Planungshorizont der Veranstalter. Kongresse werden jährlich termininert, Konferenzen mit einem halben Jahr Vorlauf. Nehmen Sie deshalb frühzeitig Kontakt auf.

Der Markt für Fachmessen, Konferenzen, Seminare und berufliche Weiterbildung im IT-Bereich erscheint heterogen. Neben den großen Konferenzveranstaltern gibt es IT-spezifische Verbände wie die *BITKOM*, Interessenvereinigungen, Fachverlage wie die *Vogel IT-Akademie* sowie die IT-Anbieter und die IT-Beratungsunternehmen, die ihren Mitgliedern, Lesern und Kunden Veranstaltungen anbieten.

> ### IT-Konferenzen
>
> Konferenzveranstalter für Fach- und Führungskräfte im IT-Bereich sind zum Beispiel *Euroforum* mit dem Geschäftsbereich IIR Deutschland und den *Handelsblatt*-Konferenzen, *Management Circle*, *Marcus Evans* aber auch *IDC* und *Gartner* sowie andere Anbieter, die sich auf spezifische IT-Themen und Zielgruppen spezialisiert haben.

Erstellen Sie ein <u>Rednerprofil</u>, welches Sie in Ihrer Rolle als Vortragsredner, Seminarleiter, Moderator oder Autor hervorhebt und für Veranstalter interessant ist. Nennen Sie Ihren Themenbereich, mindestens drei aktuelle Themen und konkrete Vortragsvorschläge. Belegen Sie Ihre Rednerexpertise und -kompetenz durch Referenzen und Stimmen zufriedener Teilnehmer. Nennen Sie Ihre Verfügbarkeit und Ihre Konditionen.

Veranstalter zahlen IT-Consultants oft kein Honorar, denn sie gehen davon aus, dass diese vom Marketing und der Teilnahme an der Veranstaltung ausreichend profitieren. Solange Sie nicht Ihren Hauptumsatz mit Vorträgen verdienen wollen, ist dies ist keine schlechte Gegenleistung. Viele Veranstalter bevorzugen Redner aus dem Anwenderunternehmen und verkaufen den IT-Dienstleistern und IT-Beratungsunternehmen einen Ausstellungsstand oder ein Sponsoring-Paket mit Redezeit. Das ist ein Teil ihres Geschäftsmodells. Manche IT-Consultants versuchen daher, Redezeit über einen Co-Vortrag mit ihrem Kunden zu bekommen.

Aus Marketingsicht rechnet sich Ihr Engagement als Redner wie folgt: Wenn Sie auf einer Konferenz vor 100 Teilnehmern

Ihrer Zielgruppe sprechen und sich fünf ernsthaft für Ihre Beratungsleistungen interessieren, dann ist die Wahrscheinlichkeit, dass Sie einen Kundenauftrag aus dieser Veranstaltung mitnehmen, relativ hoch. Ihre Investition hätte sich gelohnt. Diese Darstellung ist stark vereinfacht. Wenige Konferenzen weisen so viele potenzielle Kunden auf. Es tummeln sich auch immer viele IT-Anbieter und andere IT-Consultants als Teilnehmer auf den Konferenzen. Versuchen Sie deshalb, Ihren einmal ausgearbeiteten Vortrag bei verschiedenen Gelegenheiten zu halten oder die Video-Aufnahme Ihres Vortrags zu vermarkten, um weitere Aufmerksamkeit zu erzielen.

Referenten-Checkliste für Konferenzen

Prüfen Sie vor einer Veranstaltung Folgendes:

- Wann sind die Abgabetermine für die Vortragsankündigung und die Unterlagen?
- Wer ist die Zielgruppe? Wer hat an vergangenen Konferenzen teilgenommen?
- Was sind die Themen der Konferenz?
- Wer sind die anderen Referenten? Wer spricht vor, wer nach Ihnen? Wann ist Ihr Vortrag im Programm vorgesehen? Wer stellt Sie vor?
- Wie ist die Kompensation für den Vortrag? Bekommen Sie ein Honorar und die Hotel- und Reisekosten erstattet? Erhalten Sie die Teilnehmerliste, Gästekarten, eine Kopie der Video-Aufzeichnung und die Erlaubnis, diese für eigene Zwecke zu nutzen?
- Wer hält die Rechte an Ihren Vortragsunterlagen und deren Weiterverwertung? Wer darf Aufzeichnungen abspielen und vervielfältigen?
- Dürfen Sie auf der Veranstaltung Ihre Artikel und Flyer auslegen oder Ihr Buch verkaufen?

Unterschätzen Sie nicht die mittelfristigen Marketingeffekte und Wechselwirkungen, die oft erst im Nachhinein nachweisbar sind. Als Referent auf der Jahrestagung *Strategisches IT*

Management, bei *Big Data Deutschland* oder *Enterprise Architecture* werden Sie auch für andere Veranstalter und Multiplikatoren interessant. Die intensive Vermarktung der Konferenz durch den Veranstalter macht Sie bei Ihrer Zielgruppe namhaft bekannt. Auch Ihre Kunden werden Ihre Präsenz als Referent interessiert zur Kenntnis nehmen.

Bereiten Sie Ihre Rede vor

Diese Phase dauert einige Wochen. Nutzen Sie sie, um Ihre Präsentation zu festigen. Nehmen Sie im Vorfeld Kontakt mit den Teilnehmern auf und fragen Sie diese nach ihren Problemen. Dadurch gewinnen Sie gehaltvolle und spezifische Einblicke. Finden Sie heraus, worüber die anderen Redner sprechen und heben Sie Ihren Beitrag davon ab. Vermeiden Sie Wiederholungen und nehmen Sie Bezug auf die anderen Vorträge.

Kündigen Sie Ihre Vortragstermine auf Ihrer Website und in Ihrem Newsletter an. Versuchen Sie, Gastkarten vom Veranstalter oder den Sponsoren zu bekommen, um Kunden oder Interessenten einzuladen.

Präsentieren wie Steve Jobs

Steve Jobs war ein exzellenter Kommunikator, seine legendären Produktvorstellungen tief durchdacht und ausgefeilt. Er probte tagelang für seine Auftritte und erzählte fesselnde Geschichten. In seinen Präsentationen gab es immer einen Helden (*Apple*) und einen Bösewicht (die *Apple*-Konkurrenz), denn wenn es einen Bösen gibt, sammelt sich das Publikum um den Helden.

Das können Sie von ihm lernen:

- Vermeiden Sie Überflüssiges, bleiben Sie konkret. Weniger als 40 Wörter pro Seite.
- Vereinfachen Sie komplexe, abstrakte Informationen. Es ist aufwendig, die richtigen Bilder zu finden, doch sie bleiben besser im Gedächtnis, wie zum Beispiel *Apples* hauchdünner Laptop in einem Briefumschlag.

- Stellen Sie Zahlen im Kontext dar. Machen Sie diese relevant, zum Beispiel mit der Aussage, dass fünf GB rund 1.000 Songs entsprechen.[28]

Unser Gehirn schaltet bei langweiligen Reden ab. Wenn es aber emotional angesprochen wird, dann wird der Botenstoff Dopamin ausgeschüttet und die Informationsaufnahme verstärkt. Wir erinnern uns. Inszenieren Sie den „Wow-Effekt": Bestimmen Sie die Kernaussage, die Ihre Zuhörer mitnehmen und über die sie noch nach Ihrer Präsentation sprechen sollen.

Unterstützen Sie Ihren Vortrag nach Möglichkeit auch mit einer Multimedia-Einlage. *PowerPoint*-Präsentationen können sehr effektiv sein, wenn Sie sie nutzen, um Ihre Hauptaussagen visuell zu unterstützen.

Trainieren Sie Ihre Bühnenreife. Körpersprache und Aussprache machen zwei Drittel Ihrer Kommunikation aus. Glauben Sie, dass Topredner etwas härter arbeiten als andere? Falsch. Sie arbeiten viel, viel härter.

Der große Tag

Konferenzen gehen meist über mehrere Tage, wobei sich ein Trend zu kürzeren Veranstaltungen abzeichnet. Planen Sie sich die Zeit in Ihrem Kalender so ein, dass Sie die ganze Konferenz besuchen können und nicht nur Ihren Vortrag halten.

Testen Sie die Konferenztechnik. Besprechen Sie mit dem Veranstalter, wo Sie Ihr Marketingmaterial, zum Beispiel den Auszug aus Ihrem Buch, auslegen dürfen. Hören Sie sich die vorherigen Vorträge an. Dadurch gewinnen Sie einen Eindruck von den Fragen des Publikums. Diskutieren Sie mit.

Auf der Bühne: Jetzt ist der Moment, in dem sich Ihre Recherche und Ihre Vorbereitung auszahlen. Wenn Sie bezüglich Ihres Inhaltes sicher sind, dann werden Sie selbstbewusst auftreten und Ihre Zeit im Rampenlicht genießen.

Bieten Sie Ihrem Publikum weitere Extras auf Anfrage, wie Checklisten, Studienergebnisse, Whitepapers, Artikel, Webadressen oder andere hilfreiche und relevante Informationen zum Thema. Drängen Sie sich nicht auf. Es reicht, wenn Sie

Ihre E-Mail-Adresse oder die URL zur Webpage nennen, auf der diese zusätzlichen Materialien erhältlich sind.

Entscheiden Sie vorab, ob Sie Fragen von Zuhörern während oder am Ende Ihres Vortrages beantworten wollen. Teilen Sie dies Ihrem Publikum mit. Fragen sind ideal, um ein Feedback zu bekommen. Ihre Antworten sind für das Publikum wichtig – und für Sie als Redner. Wenn Sie sich für eine nachgelagerte Frage- und Antwort-Runde entscheiden, dann halten Sie Ihre starke, abschließende Aussage zurück. Damit behalten Sie die Kontrolle und können Ihre Präsentation mit einem letzten Wort an Ihr Publikum beenden.

Bleiben Sie. Einige IT-Consultants sind so beschäftigt, dass sie gleich nach ihrem Vortrag die Veranstaltung verlassen und damit wertvolle Vermarktungsmöglichkeiten verpassen. Indem Sie länger bleiben, lernen Sie die Teilnehmer kennen. Falls Sie keine Zeit haben, versprechen Sie, Fragen später telefonisch, per E-Mail oder in Ihrem Blog zu beantworten. Tun Sie das dann auch. Verabschieden Sie sich vom Veranstalter.

Nach der Veranstaltung

Bedanken Sie sich zwei Tage nach der Konferenz beim Veranstalter dafür, dass Sie sprechen durften. Kontaktieren Sie die Teilnehmer, die noch Fragen an Sie hatten oder mit denen Sie in Kontakt bleiben wollten. Erledigen Sie dies zeitnah, denn die meisten Menschen vergessen schnell und sind – wie Sie – sofort wieder zurück in ihrem Tagesgeschäft.

Organisieren Sie Ihre neuen Kontakte und machen Sie sich Notizen zu jedem. Behalten Sie eine Konferenzbroschüre, Ihre Präsentation und die Tagungsunterlagen. Tragen Sie den Vortrag in Ihre Publikationsliste ein und notieren Sie sich den Ansprechpartner beim Veranstalter. Bleiben Sie am Vortragsthema und aktualisieren Sie dieses, wenn nötig.

Eigene Seminare & Workshops

Mittlerweile haben auch IT-Beratungsunternehmen den lukrativen Weiterbildungsmarkt entdeckt und bieten Veranstaltungen unter eigener Flagge an, wie *Kuppinger Cole* mit seiner jährlichen *European Identity & Cloud Conference* oder die *Integrata.* Im Juni 2014 verzeichnete das Weiterbildungsportal *e-magister.de* im Bereich IT/TK über 13.000 Seminare, während *Semigator.de* im Bereich IT-Management circa 1.400 Seminare von 124 Anbietern auflistete.

Offene oder firmeninterne Seminare oder Workshops können das Leistungsangebot von IT-Beratungsunternehmen sinnvoll ergänzen, um bestehende Kundenbeziehungen zu festigen und um zusätzlichen Umsatz zu generieren. Außerdem erweitern sie ihr Angebotsspektrum, verwerten vorhandenes Wissen und kommen mit potenziellen Kunden in Kontakt.

Doch wie jede Leistung sollten auch eigene Veranstaltungen optimal zu Ihrem Leistungsportfolio und Ihrem Geschäftsmodell passen. Planen Sie im Vorfeld sorgfältig die für die Durchführung der Veranstaltungen benötigten Mitarbeiter sowie Zeit und Budget ein.

Um mit einer eigenen Veranstaltung erfolgreich zu sein, müssen Sie ein für die Zielgruppe attraktives Programm zusammenstellen, Redner verpflichten, gegebenenfalls Sponsorenverträge abschließen und sich um die Organisation der Räumlichkeiten sowie den Kundenservice kümmern. Und vor allem: Ihre Veranstaltung muss vermarktet werden. Genau hier liegt der Knackpunkt. Damit Ihre Veranstaltung potenzielle Kunden anspricht, darf sie nicht als Werbeveranstaltung Ihres IT-Beratungsunternehmens wahrgenommen werden. Sie benötigen vor allem den Zugang zur Zielgruppe, etwa in Form von Kontaktadressen für die Direktmailings, sowie Kooperationspartner.

Wichtig ist, dass die Qualität Ihrer Veranstaltung hoch ist. Die Themen sollten die Probleme der Kunden widerspiegeln und Lösungsansätze liefern. Beachten Sie aber, dass Sie Ihre Beratungsleistungen nicht direkt verkaufen, sondern Ihren Interessenten vermitteln: „Wir kennen viele der Probleme, mit denen Sie sich beschäftigen, und würden diese gerne mit Ihnen diskutieren.“

Bringen Sie die Highlights in der Veranstaltungsbroschüre zum Ausdruck, zum Beispiel den prominenten Redner, das konkrete inhaltliche Versprechen und aussagekräftige Vortragspunkte. Leider kommen die thematische Beschreibung und der Nutzen der Veranstaltung bei vielen Ankündigungen zu kurz. Lesern wird dann nicht klar, warum sie ihre wertvolle Zeit und ihr Budget in diese Veranstaltung investieren sollten – und sie buchen nicht oder woanders.

Die Qualität Ihrer Veranstaltung sollte sich auch im Preis widerspiegeln. Orientieren Sie sich an den Preisen anderer Anbieter. Je mehr VIP der Kunde ist, desto weniger Zeit hat er, dafür hat er mehr Budget. So können Sie auch Ihre Kunden selektieren. Mit einer kostenfreien Veranstaltung ziehen Sie eventuell die falschen Interessenten an.

Firmeninterne Workshops

Unternehmen buchen firmeninterne Workshops, um schnell, unternehmensspezifisch und in einem geschützten Rahmen ihren internen Wissensstand zu aktualisieren und erste Lösungsansätze mit einem Spezialisten zu diskutieren. Über diesen Einstieg in das Kundenunternehmen erhalten IT-Consultants die Möglichkeit, die Situation des Kunden besser zu verstehen und den Bedarf an weiteren Beratungsleistungen abzuklären. Wichtig ist, dass Sie im Vorfeld die konkreten Kundenerwartungen abstimmen, um einen exzellenten Job als Referent zu machen.

Veranstaltungen können eine effektive Marketingmaßnahme sein, wobei der Erfolg nicht zwingend sofort eintritt. Doch wenn Sie einen guten Job gemacht haben, Ihre Unterlagen top sind, Ihr Beitrag gut war und der Bedarf und das Budget für weitere IT-Beratungsleistungen beim Kunden vorhanden sind, dann kommt dieser wieder auf Sie zu.

Erfragen Sie am Ende der Veranstaltung, ob die Kundenerwartungen erfüllt wurden, was sie den Teilnehmern gebracht hat und welche Fragen es noch zu beantworten gilt.

Fünf Tipps zur Vermarktung von Veranstaltungen

„Liste, Liste, Liste, Überschrift und Nutzen."

Liste, Liste, Liste. Versenden Sie die Einladungen an Ihre potenziellen Kunden und nach Möglichkeit auch an die Listen Ihrer Referenten, Sponsoren, Kooperationspartner sowie Geschäftspartner.

Bewerben Sie Ihre Veranstaltung außerdem online in den Seminar- und Expertenportalen und in den Business-Netzwerken. Kooperieren Sie mit Multiplikatoren wie den Verbänden Ihrer Zielgruppe, Fachzeitschriften und den Gruppenmoderatoren von Foren. Bewerben Sie Ihr Seminar per *Google AdWords*-Anzeige. Führen Sie Telemarketing durch, um ausgewählte Zielkunden direkt einzuladen.

Wählen Sie eine knackige Überschrift wie „Ausspähsicherheit und Datenschutz in IT und Datentransfer". Stellen Sie den Nutzen für die Teilnehmer heraus, etwa in Gestalt der zehn wichtigsten Inhalte. Bieten Sie Frühbucher- oder Mengenrabatte an.

Kommerzielle Seminarveranstalter kalkulieren für ihr Marketing zwischen 20 bis 40 Prozent ihres Veranstaltungsumsatzes. Planen Sie einen ausreichenden Vorlauf für die Vermarktung ein, das heißt die Zeit von der Ankündigung bis zum Durchführungstermin. Rechnen Sie für ein eintägiges Seminar circa acht bis zwölf Wochen; für ein einstündiges Webinar reicht ein Vorlauf von zwei bis drei Wochen.

Webinare

Ob Sie Webinare mögen oder nicht, mit hoher Wahrscheinlichkeit haben Sie bereits an einem teilgenommen.

Ein Webinar ist eine Live-Präsentation, die über das Internet gehalten wird. Eine interaktive Kommunikation zwischen Referent und Teilnehmern ist möglich. Teilnehmer melden sich aktiv an und wählen sich zur festgelegten Zeit ein.

Egal, ob Sie sich und Ihren Teilnehmern Reisezeiten und -kosten sparen oder Interessenten ansprechen wollen, die Sie sonst nur schwer erreichen: Webinare gewinnen im Marketing von IT-Consultants an Bedeutung.

Nutzen Sie Webinare, um:

- Leads zu generieren
- Entscheidungsträger zu erreichen und zu beeinflussen und Ihre Kompetenz zu demonstrieren
- Kunden neue Leistungen vorzustellen
- eine neue Zielgruppe über Ihre Beratungsleistungen zu informieren
- Bestandskunden höherwertige oder zusätzliche Leistungen anzubieten
- ein Einstiegsprojekt zu bewerben

Außerdem können Sie einen zusätzlichen Umsatz generieren, Interessenten vorab qualifizieren und Folgegespräche arrangieren. Wenn Sie das Webinar aufzeichnen, können Sie es im Anschluss als Webcast weitervermarkten und weiteren potenziellen Kunden auf Abruf zur Verfügung stellen.

Webinare sind gute Lead-Generatoren, da Sie mit der Anmeldung des Teilnehmers die Erlaubnis für eine weitere Kommunikation erhalten – vorausgesetzt, Sie machen dies zur Teilnahmebedingung. Per Webinar erreichen Sie Ihre Interessenten dort, wo diese sich befinden: zu Hause, im Büro, auf Reisen.

Der größte Vorteil von Webinaren ist ihre Geschwindigkeit. Sie machen Interessenten relativ <u>schnell</u> auf Ihre Leistungen aufmerksam – und das mit relativ wenig Aufwand. Rechnen Sie allerdings bei kostenfreien Webinaren mit „No-Shows", das heißt angemeldeten Teilnehmern, die sich dann doch nicht einwählen. 50 Prozent sind keine Seltenheit.

Sechs Schritte zum erfolgreichen Webinar

Was macht ein gutes Webinar aus? Der Inhalt, der Referent, die Grafiken, der Enthusiasmus des Referenten, die Beiträge der anderen Teilnehmer. Es gibt sicher sehr gute Webinare, aber leider auch viele langweilige.

Erstens: <u>Kennen Sie Ihre Teilnehmer.</u> Das sollte eigentlich selbstverständlich sein, doch bei manchen Webinaren hat man den Eindruck, dass der Referent keine Ahnung davon hat, wer ihm zuschaut und zuhört. Woher wissen Sie, was jeden Einzelnen motiviert, an Ihrem Webinar teilzunehmen? Fragen Sie den Leidensdruck Ihrer Teilnehmer über das Anmeldeformular ab. Damit können Sie im Webinar gezielter auf deren Probleme eingehen und Lösungen ansprechen. Ein Webinar sollte eine gut abgestimmte Präsentation sein zwischen dem, was Ihre Teilnehmer hören wollen und dem, was Sie sagen.

Beispiel einer Webinar-Anmeldung

Um Ihre Teilnehmer im Vorfeld besser einschätzen zu können und den Bedarf für Folgeaufträge zu qualifizieren, fragen Sie das Interesse wie folgt ab:

„Ja, ich möchte mich über das Thema ‚In 6 Schritten zur einfachen und sicheren Integration mobiler, privater Endgeräte ins Firmennetz' informieren und melde mich für das Webinar am 13. Oktober und für die Zusendung weiterer Tipps an.

Was trifft am besten auf Ihre aktuelle Situation zu?

- Wir wollen nächstes Jahr mobile, private Endgeräte in unser Firmennetz zu integrieren.
- Wir integrieren gerade, mobile, private Endgeräte in unser Firmennetz.
- Wir wollen die bereits etablierte Nutzung mobiler, privater Endgeräte in unserem Firmennetz einfacher und sicherer machen.

Folgende Themen interessieren mich besonders: …"

Erheben Sie die Kontaktdaten des Teilnehmers: den Namen, die Position, das Unternehmen, die E-Mail-Adresse und die Telefonnummer.

Zweitens: Seien Sie sich über Ihre <u>Hauptaussage</u> im Klaren. Was soll der nächste Schritt der Teilnehmer sein? Natürlich ist hier Takt gefragt. Seien Sie effizient, unterhaltsam und

kommen Sie zum Punkt. Die Zeit Ihrer Teilnehmer ist wertvoll. Um wirklich effizient zu sein, sollten Sie es schaffen,
eine Aussage ins Gedächtnis Ihrer Teilnehmer einzubrennen.

> **Weniger ist mehr**
>
> Packen Sie nicht zu viel Inhalt in ein Webinar. We-
> binare eignen sich gut für Nischenthemen und für
> eine kleine Gruppe von Interessenten, die Antworten
> auf spezifische Fragen suchen. Je spezieller Ihr We-
> binar ist, desto besser werden Ihre Ergebnisse sein.
> Bieten Sie eine Webinar-Reihe an, um die verschie-
> denen Phasen des Entscheidungsprozesses abzubil-
> den oder verschiedene Zielgruppen anzusprechen.

Drittens: Während die Teilnehmer ihre Aufmerksamkeit bei
einem Vortrag hauptsächlich auf den Referenten richten, sind
diese visuellen Eindrücke beim Webinar nur eingeschränkt
vorhanden. Setzen Sie daher aussagekräftige Grafiken ein. Sie
können auch ein Video zeigen (nicht länger als 30 Sekunden),
zum Beispiel wie Sie ein Kundenproblem in der Praxis gelöst
haben. Das Design Ihrer Grafiken ist wichtig. Lassen Sie sich
hierbei – falls Ihre Grafikdesign-Fähigkeiten nicht reichen –
von einem Grafikdesigner unterstützen.

Viertens: Damit Ihr Webinar nicht zum Monolog wird, beziehen Sie interaktive Hilfsmittel, wie Abstimmungen und Umfragen ein. Damit schlagen Sie zwei Fliegen mit einer Klappe:
Sie stellen sicher, dass die Teilnehmer aktiv dabei sind und
eröffnen gleichzeitig die Interaktion. „Per Handzeichen: wie
viele denken, dass …" Damit machen Sie aus passiven Zuhörern echte Teilnehmer.

Fünftens: Legen Sie sich ein Skript zurecht, das Ihnen als
Rahmen für das dient, was Sie sagen wollen. Es heißt ja nicht
Lesung – sondern Präsentation. Sie wollen natürlich wirken.
Die Teilnehmer wollen nicht vollgetextet, sondern angespro-
chen werden. Authentizität schlägt Perfektion.

Sechstens: Ähmm. Haben Sie je einen Referenten erlebt, der
ähmm … seine Gedanken durch ähmm … Genau. Eine ver-
zwickte Gewohnheit, die nur schwer abzulegen ist. Versuchen

Sie es trotzdem, zum Beispiel mit einem Notizzettel am Monitor „ähmm". Er erinnert Sie zumindest daran, darauf zu achten. Übung macht den Meister. Wenn Sie merken, dass Sie zu viele dieser unnötigen Klangfetzen einbauen, pausieren Sie Ihre Präsentation für einen kurzen Moment, atmen Sie tief durch und fahren dann in verbesserter Form fort.

Webinar-Anbieter

Es gibt viele kostenfreie Anbieter, zum Beispiel *LiveMinutes*, *MeetingBurner* und *Instant Presenter* sowie kostenpflichtige wie *WebEx*, *Adobe*, *GoTo-Webinar* oder *Blackboard Collaborate*. Beachten Sie, dass kostenpflichtige Anbieter meist eine bessere Service-Verfügbarkeit bieten und keine Werbung einblenden. Wenn Sie professionell erscheinen wollen, sollten Sie kostenfreie Anbieter daher eher meiden.

Es gibt keine perfekten Webinare, aber solange Sie Ihre Teilnehmer einbeziehen, nach Feedback fragen, dieses anwenden und authentisch sind, können sie Ihnen von beträchtlichem Nutzen sein.

Wie ein Webinar den Umsatz erhöhte

Ein kleines IT-Beratungsunternehmen wollte Kunden in einer neuen Branche gewinnen. Es hatte ein geringes Marketingbudget, gewann einen namhaften Referenten aus der Branche und wählte ein relevantes Thema. Außerdem durften die Veranstalter neben ihrer eigenen Liste auch die Kontakte des Referenten für die Einladung zum Webinar nutzen. 84 Teilnehmer registrierten sich und 61 nahmen teil oder sahen sich später das Webcast an. Innerhalb von 48 Stunden wurden zwei Angebote angefragt. Basierend auf diesem erfolgreichen Webinar erhöhte sich der Umsatz innerhalb eines Jahres um fast 25 Prozent.

Messen und Jahreskongresse

Viele Branchen haben ihre jährlichen Fachmessen und Kongresse, bei denen sich Fachleute, Anbieter und andere zusammenfinden, um zu lernen, zu verkaufen und Kontakte zu knüpfen. Neben der *CeBIT* gibt es zahlreiche IT-Fachmessen, die sich auf spezielle IT-Themen, Technologien oder Zielgruppen spezialisiert haben.

Als IT-Consultant für Enterprise Content Management Technologien ist zum Beispiel die *DMS EXPO* relevant. Verantwortliche für das Kundenbeziehungsmanagement treffen Sie auf der *CRM EXPO*. Die IT-Sicherheitsbranche trifft sich auf der *it-sa* und IT-Consultants für den ÖPNV besuchen die Fachmesse *IT-Trans*. Die *Health & Vitality* ist eine internationale Kongressmesse innerhalb der *CeBIT* für ICT-Lösungen im Gesundheitsmarkt. Große Technologieanbieter veranstalten eigene Konferenzen wie die *IBM BusinessConnect* und die *Big Data* von *SAP* für den Handel und Onlinehandel.

Welche Fachmessen stehen in Ihrem Kalender?

Messen sind ideal, um sich mit Interessenten zu treffen, frühere Kunden wiederzusehen, die Konkurrenz zu beobachten, die neuesten Technologien der Anbieter kennenzulernen und die Trends und die Stimmung der Branche einzufangen. Ihr Marketingziel als IT-Consultant sollte sein, als Redner mitzuwirken, sei es im Rahmen eines Vortrags oder einer Podiumsdiskussion. Nehmen Sie an den wichtigsten Branchenevents Ihrer Zielgruppe teil.

---

[28] Gallo, Carmine: „The Presentation Secrets of Steve Jobs". In: www.slideshare.net, Stand: 29.11.2009.

Kapitel 09

Auf Empfehlung

„If you do build a great experience, customers tell each other about that. Word of mouth is very powerful. "

Jeff Bezos

Was nützt es Ihnen, der Geheimtipp Ihrer Kunden zu sein, solange diese Sie für sich behalten? Sie profitieren erst dann, wenn Sie durch Ihre zufriedenen Kunden mit Interessenten in Kontakt kommen und daraus neue Aufträge generieren.

Loyale Kunden sind Ihr größtes Kapital, weil sie Sie und Ihre Leistungen kennen und schätzen. Sie können Sie glaubwürdig weiterempfehlen, Sie also mit anderen potenziellen Kunden in Kontakt bringen. Im besten Fall sind diese Kunden Ihre Fürsprecher und geben Informationen über Sie weiter, oft sogar an die richtigen Neukunden. Wenn ein Dritter über Sie spricht, statt dass Sie selbst trommeln, erhöht dies Ihre Glaubwürdigkeit enorm.

Empfehlungen sind ein sehr effektiver Weg für IT-Consultants, neue Aufträge und Kunden zu gewinnen. Keine andere Marketingmaßnahme ist so wirkungsvoll wie die Empfehlungen zufriedener Kunden. IT-Consultants berichten, dass sie mit Kunden, die über eine persönliche Empfehlung kamen, im Durchschnitt längere Projekte und höhere Tagessätze erzielen.

Sie können dazu ein formales Empfehlungssystem aufsetzen und dieses bewerben, wann immer sich die Gelegenheit ergibt. Versetzen Sie sich dazu in die Lage der Person, die eine Empfehlung geben soll. Fragen Sie Ihren Kunden aktiv

nach drei weiteren Namen von Kollegen oder Geschäftspartnern, die von Ihren Leistungen profitieren könnten. IT-Consultants in den USA bieten einen Bonus, wenn diese Kontakte
tatsächlich zu Kunden werden. Im Bereich der Mitarbeiterak-
quise funktioniert dies auch in Deutschland. Wenn Sie eine
Belohnung ausschreiben, erhalten Sie mehr Empfehlungen.
Danken Sie Ihrem Kunden und informieren Sie ihn darüber,
was aus seiner Empfehlung geworden ist. Das zeugt nicht nur
von gutem Benehmen, sondern animiert ihn auch, Sie weiter-
zuempfehlen.

Auch wenn Sie meinen, dass Sie gute Leistungen für Ihre
Kunden erbringen und mit diesen regelmäßig kommunizieren, gehen Sie nicht davon aus, dass Ihre Kunden zufrieden
sind, nur weil sie sich nicht beschweren. Wenn Sie keine oder
nur sehr wenige Empfehlungen bekommen, dann sollten Sie
sich ernsthaft mit der Qualität Ihrer Beratungsleistung auseinandersetzen.

Vorgestellt werden

Weil Sie Ihren Kunden bitten, Sie einem Interessenten aus seinem Netzwerk vorzustellen, sind Empfehlungen so wirkungsvoll. Sie wollen nicht irgendwelche Namen und Telefonnum-
mern, sondern Sie möchten, dass Ihr Kunde den neuen Kontakt für Sie herstellt.

Diese Erkenntnis ist entscheidend für den Erfolg dieser Methode. Zu oft passiert es, dass IT-Consultants nur einen Namen genannt bekommen und dann selbst anrufen. Bedenken
Sie aber: Diese Person kennt Sie nicht und wird zu Recht
misstrauisch oder ablehnend Ihnen gegenüber reagieren.
Wenn Sie allerdings durch Ihren Kunden per Telefon, E-Mail
oder Social Media vorgestellt werden, dann haben Sie eine
größere Chance, sich persönlich zu präsentieren, sodass der
Interessent Ihnen zuhört.

Aktiv fragen

Nur wirklich begeisterte Kunden reden mit anderen gut über
Sie und empfehlen Sie von sich aus weiter. Alle anderen müs-

sen Sie aktiv fragen, denn nur so funktioniert diese Vorgehensweise. Wenn das nicht Ihr Stil ist, dann ist diese Art von Marketing nichts für Sie. Schade.

Wie Sie nach einer Empfehlung fragen:

„Hallo, Peter, wie du weißt, bekomme ich viele meiner Kunden durch Empfehlungen. Und da du einer meiner besten Kunden bist … ehrlich, ich hätte gerne mehr Kunden wie dich. Idealerweise suche ich nach … [Ihr idealer Kunde, zum Beispiel der Leiter IT-Sicherheit einer Bank].

„Kennst du jemanden in dieser Funktion, den du mir vorstellen könntest?" Falls <u>nein</u>, dann ist das Gespräch an dieser Stelle beendet. Falls <u>ja</u> …

„Klasse! Würdest du mich ihm bitte vorstellen, per Anruf oder E-Mail, und ihn fragen, ob er ein Telefonat oder ein Treffen mit mir vereinbaren möchte? Ich finde es besser, wenn du mich vorstellst, als wenn ich aus heiterem Himmel bei ihm anrufe. Das ist nicht so aufdringlich und bringt ihn nicht in Verlegenheit. Würdest du das machen?"

Ihr Kunde sollte „Kein Problem" antworten. Falls <u>nicht</u>, dann möchte er Sie nicht wirklich empfehlen und Sie sollten nicht darauf drängen. Falls <u>ja</u> …

„Super! Und weißt du was, wenn du schon mit Herrn … sprichst, warum sagst du ihm nicht, dass ich ihm gerne meine neueste Studie ‚Analyse der gefährlichsten Cyber Attacks 2014' sende, da er von dir empfohlen wurde? Wäre das okay für dich?" Falls <u>ja</u> …

„Ich sende dir eine E-Mail mit einer kurzen Beschreibung, meiner Studie, sodass du diese einfach nur an Herrn … weiterleiten kannst. Vielen Dank!"

Kapitel 10

Werbung, die sich auszahlt

„Werben Sie besser nicht, wenn Sie Ihre Überlegenheit nicht fundiert und dramatisch darstellen können."

Dan Kennedy

Denken Sie bei Werbung auch an sündhaft teure TV-Spots und ganzseitige Anzeigen in überregionalen Tageszeitungen? Während große IT-Beratungsunternehmen ihre Markenkampagnen in den Massenmedien schalten, wie etwa die Anzeigen von *Accenture* an 35 Flughäfen weltweit[29], ist diese Art von Werbung für Einzelkämpfer und kleine IT-Beratungsunternehmen aufgrund ihres beschränkten Budgets nicht umsetzbar.

Gezielt eingesetzte Werbung kann Ihnen beim Ausbau Ihres IT-Beratungsunternehmens helfen – aber sie muss auf Ihr Budget abgestimmt sein. Anstatt viel Geld für teure Anzeigen auszugeben, überlegen Sie sich lieber eine Auswahl effektiver, günstiger Werbemaßnahmen, die gezielt Ihre Zielgruppe erreichen – und nicht die ganze deutsche Wirtschaft. Ihr Hauptgrund für Reklame sollte sein, Interessenten für neue Aufträge zu gewinnen. Und nicht Bekanntheit um jeden Preis.

Warum funktioniert Werbung selbst dann, wenn sie vom Empfänger eindeutig als solche wahrgenommen wird? Weil der Sleeper-Effekt bewirkt, dass sich das Gehirn noch Wochen später an die überbrachte Information erinnert – allerdings nicht mehr an die Quelle und das Maß von deren Glaubwürdigkeit. Übermitteln Sie daher emotionale Botschaften, keine Statistiken. Sie können dies erreichen, indem Sie die Geschichte des Kundenerfolgs und des gemeinsamen Projekts darstellen, statt nur die technologischen Fakten aufzuzählen.

Wenn sie richtig geplant und durchgeführt wird, kann Werbung eine effiziente Marketingmaßnahme sein. Ansonsten ist sie ein teures Lotteriespiel. Es ist durchaus möglich, dass Sie mit Werbung Ihre spezifische Zielgruppe zur richtigen Zeit mit dem richtigen Angebot erreichen, sodass potenzielle Kunden zum Hörer greifen und Sie anrufen. Es ist aber auch genauso einfach, Werbung zu schalten, die fehl am Platz ist und ihre Wirkung total verfehlt.

Sie sollten wissen: Mit Werbung, ob direkt oder indirekt, starten Sie immer mit einem <u>Nachteil</u>: Die meisten Menschen lesen keine Werbung oder glauben deren Aussagen nicht, weil viele Versprechen überzogen oder unwahr sind. Entscheider in Unternehmen werden regelrecht mit Werbung überschüttet, sodass sie dagegen unempfindlich und instinktiv skeptisch sind. Die meisten gehen über Werbung hinweg oder werfen im besten Fall nur einen kurzen Blick darauf.

Direktmailings

Beim Direktmarketing sprechen Sie den umworbenen potenziellen Kunden direkt an – per Brief, E-Mail oder Telefon. Im Vergleich zu indirekten Werbeformaten, wie etwa Anzeigenschaltungen in Zeitungen oder Online, Werbung per Plakat, TV oder Radio, ist Direktmarketing effektiver und effizienter und der Erfolg leichter messbar.

Direktmailings können ineffektiv sein oder sogar negativ wirken, wenn sie nur als plumpe Werbung an unbekannte Kontakte durchgeführt werden. Viele Menschen stören sich an unaufgeforderter Werbung, die Antwortquoten sind gering.

Unter den richtigen Umständen machen Direktmailings aber durchaus Sinn. Wenn zum Beispiel der Gesetzgeber das Bundesdatenschutzgesetz ändert oder *Microsoft* eine neue Betriebssystemversion herausbringt, dann können IT-Consultants dies zum Anlass nehmen, ihren Interessenten Hilfe bei der Adaption der IT-Prozesse bzw. der Implementierung anzubieten. Die meisten Empfänger lesen dann Werbung, wenn der Inhalt für sie relevant, zeitnah von Nutzen und wertvoll ist.

Idealerweise hat der Empfänger ein dringendes geschäftliches Problem, dessen Lösung die Werbung in Aussicht stellt. Im

Vordergrund sollte deshalb nicht die Anpreisung Ihres Leistungsangebots stehen, sondern die Lösung des Kundenproblems. Natürlich verweisen Sie im nächsten Schritt auf Ihr Seminar, Ihr Audit oder Ihr innovatives Beratungsprodukt, das das beschriebene Kundenproblem besser, schneller oder günstiger löst als die Konkurrenz.

Direktmailings bieten einige Vorteile: Sie haben die Kontrolle über das Aussehen, den Inhalt und die Auslieferung Ihrer Werbesendung. Sie können Ihr Mailing persönlich, freundlich, professionell, humorvoll, eindrucksvoll, subtil gestalten – ganz so, wie Sie es wünschen. Klassische Werbebriefe sind zwar nicht so modern wie Beiträge in den Social Media oder Videos, aber wenn sie richtig gemacht sind, können sie durchaus die gewünschte Aufmerksamkeit erzielen.

Direktmailings sind ideal, um

- Einstiegsprojekte zu vertreiben
- zum nächsten Seminar einzuladen
- Kunden über neue Leistungen zu informieren
- Stammkunden zu reaktivieren
- einen telefonischen Kontakt vorzubereiten

Mit Direktmailings zeigen Sie Ihren Interessenten einfach und günstig, was Sie für sie tun können. Ein Brief kann sehr wirkungsvoll sein, denn mit der steigenden Menge an E-Mails wird Handgeschriebenes wieder mehr geschätzt.

Tipps für Ihr Direktmailing:

- Senden Sie bevorzugt an eine gezielte Liste Ihrer Kunden und Interessenten.
- Wenn Sie gekaufte Adressen von Listbrokern wie *AZ Direct* oder *Schober Information Group*, nutzen, dann seien Sie vorsichtig. Sie wissen nicht, ob Sie Ihre Zielgruppe wirklich erreichen. Fragen Sie die Adressverlage nach Beispieldaten, um die Qualität vorab zu prüfen.
- Konzentrieren Sie das Thema des Mailings auf ein aktuelles und dringliches Problem, nicht nur auf Ihre Leistungen.

- Stellen Sie sicher, dass Sie zeitnah bei jedem Interessenten aus dem Mailing nachhaken können.
- Legen Sie Ihrem Brief einen Seminar-Flyer, Ihr Leistungsangebot oder einen Gutschein für ein Expertengespräch bei.
- Testen Sie die Ergebnisse im kleinen Mailing, bevor Sie es an den großen Verteiler senden.
- Flankieren Sie Ihre Maßnahmen mit nachgelagerten E-Mails oder telefonischem Nachhaken, um die persönliche Ansprache zu intensivieren und die Möglichkeit einer Antwort zu erhöhen.

Die fünf Elemente des erfolgreichen Direktmailings

Erfolgreiche Direktmailings benötigen fünf Elemente:

1. Ihre Liste mit Kunden und Interessenten
2. schlagkräftige Aussagen, knackige Überschriften
3. die Formulierung eines konkreten Angebotes
4. eine Handlungsaufforderung mit Frist
5. die Mehrstufigkeit mit einer Option zum Nachfassen

Adressieren Sie Ihren Empfänger so, dass dieser sein Interesse an Ihren Leistungen bekunden und auf Ihr Angebot reagieren kann.

Versenden Sie Ihr Direktmailing dreistufig, zum Beispiel:

1. ein Anschreiben mit einem Artikel zum Thema und Ihrer Leistungsbeschreibung,
2. ein Follow Up-Schreiben mit einem Fallbeispiel oder Fragen und Antworten zum Thema und Ihren Leistungen und
3. ein Follow Up-Schreiben mit der Deadline zum Angebot.

Interessenten – Ihre Community – Ihre Liste

Nur Fußballspieler und Popstars haben Fans? Von wegen. Wie viele Kontakte in Ihrer Zielgruppe hören Ihnen bewusst und gewollt zu? Sie benötigen diese, damit Sie Ihre Beziehungen und Ihren guten Ruf in Ihrer Zielgruppe ausbauen und damit ein sehr wichtiges Element für Ihr Marketing aufbauen können: Ihre Liste.

Im Direktmarketing ist es kein Geheimnis, dass der Erfolg einer Kampagne, ob online oder offline, direkt mit dem Verhältnis korreliert, das der IT-Consultant zu den Kontakten in seiner Liste hat. Ihre Liste enthält idealerweise zufriedene Kunden, ehemalige Kollegen aber auch neue Interessenten und entfernte Geschäftskontakte.

Sie können auch gekaufte Kontakte nutzen oder die Namen, Positionsbezeichnungen und Adressen der Entscheider in Ihrer Zielgruppe selbst recherchieren, zum Beispiel den Leiter Anwendungsentwicklung einer Bank oder die IT-Leiter von Krankenhäusern. Doch Kontakten, die Sie noch nicht kennen, müssen Sie attraktive Angebote unterbreiten und sie häufiger kontaktieren, um diese neuen Beziehungen aufzubauen. Wirklich gute Listen kann man nicht kaufen, sie werden geschaffen – und zwar von Ihnen.

Leitfaden für den perfekten Werbebrief

Sammeln Sie Werbebriefe, die Ihre Aufmerksamkeit gefunden haben, und analysieren Sie deren Aufmachung, Aufbau und Formulierungen.

Bauen Sie Ihren Werbebrief wie folgt auf:

<u>Formulieren Sie eine knackige Überschrift.</u> Platzieren Sie diese in die Mitte der Seite und zwar groß, fett und farbig. Sie soll sich vom Rest des Schreibens absetzen. Mixen Sie eine Serif- mit einer Sans Serif-Schriftart.

<u>Beginnen Sie höflich und persönlich.</u> „Lieber Herr König, ...“

<u>Stellen Sie eine Frage,</u> die den größten Vorteil Ihres Angebots beinhaltet, das Leben des potenziellen Kunden verbessert oder in der Sie darstellen, warum Sie besser als andere IT-Consultants sind: „Wie würden Sie es finden, wenn Sie Ihre IT in ein Profit Center wandeln könnten? Lesen Sie weiter. Dies ist vielleicht der wichtigste Brief, den Sie bisher in Ihrer Karriere erhalten haben.“

Stellen Sie keine Frage, die mit Ja oder Nein beantwortet werden kann. Behalten Sie die Kontrolle über beides: Frage und Antwort.

Beantworten Sie Ihre Frage in ein bis zwei Sätzen. Stellen Sie dar, warum das Thema für Ihren Leser so wichtig und speziell ist und wie Ihre Leistungen dabei helfen, je spezifischer, desto besser. „Darum ..." oder „Hier zeigen wir Ihnen, wie Sie dies erreichen ..."

Entkräften Sie mögliche Einwände, bevor der Leser selbst darauf kommt: „Hört sich zu gut an, um wahr zu sein – das dachte Herr Kaiser von der Firma ABC AG auch, als er ..."

Geben Sie eine überzeugende Antwort: „Je mehr er darüber gelernt hatte ..., desto sicherer wurde er. Das sind die Gründe, warum Sie ..."

Nennen Sie drei bis fünf gute Gründe, die erklären, warum der Leser Ihnen vertrauen kann oder die ihn zu einer Handlung motivieren. Nutzen Sie Aussagen mit positiven Ergebnissen, Zahlen und Fakten. Halten Sie Ihren Wortschatz sachlich und anschaulich. Bringen Sie Ihre Aussage auf den Punkt: „Vier von fünf IT-Experten empfehlen ...", „Studien zeigen, dass kein anderes IT-Beratungsunternehmen ... als wir es tun.", „80 Prozent der Kunden stimmen der Aussage zu, dass ..."

Beschreiben Sie drei bis fünf spezielle Eigenschaften Ihres beworbenen Leistungsangebotes und deren Vorteile für den Kunden. Damit verdeutlichen Sie, was Ihr Angebot außergewöhnlich und nützlich macht, worin es konkret besteht und was es beinhaltet. Zeigen Sie auf, wie die Eigenschaften Ihres Angebots dem Kunden nutzen, was er letztlich davon hat. Vorteile verkaufen sich, Eigenschaften oftmals nicht. Viele Werbebriefe nennen entweder nur die Vorteile oder nur die Eigenschaften. Das reicht nicht. Sie brauchen beides, zum Beispiel:

- Neue Job-Scheduling-Technologien – stabiler IT-Betrieb.
- Innovative Testmethoden – kürzere Time-to-Market für Software-Innovationen.
- Minutiös getaktete Cut-Over-Pläne – Vermeidung aufwendiger Rollbacks.

Stellen Sie eine letzte Frage, um den Kunden zu den konkreten Punkten Ihres Leistungsangebotes zu lenken. „Fragen Sie sich, wie das alles möglich ist? Hier zeigen wir Ihnen, wie ..."

Belegen Sie mit Beweisen und Bestätigungen, weil sie Ihre Glaubwürdigkeit bekräftigen. Geben Sie verschiedene kurze, enthusiastische Aussagen zufriedener Kunden an, die die Eigenschaften und Vorteile bestätigen, die Sie auflisten. „Das behaupten wir nicht nur. Zufriedene Kunden sagen …"

Beziehen Sie sich auf Konkurrenzangebote. „Beauftragen Sie keinen anderes IT-Beratungsunternehmen ohne die folgenden Eigenschaften: Erstens …, zweitens ..., drittens ...", oder „Sicher, andere wollen diese Leistungen mit geringer Qualität auch an Sie verkaufen, aber können sie Ihnen das Folgende bieten: Erstens …, zweitens ..., drittens ...?"

Ihr Preis-Leistungs-Verhältnis ist enorm. Heben Sie den Wert Ihrer Leistung stark hervor. Der Wert Ihrer Leistung sollte deutlich höher sein als Ihr Preis. Die Wertaussage sollte klar sein. Vielleicht spart der Kunde durch Ihre Leistung wertvolle Zeit. Oder Sie ersetzen mit Ihrer Leistung eine andere, teurere Alternative. „Sie bekommen durch unsere Leistung einen Return-on-Consulting vom Faktor 10." oder „Sie bekommen exzellente Qualität, Zusatzleistungen und nachhaltige Ergebnisse – und das mit einer überschaubaren Investition."

Fassen Sie zusammen. Beschreiben Sie kurz Ihr Angebot. Erinnern Sie Ihre Kunden an Eigenschaften und Vorteile, ohne diese erneut zu listen. Ergänzen Sie lieber ähnliche Eigenschaften und Vorteile und betonen Sie deren hohen Wert: „Dies ist, was Sie bekommen …"

Preis und Dringlichkeit. Knüpfen Sie eine Bedingung an Ihr Angebot und wiederholen Sie es: „Wenn Sie bis zum 15. November antworten, führen wir ein Assessment Ihrer Data Center-Klimatisierung zum Preis von … Euro durch."

Geben Sie einfache Antwort-Möglichkeiten. Wenn Sie den Interessenten gewinnen wollen, sagen Sie ihm, was sie bis zu einer bestimmten Frist tun sollen. Geben Sie Ihre Telefonnummer, Website und E-Mail-Adresse an.

Bonus. Ein kostenfreier Bonus ist ein ausgezeichneter Motivator, damit Interessenten bis zu einer Frist handeln. Geben Sie etwas mit einem echten Wert, der höher als der Preis ist. Wenn Sie kein eigenes Premiumangebot haben, integrieren Sie eines anderes Angebot sinnvoll: „Melden Sie sich bis zum

31. Oktober zum Seminar an, und wir schenken Ihnen das Buch ‚Network Speed Hacking' des Erfolgsautors Joe Hackman im Wert von 50 Euro!"

Weitere Tipps:

Nennen Sie den Preis <u>nach</u> den Vorteilen. Es sei denn, der Preis ist der Hauptvorteil Ihres Angebotes.

Verkaufen Sie die kleinste Einheit. Sie müssen nicht gleich Ihren Stundensatz für Ihre Beratungsleistung im Direktmailing angeben, aber nennen Sie den Preis für die Teilnahme am Workshop oder für das Einstiegsprojekt.

Eine beigelegte Broschüre, die Leistungsbeschreibung, eine Fallstudie, ein Artikel oder eine Arbeitsprobe können die Qualität Ihres Angebots und Ihrer Leistungen visualisieren. Mailings mit Beilagen sind zwar etwas teurer, aber die Antwortquoten sind deutlich besser.

Halten Sie die Aufmerksamkeit des Lesers ihres Briefes, und lenken Sie sie, indem Sie einen persönlichen Hinweis handschriftlich einfügen und wichtige Wörter hervorheben.

E–Mail–Marketing

In unserer subjektiven Wahrnehmung erhalten wir täglich Dutzende oder gar Hunderte von E-Mails, darunter viel zu viele Werbe-E-Mails. Entsprechend voll sind die Inboxen, Kunden sind zu Recht genervt. Schnell ist die E-Mail weggeklickt oder landet bereits zuvor auf Basis von Automatisierungsregeln im Spam-Ordner.

Doch es gibt einen Grund, warum das E-Mail-Marketing trotzdem funktioniert: E-Mails sind privater und vertraulicher als etwa offene Beiträge in den Social Media. Sie sind eine gängige und günstige Möglichkeit, um einen Interessenten direkt zu kontaktieren. Deshalb ist es so wichtig, dass Sie von Interessenten das Einverständnis erhalten, ihnen per E-Mail Ihren Newsletter zusenden dürfen.

Nutzen Sie dazu das <u>Double-Opt-In-Verfahren</u> auf Websites, Blogs, sozialen Netzwerken und überall da, wo Sie mit möglichen Empfängern in Kontakt treten. Es bedeutet, dass das System eine Bestätigungs-E-Mail an die angegebene E-Mail-

Adresse des Interessenten sendet und dieser mit einem Klick auf einen Link in der E-Mail bestätigt, dass er den Newsletter abonnieren möchte. Erst dann wird eine E-Mail-Adresse zur Liste der Abonnenten hinzugefügt.

Hier kommen fünf Tipps für Ihr E-Mail-Marketing:

Erstens: Fragen Sie neben der E-Mail-Adresse nur die weiteren Informationen ab, die für Ihre Liste wichtig sind: die Unternehmensgröße, den Fachbereich, das Themengebiet, die Branche oder den Standort. Geben Sie einen guten Grund an, weshalb Interessenten diese optionalen Angaben machen sollten: „Sie erhalten gezieltere Informationen."

Zweitens: Erstellen Sie präzise Betreffzeilen mit maximal 50 Zeichen. Beschreiben Sie, was in der E-Mail steht, und stechen Sie hervor. Das gelingt nicht mit „IT-Management-Newsletter Nr. 32", sondern mit „Die zehn wichtigsten Business Apps, die CIOs kennen sollten", „Checkliste – Anwendungsmodernisierung", oder „Exklusiv-Seminar zur IT-Providersteuerung".

Drittens: Schreiben Sie mit Persönlichkeit. Gute Texte sind entscheidend. Per E-Mail können Sie im Vergleich zu anderen Publikationen einen etwas umgangssprachlicheren Ton für den Kontakt mit Kunden und Interessenten wählen.

Viertens: Halten Sie Ihre E-Mail übersichtlich und konsistent in Ihrem Corporate Design. Bauen Sie Links zur Ihrer Webpage ein.

Fünftens: Optimieren Sie die Darstellung der E-Mail für mobile Geräte wie Smartphones und Tablets.

Versenden Sie richtigen Themen an die richtigen Personen. Dazu benötigen Sie separate Listen für unterschiedliche Themen, also getrennte Listen für den ECM-Verantwortlichen und den IT-Sicherheits-Verantwortlichen.

Es gibt zahlreiche E-Mail-Marketing Tools, etwa *Mailingwork.de, Supermailer.de, Constantcontact.com* oder *Campaigner.com*, die Sie beim Aufbau und der Verwaltung Ihrer Listen unterstützen. Mit diesen messen Sie den Erfolg Ihres E-Mailings, zum Beispiel wie häufig die E-Mail gelesen und wie oft auf die Links innerhalb der E-Mail geklickt wurde.

Per Telefon vermarkten

Jeder weiß, dass der direkte telefonische Kontakt mit Kunden und Interessenten eine sehr wirkungsvolle Marketingmaßnahme sein kann. Aber Kaltakquise per Telefon, das heißt unaufgeforderte Anrufe an unbekannte Leute, um die Werbetrommel zu rühren, ist für die meisten von uns unangenehm. Viele IT-Consultants machen dies nicht gerne, und Kunden wollen das meist auch nicht – wenn man überhaupt bis zum Entscheider durchdringt. Andere hingegen schwören auf diese Marketingmaßnahme und berichten von Erfolgen.

Telefonisches Nachfassen kann in bestimmten Situationen effizient sein, zum Beispiel wenn Sie ein Direktmailing mit einer Seminareinladung oder einem Angebot für ein Einstiegsprojekt an Interessenten gesendet haben. Dann können Sie nachhaken, um herauszufinden, ob diese am Seminar teilnehmen wollen oder unter welchen Umständen Interesse am Einstiegsprojekt besteht. Gleichzeitig erfahren Sie mehr, etwa inwiefern das Thema für den Kunden grundsätzlich interessant ist, in welchem Entscheidungsstadium er sich befindet, wer weitere Ansprechpartner sind oder welche Fragen er zum Thema gerne klären würde – vorausgesetzt, Sie erkundigen sich danach.

Im Vergleich zur Kaltakquise sind Anrufe bei Ihnen bekannten Personen wie früheren Kunden, auf Empfehlungen basierende Kontakte oder andere Geschäftskontakte eine einfache und effektive Methode, um eine Beziehung zu pflegen oder weiter aufzubauen. Wenn Sie regelmäßig Ihre eigenen Netzwerk-Kontakte anrufen, erfahren Sie bei dieser Gelegenheit auch, ob diese Ihren aktuellen Artikel wahrgenommen haben und können darüber diskutieren. Hauptsache, Sie bleiben im Gespräch.

Im persönlichen Telefongespräch erhalten Sie wertvolle Informationen über den Kunden, seine Situation, seine Präferenzen und seine Fragen. Sie erfahren auch, welche potenziellen Einwände er in Bezug auf Ihr Angebot oder Ihre Beratungsleistungen hat. Auf diese können Sie eingehen. Das ist ein großer Vorteil gegenüber Mailings, was sich auch an den höheren Erfolgsquoten zeigt. Das Telefonieren ist zeitaufwendig; es lohnt sich jedoch bei der Vermarktung hochpreisiger Leistungen.

Rufen Sie Ihre Kontakte in unregelmäßigen Abständen an, um ihnen nicht auf die Nerven zu gehen. Überlegen Sie sich im Vorfeld, wie Sie den Kontakt ausbauen, was Sie sagen bzw. fragen wollen. Lassen Sie Ihre Kontakte sprechen und hören Sie zu. Nur mit aktivem Zuhören finden Sie heraus, wie Sie eventuell weiter helfen können.

Halten Sie Ihre Telefonate kurz und auf das Wesentliche beschränkt. Legen Sie sich eine Übersicht Ihrer Telefonate an und halten Sie kurz fest, worüber Sie gesprochen haben. Verkaufen Sie nicht am Telefon. Sprechen Sie mit Ihren Interessenten, Kunden und Kollegen, um in Kontakt zu bleiben und Ihre Geschäftsbeziehungen zu pflegen. Diese werden sich an Sie erinnern, wenn sich ein Bedarf nach Ihren Beratungsleistungen abzeichnet.

Anzeigen schalten

Wenn Sie die Bekanntheit Ihres IT-Beratungsunternehmens mit Hilfe von Anzeigen steigern wollen, dann sollten Sie wissen, dass ein paar Anzeigen dafür nicht ausreichen. Wie gut gemacht diese auch sind, sie werden nicht den gewünschten Erinnerungseffekt bei den Interessenten erzielen. Wenn Sie diese Marketingmaßnahme nutzen wollen, dann bereiten Sie eine Anzeigenkampagne vor, mit der Sie aus der Masse an Werbung herausstechen, und planen Sie das dafür nötige Budget ein.

Anzeigen schalten kann teuer sein. Laut Listenpreis kostet eine Drittelseite der Wirtschaftswoche circa 11.500 Euro und im IT-Fachmagazin *c't Magazin* ca. 3.500 Euro pro Ausgabe.[30] Nicht zu vergessen die Ausgaben für die Werbeagentur, die Produktion und den Texter. Das Erstellen einer Anzeigenkampagne– samt dem Messen der Ergebnisse – ist ein kostspieliges Unterfangen. Um effektiv zu sein, sollte die Kampagne mit den anderen Marketingmaßnahmen abgestimmt werden.

Wenn Sie das dafür nötige Budget nicht haben, dann platzieren Sie sich besser inhaltlich mit Artikeln, Studienergebnissen, Interviews oder Whitepapers in Fachzeitschriften, Foren oder Arbeitsgemeinschaften.

Nutzen Sie Anzeigen oder Beilagen in einer Fachzeitschrift, wenn Sie gezielt einen bevorstehenden Workshop oder ein Einstiegsprojekt bewerben wollen <u>und</u> wenn Ihre eigene Liste für diese Zielgruppe eher klein ist. Wichtig ist, dass die Anzeige Ihre potenziellen Kunden anspricht und diese effizient erreicht.

Ihre Anzeige: Was sollen Ihre Leser tun?

Fordern Sie die Leser der Anzeige immer zu einer Handlung auf, etwa dazu, ein limitiertes Angebot per E-Mail oder Telefon abzurufen. Damit generieren Sie qualifizierte Leads, messen die Effizienz der Anzeige und können diese in der Zukunft verbessern.

Suchen Sie sich die Medien heraus, die Ihre Zielgruppe liest. Informieren Sie sich in den Mediadaten, wann welche Themenschwerpunkte in den Zeitschriften und Portalen erscheinen. Stellen Sie sicher, dass Ihre Anzeige in der richtigen Kategorie und Ausgabe platziert wird.

Virales Marketing

Wenn Werbe-Videos provokant, ungewöhnlich, hintergründig, witzig oder unterhaltend sind, besteht die Chance, dass Nutzer sie in ihrem Netzwerk weiterleiten und diese sich wie ein Lauffeuer verbreiten. Noch findet virales Marketing hauptsächlich im Konsumentenbereich statt, ein B2B-Beispiel ist *IBMs* Video *Buzzword Bingo*.

Google AdWords

Potenzielle Kunden für IT-Beratungsleistungen recherchieren im Internet nach themenspezifischer Expertise. Dabei geben sie spezifische Suchbegriffe in Google ein. Idealerweise schaffen Sie es mit Ihrer Webpage bei der organischen *Google*-Suche unter die ersten zehn Einträge. Dies bestimmt jedoch *Google*. Wenn Sie auf Nummer sicher gehen wollen und zumindest werblich auf der ersten Ergebnisseite für den Suchbegriff platziert sein wollen, dann schalten Sie eine *Google AdWords*-Anzeige.

Google Adwords-Anzeigen sind als Keyword-Advertising eine Form der Internetwerbung. Sie können auf den *Google-Suchseiten* und auf themenbezogenen Websites geschaltet werden, die zum *Google Display*-Netzwerk gehören.

Im Gegensatz zur traditionellen Zeitschriftenanzeige zahlen Werbetreibende beim Pay-per-Click nur dann, wenn ein Interessent die Anzeige tatsächlich anklickt und auf die hinterlegte Webpage gelangt. Die Kosten pro Klick variieren, sie liegen zwischen 30 Cent und einigen Euro.

Damit Interessenten auf Ihre Anzeige klicken und mit Ihnen Kontakt aufnehmen, sollten Sie ein attraktives Angebot unterbreiten, etwa den Download einer Anbieterübersicht, einer Checkliste oder den Frühbucherrabatt für das Seminar.

Beim Texten ist Ihre Kreativität gefragt, denn die Zeichenanzahl ist limitiert. Eine *Google AdWords*-Anzeige ist wie folgt aufgebaut (maximale Zeichen):

Überschrift (25)
Anzeige-URL (35)
Beschreibungstext 1. Zeile (35)
Beschreibungstext 2. Zeile (35)

Die Ziel-URL dient zur Verlinkung und ist für den Nutzer nicht sichtbar.

Hier finden Sie zwei Beispiele. Wenn Sie in Verbindung mit „BYOD Consulting" gefunden werden wollen, könnte Ihre Anzeige so aussehen:

BYOD – Einfach und sicher
www.ihrewebsite.de/BYOD-Consulting
Ermöglichen Sie Anwendern die max.
BYOD-Flexibilität. Zum Whitepaper.

Oder unter dem Stichwort „Mobile Device Management":

Mobile Device Management
www.ihrewebsite.de/mdm-byod.
Mobile Geräte einfach und sicher
verwalten. Zum Webinar anmelden.

Fangen Sie langsam mit dem Schalten von *Google Adwords*-Anzeigen an. Behalten Sie Ihre Anzeigekosten zeitnah im Auge. Testen Sie, ob und welche Art von Interessenten Sie mit Ihren Anzeigen gewinnen: die halbinteressierten Informationssucher, die Konkurrenz oder echte potenzielle Kunden.

Sie können selbst bei *Google* ein *Adwords*-Konto anlegen und Anzeigen schalten. Unterstützung dazu finden Sie bei *adwords-starthilfe.de* oder einer der zahlreichen Online-Marketing-Agenturen.

Einfach werben per E–Mail–Signatur

Was ist kraftvoll, kostenfrei, erreicht die richtige Zielgruppe und wird trotzdem noch relativ wenig in eigener Sache genutzt? Die Signaturwerbung.

Zur Klärung vorab: Bei der hier angeführten E-Mail-Signatur geht es nicht um elektronische Signaturen zur Authentifizierung von Kommunikationsteilnehmern, sondern vielmehr um die Absenderangaben am Ende einer E-Mail – also Angaben um Absender und seinen Kontaktdaten.

Diesen Signaturtext können Sie durch eine Werbeaussage ergänzen, zum Beispiel: „Fordern Sie jetzt unser brandaktuelle Zusammenfassung zur neuen COBIT-Version an!" Weisen Sie dezent in der letzten Zeile Ihrer E-Mail-Signatur auf Ihre neuen Beratungsleistungen, das nächste Webinar, die aktuelle Publikation oder eine Umfrage hin – oder auf Ihre baldige Verfügbarkeit. Damit nutzen Sie Ihre elektronische Korrespondenz als unauffälligen, aber wirkungsvollen Werbeträger.

Inhaltlich sind Ihnen keine Grenzen gesetzt. Sie sollten sich jedoch in der Länge auf einen aussagekräftigen Satz und einen Link beschränken. Dort können interessierte Leser dann die ausführlichen Informationen abrufen.

Beispiele für eine E-Mail-Signaturwerbung sind:

- Besuchen Sie uns auf der CeBIT, 10.-14.03.2015, Halle 1, Stand X3. Zur Terminvereinbarung.
- Der nächste Workshop „IT-Recht" findet am 08.10.2014. in Frankfurt/M statt. Zum Programm.

Wirkt das nicht zu reißerisch? Nicht unbedingt, denn selbst bei konservativen Kunden sind dezente Hinweise in E-Mail-Signaturen längst akzeptiert. Wenn Sie nicht in jeder E-Mail auf die gleiche Aktion hinweisen wollen, integrieren Sie in Ihrem E-Mail-Programm einfach mehrere E-Mail-Signaturen, wie zum Beispiel Artikel, Messe, Stellenangebot.

Die Angaben in E-Mail-Signaturen im geschäftlichen Schriftverkehr entsprechen den gleichen Formvorschriften wie jene in Geschäftsbriefen: Firmenname, Sitz der Gesellschaft, Registergericht, Handelsregisternummer sowie Angaben zur Geschäftsführung. Weitere Kontaktinformationen wie die Position, Abteilung, Telefonnummer, Website, E-Mail-Adresse sind freiwillig. Sie gehören zum guten Ton und erleichtern eine schnelle und direkte Kontaktaufnahme. Natürlich sollten die Angaben kurz und bündig sowie gut lesbar sein.

Mehr als eine Rechnung

Für manche Kunden ist die Rechnung des IT-Consultants die einzige Kommunikation, die sie von ihm, unabhängig von der projektbezogenen Arbeit, erhalten.

Betrachten Sie Ihre Rechnung deshalb nicht nur als reine Forderung für Ihre erbrachten Leistungen, sondern nutzen Sie diese auch als Kommunikationsmittel. Bedanken Sie sich mit einem persönlichen Gruß bei Ihrem Kunden für sein Vertrauen und die gute Zusammenarbeit. Informieren Sie über das verbleibende Budget – eventuell stoßen Sie damit eine Nachbeauftragung an.

Weiß Ihr Kunde eigentlich, was Sie noch alles für ihn tun können? Meist ordnet Sie Ihr Kunde thematisch nur mit der Leistung ein, mit der Sie bei ihm eingestiegen bzw. tätig sind. Wenn Sie Ihre Rechnung an Ihren Kunden versenden, weisen Sie ihn doch in einem gesonderten Anschreiben auf mögliche Anschlussleistungen hin, zum Beispiel mit einer Beilage in Form einer passenden Leistungsbeschreibung. Auch wenn die Rechnung direkt an die Buchhaltung adressiert ist, sieht der Kunde sie meist bei der Abzeichnung. Bedanken Sie sich für den Auftrag und die gute Zusammenarbeit.

Obwohl Rechnungen heutzutage auch als pdf-Dokumente per E-Mail verschickt werden, sollte der Postversand nicht unterschätzt werden. Ein professioneller Druck und gutes Papier wirken optisch und haptisch besser. Außerdem versenden Sie keine Massenrechnungen wie Telefonanbieter. All dies ergibt natürlich nur Sinn, wenn Ihr Kunde keinen externen Scanning-Dienstleister einsetzt, der die Briefpost vorab öffnet und den Inhalt als Digital-Image bereitstellt.

Betrachten Sie Ihre Rechnung aber unbedingt als einen weiteren Baustein in Ihrer Kundenkommunikation, der Ihr Image prägt. Und vergessen Sie niemals: Nichts ist peinlicher als eine inkorrekte Rechnung. Nutzen Sie bei der Erstellung Ihrer Rechnungen immer das Vier-Augen-Prinzip, um deren formale und inhaltliche Korrektheit zu gewährleisten.

---

[29] Accenture: Advertising. In: www.accenture.com, Stand: 2013.

[30] iq media marketing: „Wirtschaftswoche. Preise und Formate". In: www.iqm.de, Stand: 28.12.2013.

Kapitel 11

Social Media. Business- Netzwerke richtig nutzen

„In sozialen Netzwerken will man kommunizieren, nicht Kühlschränke kaufen. "

Eric Schmidt

... und keinen IT-Consultant beauftragen – oder doch?

Social Media sind in aller Munde und die bisher am schnellsten wachsenden Medien. Sie versprechen hohe, zum Teil noch ungenutzte Potenziale. Hier etabliert sich gerade eine neue Kommunikations- und Interaktionskultur – sowohl im privaten als auch im beruflichen Umfeld.

Als IT-Consultant wissen Sie natürlich um die Möglichkeiten, die Social Media-Technologien Nutzern bieten: sich digital zu verknüpfen, zu interagieren und mediale Inhalte einzufügen, zu verändern und zu konsumieren. Aufgrund dieser spezifischen Eigenschaften stellen Social Media einen einzigartigen und starken Wertschöpfungstreiber dar. Ihre fundamentale Funktion ist, Interaktionen einfach, schnell, von überall, von jedermann und jederzeit zu ermöglichen. Der Netzwerk-Effekt ist enorm und sein Wert steigt mit der Anzahl der angeschlossenen Nutzer exponentiell: Je mehr Menschen das Netzwerk nutzen, desto wertvoller wird es.

So rasant haben sich die Medien entwickelt: Um 50 Millionen Menschen zu erreichen, benötigte das Radio 38 Jahre, das Fernsehen 13, das Internet drei und *Facebook* nur ein Jahr. Allein die Business-Netzwerke *XING* und *LinkedIn* verbinden heute zusammen 166 Millionen Menschen – Tendenz steigend. Im Vergleich zu traditionellen Massenmedien wie Zeitungen, Radio und TV, weisen Social Media geringe Eintrittsbarrieren auf, die große Unternehmen und Einzelkämpfer gleichermaßen nutzen können. Die Anwendung kostet wenig oder nichts, die Prozesse sind unkompliziert und Veröffentlichungen erfolgen in Echtzeit. Inhalte können multimedial publiziert und aufgrund des Netzwerk-Effektes einfach geteilt werden und sich rasch verbreiten. Mediale Monologe wandeln sich in Dialoge.

> ### Überblick über die Social Media-Technologien
>
> Laut Wikipedia werden Social Media wie folgt eingeteilt: Kollektivprojekte wie *Wikipedia*, Blogs und Mikroblogs wie *Twitter*, Content Communities wie *YouTube*, *Vimeo* und *SlideShare*, Soziale und Business-Netzwerke wie *Facebook*, *XING* und *LinkedIn* sowie virtuelle Welten wie *Second Life*.
>
> Blogs, Foren, Social Networks, Wikis und Podcasts sind die verbreitetsten Social-Media-Technologien.

Trotz der enormen Schnelligkeit, mit der sich Social Media verbreiten, befinden sich die Nutzungsmöglichkeiten erst am Anfang. Um Social Media effizient im Unternehmensbereich zu nutzen, fordert *McKinsey*, die Unternehmenskulturen und Arbeitsweisen zu ändern. So will der französische IT-Dienstleister *Atos* in drei Jahren komplett auf eine soziale Plattform umstellen. Das Unternehmen schätzt, dass seine Mitarbeiter im Moment ein Viertel ihrer Arbeitszeit dafür aufwenden, nach Informationen oder Kompetenzen zu suchen. Es verspricht sich von der Umstellung eine produktivere und schnellere Zusammenarbeit und Kommunikation.[31]

Auf der Basis von Social-Media-Technologien werden sich neue Geschäftsmodelle entwickeln, die durch nutzerorientierte Innovationen und technologische Fortschritte angetrieben werden.[32] Diese Veränderungen befinden sich bereits in vollem Gange. Sind Sie als IT-Consultant auch dabei?

Wussten Sie, dass …

- … die Social-Media-Nutzung die populärste Online-Aktivität ist und die Nutzer ein Viertel ihrer Onlinezeit in sozialen Netzwerken verbringen?[33]
- … bereits über eine Milliarde Menschen bei *Facebook* sind? Das derzeit größte soziale Netzwerk wird noch überwiegend im privaten und im Business-to-Customer Bereich (B2C) genutzt.
- … 92 Prozent aller Unternehmen in den USA zur Personalsuche auf *LinkedIn* zugreifen? [34]

Wie Sie von Social Media profitieren

Für IT-Consultants und IT-Beratungsunternehmen mit ihren erklärungsbedürftigen Leistungen und langen Vertriebszyklen ergeben sich mithilfe von Social Media vielfältige Nutzungsmöglichkeiten, zum Beispiel:

Sie erhalten neue Aufträge, indem Sie aufgrund Ihres Kompetenzprofils empfohlen oder gefunden werden – meist von Kunden, Projektvermittlern oder IT-Beratungsunternehmen. In *XING* können Auftraggeber nach spezifischer Kompetenz suchen und IT-Consultants direkt ansprechen, wie etwa den Informatica PowerCenter-Spezialisten im Postleitzahlgebiet 5* oder den C#-Programmierer in München.

Social Media ist ein günstiges Medium mit gezielter und hoher Reichweite für Ihre Öffentlichkeitsarbeit. Sie können schnell und effizient über einen neuen Artikel, den nächsten Seminartermin, Ihre Verfügbarkeit oder ein aktuelles Stellenangebot informieren. Die Moderation, das Publizieren von Beiträgen oder die Teilnahme an Diskussionen in themen- und zielgruppenspezifischen Foren eignen sich, um Kompetenz darzustellen und die eigene Auffindbarkeit im Internet zu erhöhen. Beiträge in den Social Media werden von Suchmaschinen hoch bewertet.

Indem Sie Diskussionen in Foren auswerten, gewinnen Sie aktuelle und genauere Kundeneinblicke und generieren schnell und günstig relevante <u>Themen für eigene Leistungs-</u> <u>angebote oder Publikationen</u>. Nutzen Sie diese Informationen für Ihre Markt- und Wettbewerbsanalyse.

Hin und wieder stöbern IT-Consultants, IT-Beratungsunternehmen und Projektvermittler auch in den Profilen ihrer Wettbewerber, um <u>potenzielle Kunden zu identifizieren</u>. Sie scannen die Referenz-Kundenunternehmen bis hin zum namentlichen fachlichen Ansprechpartner, wenn eine Verknüpfung vorliegt und die Kontakte sichtbar sind.

Außerdem können IT-Consultants mit ihren Kunden, Interessenten sowie mit ihrem beruflichen Netzwerk effizient <u>in Kontakt</u> bleiben, Empfehlungen aussprechen und erhalten und ihr Netzwerk schrittweise vergrößern.

Für IT-Beratungsunternehmen und Projektvermittler spielen Social Media für die gezielte <u>Rekrutierung</u> von projektbezogener Expertise eine große Rolle.

Business–Netzwerke

Die meisten IT-Consultants sind in einem, viele aber auch in beiden der etablierten und konkurrierenden Business-Netzwerke *XING* und *LinkedIn* präsent und aktiv. Beide Business-Netzwerke wurden 2003 gegründet. Im Folgenden werden sie kurz vorgestellt:

XING

XING ist das größte <u>deutschsprachige Business-Netzwerk</u> mit insgesamt 14 Millionen Nutzern, davon 7 Millionen aus dem deutschsprachigen Raum. Das in Hamburg ansässige Unternehmen beschäftigt im Jahr 2014 500 Mitarbeiter und generierte im Jahr 2013 einen Umsatz von 84,8 Millionen Euro, hauptsächlich durch Premium-Mitgliedschaften von Nutzern.

Die Basis-Mitgliedschaft ist kostenfrei. Darüber hinaus gibt es die Premium-Mitgliedschaft für Einzelpersonen und verschiedene Mitgliedschaften für Unternehmen. Gegen eine Gebühr können Personaler sehen, wer auf Jobsuche ist. In der Projektbörse schreiben Unternehmen vakante Stellen für ihre Projekte aus.

Im Gegensatz zu *LinkedIn* ist das Kontaktnetz bei *XING* sichtbar. Die Kontaktaufnahme ist einfach, eine Kaltakquise möglich. Freiberufler und kleine sowie mittelständische Unternehmen (KMU) bilden die Basis von *XING*.

Mitglieder tauschen sich online in rund 66.000 Fachgruppen aus, 6.060 allein im Bereich Internet und Technologie. Cloudster, der Freiberufler-Projektmarkt, ist mit mehr als 154.000 Mitgliedern die mitgliederstärkste Gruppe in *XING*.

XING bietet viele Möglichkeiten der Selbstdarstellung und der Verbreitung, wobei umfangreiche Funktionalitäten nur für Premium-Nutzer möglich sind. Sie sehen zum Beispiel, wer Ihre Kontaktseite kürzlich aufgerufen hat – ebenso wird sichtbar, wenn Sie ein Mitgliederprofil besuchen. Manche Mitglieder nutzen diese Funktion, um auf sich aufmerksam zu machen.

Aufgrund der KMU- und Freiberuflerlastigkeit ist *XING* breit aufgestellt. Es ist für alle interessant, die im deutschsprachigen Raum tätig sind und Kontakte zu IT-Spezialisten und Freiberuflern suchen, etwa zur Vermarktung der eigenen Leistungen oder zur Anbahnung einer projektbezogenen Zusammenarbeit mit spezialisierten IT-Experten.

LinkedIn

LinkedIn ist das größte weltweite Business-Netzwerk mit 277 Millionen registrierten Nutzern, davon ca. 2,5 Millionen aus dem deutschsprachigen Raum. Mit Sitz in Kalifornien, USA beschäftigt das börsennotierte Unternehmen ca. 1.000 Mitarbeiter und generierte im Jahr 2013 einen Umsatz von 1,5 Milliarden US-Dollar, wovon die Hälfte durch Personalabteilungen und -vermittler erzielt wird. *LinkedIn* ist unter anderem Marktführer in den USA, im Vereinigten Königreich, in Indien, Kanada, Brasilien, den Niederlanden und Frankreich.

Der umfangreiche Standardeintrag ist kostenfrei. Ein mehrsprachiges Kompetenzprofil kann angelegt werden. Zusatzfunktionalitäten wie das Anschreiben von Kaltkontakten kosten extra. Personalabteilungen zahlen mehrere tausend Euro, um die *LinkedIn*-Datenbank mit komplexen Suchanfragen nach passenden Kandidaten zu durchforsten, und Unternehmen wie *Daimler* und *BMW* schalten hier Anzeigen. Angestellte von DAX-30-Unternehmen sind hier am stärksten vertreten (circa Faktor zwei im Vergleich zu *XING*). Das Businessmodell zielt darauf ab, durch zahlreiche kostenfreie Funktionalitäten möglichst viele Arbeitnehmer auf die Plattform zu ziehen, damit Unternehmen Umsätze aus der Rekrutierung generieren können. *LinkedIn* ist in Bezug auf Kaltkontakte restriktiv, jedoch können Gruppenmitglieder, eigene Kontakte und Moderatoren angeschrieben werden.

Aufgrund der internationalen Konzernlastigkeit ist *LinkedIn* eher tief aufgestellt (viele Mitarbeiter) und für alle interessant, die weltweite und Kontakte zu Konzernmitarbeitern pflegen wollen.

Wie Sie Ihr Netzwerk per Social Media aufbauen

Der wichtigste Schritt ist, dass Sie sich zunächst klar machen, was Sie mit Ihren Aktivitäten in den Business-Netzwerken erreichen wollen. Möchten Sie nur Ihre vorhandenen Geschäftskontakte verwalten und regelmäßig informieren oder auch aktiv vom Markt gefunden werden und für sich werben? Soll Ihr Netzwerk das Reale abbilden, oder wollen Sie ein eigenes, virtuelles Netzwerk schaffen? Möchten Sie, dass Ihr Profil in den Suchmaschinen auffindbar ist? Unter welchen Suchbegriffen möchten Sie gefunden werden? Wer darf sehen, mit wem Sie verknüpft sind? Bearbeiten Sie Ihre Profileinstellungen. Diese Zeit sollten Sie mindestens investieren.

Pflegen und optimieren Sie Ihr persönliches Kompetenzprofil sowie Ihr Unternehmensprofil als IT-Beratungsunternehmen. Besucher sollen einen positiven Eindruck bekommen und deutlich erkennen, welche Kompetenzen Sie besitzen oder welche Leistungen Sie anbieten. Unter *https://profile.xing.com/de/profile/freelancer* finden Sie das Beispielprofil eines Freiberuflers. Um gezielt gefunden zu werden, trennen Sie die Suchbegriffe zu Ihrer Expertise im Bereich „Ich biete" per Komma, zum Beispiel: IBM FileNet, FileNet P8, ECM, BPM, FileNet Trainer, IBM Datacap.

Teilen Sie den Besuchern Ihrer *Profilseite* in einem Satz mit, wer Sie sind und was Ihnen gerade wichtig ist, oder verlinken Sie auf das neue Leistungsangebot auf Ihrer Website. Manche Freiberufler geben hier an, ab wann sie wieder verfügbar sind und an welcher Art von Aufträgen sie interessiert sind, zum Beispiel an speziellen Themen oder nur an Aufträgen in der Region. Verlinken Sie bei „Weitere Profile im Netz" auf Ihre Website oder Ihr Profil in *GULP*.

In den Feldern „Firma" und „Position" können sich insbesondere Freiberufler geschickt mit ihrem USP und ihrem Slogan hervorheben, denn Ihr Bild, Ihr Name und dieser Text tauchen immer wieder an verschiedenen Stellen auf und stellen eine optimale Werbefläche dar, zum Beispiel „Cloud Computing-Spezialist (Business Case, Anbieterauswahl, Vertrag)" oder „Business Analytics-Spezialist (Big Data in Versicherungen)".

Entscheiden Sie, ob Sie nicht besser die Seite Portfolio als Startseite Ihres *XING-Profils* nutzen wollen, um Ihre Leistungsportfolio in den Vordergrund zu stellen – anstatt Ihrer Profildetails. Damit lenken Sie den Fokus auf Ihr Leistungsangebot, nicht auf Ihre vergangenen Projekte.[35]

Mit einem Foto geben Sie Ihrem Profil Persönlichkeit, das Ihre Professionalität unterstreicht. Werden Sie aber bei den Angaben Ihrer Interessen nicht zu persönlich.

Was sollen die Besucher Ihres Profils tun (können)? Wenn Sie kontaktiert werden möchten, dann vereinfachen Sie die Kontaktaufnahme, indem Sie Ihre Telefonnummer oder Ihre E-Mail-Adresse in den Profilstatus stellen. Verlinken Sie auf einen relevanten Artikel oder animieren Sie Ihre Besucher dazu, Ihren Newsletter abonnieren.

Verknüpfen Sie sich aktiv mit Ihren Kontakten. Je größer Ihr Netzwerk ist, desto höher ist Ihre Reichweite. Beachten Sie aber: Wenn Sie mehrfach Leute kontaktieren und diese Ihre Anfrage mit „Kenne ich nicht" quittieren, disqualifiziert *LinkedIn* Ihren Account. Bei *XING* können Sie zwar theoretisch Personen, die Sie noch nicht kennen, zu einer Verknüpfung anfragen, besser ist es aber, über einen gemeinsamen Kontakt empfohlen zu werden – oder einen guten Grund zu nennen.

Akquirieren Sie Empfehlungen. Sie wirken immer. Bei *LinkedIn* sind Empfehlungen qualifiziert, da der Empfehlende angibt, auf welcher Grundlage diese ausgesprochen wird. Das ist unmittelbar auf dem Profil sichtbar. Diese Vorgehensweise ist nachvollziehbar, denn Empfehlungen von Kollegen sind anders zu beurteilen als die von Kunden. Letztere werden Sie im Regelfall nur empfehlen, wenn sie mit der geleisteten Arbeit zufrieden waren. Allerdings berichten einige IT-Consultants, dass ihre Auftraggeber, insbesondere die Top-Entscheider, nicht in Social Media registriert sind.

Nutzen Sie das Status Update sinnvoll. Nerven Sie Ihre Kontakte nicht mit Belanglosigkeiten, sonst riskieren Sie, dass diese Sie ausblenden. Statusmeldungen sollten im Zusammenhang mit Ihrer beruflichen Tätigkeit stehen, etwa auf ein neues Angebot hinweisen, auf Fachliches zu einem aktuellen Thema verweisen.

Seien Sie in relevanten Gruppen aktiv. Hier finden sich andere Experten, Anwender und Anbieter. Allein das Forum für SAP zählt 29.000 Mitglieder, die Gruppe Softwarelizensierung ist circa 2.000 Mitglieder stark. Aktive Gruppenmitglieder nutzen die Foren, um gezielt Öffentlichkeitsarbeit innerhalb der Zielgruppe zu betreiben, indem sie geplante Veranstaltungen ankündigen, auf Artikel zum Download hinweisen oder Umfragen durchführen. Studenten fragen nach Feedback zu Ansätzen in ihrer Diplomarbeit. Vereinzelt wirft ein Anwender eine Frage oder ein Problem auf, um Input vom Markt zu bekommen. Vermittler inserieren offene Stellen. Falls Sie Ihr Spezialthema vermissen oder eine eigene Community aufbauen wollen, dann rufen Sie selbst eine Gruppe ins Leben.

Aktivitäten in den Social Media werden schnell zu Zeitfressern. Setzen Sie sich ein Zeitlimit. Während die Öffentlichkeitsarbeit von den in- oder externen Marketingmitarbeitern durchgeführt werden kann, sollten IT-Consultants jedoch die inhaltlichen Beiträge selbst verfassen.

Warum Social Media noch nicht stärker genutzt wird

Während einige IT-Consultants bereits aktiv Social Media für ihre Vermarktung nutzen, stehen andere dem eher skeptisch gegenüber. So wird insbesondere das Teilen von Wissen mit anderen als ein zweischneidiges Schwert gesehen, weil davon nicht nur potenzielle Kunden, sondern auch Wettbewerber profitieren. Auch die Generierung von relevanten Inhalten und der erhebliche Zeitaufwand bei der aktiven Beteiligung an Diskussionen stellen Herausforderungen dar.

Viele IT-Consultants sind zwar mit ihren Kompetenzprofilen in den Business-Netzwerken präsent und verknüpfen sich mit ihrem beruflichen Netzwerk, halten sich jedoch mit dem Veröffentlichen multimedialer Inhalte und mit einer aktiven Beteiligung an Diskussionen in den Foren eher zurück. Sie präferieren es, angesprochen zu werden, halten Vorträge auf Konferenzen, bieten Webinare an und schreiben Artikel. Sie nutzen Social Media eher als Medium, um sich und diese Maßnahmen zu bewerben.

Einige IT-Consultants erachten auch die Sichtbarkeit des eigenen Netzwerkes durch soziale Grafen als kritisch. Lange Kundenbeziehungen sind auf Vertrauen aufgebaut. Intellektuelles Kapital, Integrität, Loyalität und Diskretion sind ein Teil Ihrer Reputation als IT-Consultant. Sie bilden die Voraussetzung, um Kunden zu halten und neue zu gewinnen. Social Media legt diese Beziehungen für Dritte offen, die diese durch unkontrollierte Kommunikation eventuell schädigen. Sie können die Sichtbarkeit Ihrer Kontakte in Ihrer Profileinstellung einschränken, sodass zum Beispiel nur Ihre direkten Kontakte sehen können, mit wem Sie verknüpft sind.

Ein ungeplantes und halbherziges Vorgehen, eine verwaiste Gruppe oder ein unprofessionelles Auftreten in Foren können sich allerdings schlecht auf Ihre Reputation auswirken. Einer Studie zufolge lassen sich Einkäufer in ihrer Entscheidung über die Beauftragung von IT-Consultants durch Social Media beeinflussen, allerdings nur durch eventuell dort sichtbare negative Aspekte eines IT-Consultants. Ein Drittel der befragten Manager würde ein ihnen unbekanntes IT-Beratungsunternehmen nicht für eine Beauftragung anfragen, nachdem dieses in Social Media kritisiert wurde, insbesondere wenn dessen Lieferfähigkeit (Expertise und Methode) infrage gestellt wurde. Allerdings ändern auch viele ihre Meinung wieder, wenn ein vertrauter Kollege dieses IT-Beratungsunternehmen erneut empfiehlt.[36]

In der Möglichkeit der Interaktion liegt einer der kritischsten Unterschiede zwischen Social Media und traditionellen Medien. Die Leser, die Zielgruppe sowie auch Wettbewerber können Ihre Beiträge kommentieren, diskutieren und in der Öffentlichkeit kritisieren. Die Erstellung und die Pflege der Inhalte benötigen einen nicht unerheblichen Zeitaufwand, insbesondere dann, wenn IT-Consultants in den fachlichen Dialog mit anderen Marktteilnehmern treten. Zeit, die gut ausgelastete IT-Consultants meist nicht haben.

Kunden werden nie ihre wirklichen Probleme in Social Media ausbreiten, insbesondere dann nicht, wenn die Beiträge nicht anonym veröffentlicht werden können. Warum? Menschen suchen und lösen ihre Probleme persönlich, nicht öffentlich. Jeder weiß, wie peinlich es ist, wenn jemand auf *XING* einen unangemessenen Kommentar von sich gibt. Social Media sind zwar kommunikativ, aber nicht vertraulich. Alle zeigen ihr „Erfolgsgesicht". Sie können zwar über Schwierigkeiten schreiben, doch nur über die der anderen und auch nur dann, wenn es angemessen ist.

Warum E-Mail-Marketing Social Media schlägt

Insbesondere im B2B-Umfeld gibt es mehrere Gründe, warum Sie eher auf E-Mail-Marketing statt auf Social Media setzen sollten: E-Mails sind privater als Social Media und derzeit noch das bessere Medium in der geschäftlichen externen Kommunikation. Jeder Mitarbeiter eines Unternehmens nutzt E-Mail, aber nicht unbedingt Social Media. E-Mails landen im Posteingang, werden dadurch eher gelesen und sind als Kommunikations- und Transaktionsmedium anerkannt.

Der Verlust oder Missbrauch von intellektuellem Kapital oder die Rufschädigung stellen sicherlich ein beachtliches Risiko dar. IT-Consultants sollten sicherstellen, dass ihre vertraulichen Beziehungen zu ihren Kunden und Geschäftspartnern durch Social Media nicht gefährdet werden. Diskretion ist geschäftskritisch. Das Konzept der Wissensteilung könnte sowohl Kunden als auch IT-Consultants in unangenehme Situationen bringen. Überlegen Sie deshalb vorher genau, was Sie mit wem, auf welcher Plattform und in welchem Umfang teilen wollen, können und dürfen.

> ### Mitarbeiter im Web 2.0
>
> IT-Beratungsunternehmen werden durch ihre Mitarbeiter im Web 2.0 repräsentiert. Alles, was durch diese kommuniziert wird, fällt auf das Unternehmen zurück. Potenzielle Mitarbeiter informieren sich zum Beispiel bei *GreatPlaceToWork.de* oder *Kununu.com* über potenzielle Arbeitgeber.
>
> Social Media Guidelines wie die von *BITKOM* regeln, wie Mitarbeiter agieren dürfen, können oder sogar sollen, wenn sie im Social Web als solche erkennbar sind. Die Richtlinien erfüllen ihren Zweck jedoch nur, wenn die Mitarbeiter auch die Zusammenhänge des Web 2.0 durchschauen. Häufig sind Arglosigkeit und unzureichende Medienkompetenz im Spiel, wenn plötzlich Betriebsgeheimnisse im Netz auftauchen oder Mitarbeiter offen über ihren Arbeitgeber lästern.[37]

Viele IT-Consultants sind sich dieser Risiken bewusst und wissen, dass Medienkompetenz und das formgerechte Aufbereiten multimedialer Inhalte von entscheidender Bedeutung für ein erfolgreiches Social-Media-Marketing sind. Die regelmäßige Generierung wertvoller Inhalte im Rahmen ihrer Publikationsstrategie und der nicht unerhebliche Zeitaufwand für die interaktive, inhaltliche Beteiligung in Foren stellen die größten Hürden für die Nutzung von Social Media dar.

Weniger ist mehr und besser als nichts

Statt in operativen Aktionismus zu verfallen, sollten Sie sich erst über Ihre Kommunikationsstrategie im Klaren sein, um dieses Medium erfolgreich zu nutzen. Überlegen Sie, welche Zielgruppe (Kunden, Mitarbeiter, externe IT-Spezialisten) Sie wo und wie ansprechen wollen. Sehen Sie auf den Profilen Ihrer Kunden nach, in welchen Gruppen und Foren diese registriert sind.

Fangen Sie lieber mit dem Minimalprogramm in Sachen Social Media an als gar nicht. Potenzielle Kunden und Geschäftspartner suchen Sie in den Netzwerken. Geben Sie ihnen die Möglichkeit, sich mit Ihnen zu verknüpfen oder die von Ihnen erstellten Inhalte zu teilen.

Telefon statt Tastatur – wechseln Sie das Medium

Obwohl sich Kunden im Internet und in den Social Media informieren, sollten Sie nicht nur auf digitale Kommunikation setzen. Social Media kann zwar im Rahmen der Öffentlichkeitsarbeit sinnvoll sein; entscheidend ist aber ein umfassendes Beziehungsmanagement unter Nutzung aller verfügbaren Kommunikationskanäle. In der Praxis bedeutet dies, dass aktive Nutzer von Social Media statt zur Tastatur lieber mal wieder zum Telefonhörer greifen, einen Brief schreiben oder ihre potenziellen Kunden besuchen sollten. Viele auf klassische Weise kontaktierte Kunden sind nicht nur positiv überrascht, sondern reagieren auch ausgesprochen beauftragungsfreudig.

Nutzen Sie Social Media zur Unterstützung bei der Kontaktpflege, zur Öffentlichkeitsarbeit sowie zur Kunden- und Marktanalyse. Um die Vorteile von Social Media-Aktivitäten langfristig zur Umsetzung Ihrer Marketingziele zu nutzen, sind Geduld und der Aufbau von Kompetenz gefragt.

Ihr Kompetenzprofil als selbstständiger IT-Consultant bzw. das Unternehmensprofil von IT-Beratungsunternehmen in den Business-Netzwerken sind mittlerweile nicht mehr Kür, sondern Pflicht.

Selbst wenn Sie nicht viel mit Social Media zu tun haben, prüfen Sie diese doch regelmäßig auf negative Kommentare, damit Ihnen keine Nachteile entstehen. Verschaffen Sie sich ein Bild darüber, was und wo über Sie, Ihre Wettbewerber und Ihre Kunden geschrieben wird.

Neue Aufträge über IT–Projektportale finden

IT-Projektportale und IT-Projektbörsen versuchen, IT-Projekte und Kompetenz zusammenzubringen. Unternehmen schreiben hier ihre Leistungen im Rahmen von IT-Projekten und vakanten Positionen aus. Potenzielle Auftraggeber und Vermittler greifen auf die hinterlegten Kompetenzprofile zu, um den passenden IT-Experten für ihr IT-Projekt zu finden. Dabei lassen sich die IT-Consultants anhand von Kriterien nach fachlichen Schwerpunkten, Qualifikationen, Technologieexpertisen, Branchenerfahrungen, Verfügbarkeit, Preis sowie Ort und Sprache finden. Umgekehrt können sich IT-Consultants für diese Projekte und vakante Positionen bewerben und erhalten gegebenenfalls den Zuschlag für den Auftrag.

In den letzten Jahren sind zahlreiche IT-Projektportale entstanden. Die Konkurrenz der Portale untereinander ist groß, eine Konsolidierung zu erwarten.

GULP.de ist die bekannteste IT-Projektbörse. Mit 85.000 registrierten IT-Experten und 3.500 Kunden deckt *GULP* derzeit über 90 Prozent des freien Marktes ab. Projektausschreibungen finden auch auf den folgenden Portalen statt: in der Projektbörse von *XING*, auf *it.projektwerk.com/de*, *Freelancermap.de*, *Projects.resoom.de*, *Freelance.de* und *IT-Treff.de*. Internationale IT-Projektportale sind *Topcoder.com*, *Elance.com*, *Jobster.com* und *SimplyHired.com*.

Zudem haben sich Expertenportale etabliert; zum Beispiel *CompetenceSite.de*, ein Kooperationsportal mit 1,6 Millionen Besuchern pro Jahr sowie *BrainGuide.de*, in dem Experten sich und ihre Unternehmen, Publikationen und Veranstaltungen zu bestimmten Themen präsentieren. *Premium.cio.de* ist ein Netzwerk für CIOs und IT-Entscheider in Europa.

Für Projektsuchende ist die Nutzung vieler Portale in der Basisversion kostenfrei. Für Premiumleistungen wie die Hervorhebung, die Platzierung oder gezielte Suchmöglichkeiten wird oft eine Gebühr verlangt.

IBMs Liquid Challenge Programm

IBM organisiert mit dem Programm seine Arbeitsstrukturen grundlegend neu, um seine Wettbewerbsfähigkeit zu verbessern.[38] Eine interne Kernbelegschaft hält die Kundenbeziehung aufrecht und kontrahiert projektbezogen Externe. IT-Spezialisten können sich auf der *IBM*-eigenen Social Media-Plattform eintragen, sich nach *IBM*-Qualitätsmerkmalen zertifizieren und von den Kunden zu ihren Leistungen bewerten lassen. Bisher wurde bei Software-Entwicklungsprojekten viel Energie zur Suche nach geeigneten IT-Spezialisten aufgewendet; nun bewerben sich Experten für die ausgeschriebenen Projektaufgaben.[39]

Auch wenn Sie als freiberuflich tätiger IT-Consultant keine feste Anstellung suchen, nutzen Sie bei der Auftragssuche auch <u>Stellenbörsen</u> als eine Quelle für neue Kunden. Schließlich veröffentlichen Unternehmen dort die aktuell gesuchten Kompetenzen, und ausgeschriebene Stellen werden mitunter temporär an Externe vergeben. Einen Versuch ist es wert.

Stepstone.de/it, *Stellenanzeigen.de/it*, *Jobware.de* und *Jobscout24.de* listen hochwertige, anspruchsvolle Schnittstellenpositionen in der IT. *Experteer.de* hat sich auf die Zielgruppe der Führungskräfte spezialisiert. Eine Übersicht aller Stellenbörsen nach Kriterien finden Sie unter *crosswater-jobguide.com*. Meta-Suchmaschinen wie *Kimeta.de*, *icjobs.de* oder *jobrapido.de* beziehen mehrere Quellen auf der Suche nach Stellenangeboten ein, insbesondere auch Unternehmens-Websites.

Viele IT-Projektportale und Stellenbörsen bieten die Möglichkeit, Suchaufträge anzulegen, sodass Sie automatisch Angebote nach den von Ihnen zuvor eingegebenen Kriterien erhalten, zum Beispiel als „SAP-Berater/in Fi/Co" im Raum Würzburg.

Außerdem bekommen Sie einen Überblick über die auf dem Markt gesuchten Fähigkeiten und Vakanzen. Sobald ein Unternehmen jedoch ein Projekt oder eine Position öffentlich ausschreibt, werden Sie nicht der Einzige sein, der sich bewirbt. Trotzdem: ein Suchauftrag für die Leadgenerierung ist schnell angelegt. Wenn etwas Passendes für Sie dabei ist, reagieren Sie schnell und professionell.

Ihr Kompetenzprofil

Das Kompetenzprofil, auch Skill-Profil oder Qualifikationsprofil, ist ein strukturiertes Abbild Ihrer Kompetenzen. IT-Consultants hinterlegen dieses vollständig oder in gekürzter Form in den Business-Netzwerken und in den IT-Projektportalen. Sie reichen es auf Anfrage beim Projektvermittler oder beim potenziellen Auftraggeber ein, die sich somit einen Überblick über die fachlichen Kompetenzen und Einsatzmöglichkeiten verschaffen und auf dieser Basis bereits eine Vorabentscheidung darüber treffen, inwiefern der IT-Consultant für eine bestimmte Aufgabenstellung qualifiziert ist und ob es zum nächsten Schritt kommt.

Mit Ihrem Kompetenzprofil möchten Sie Kunden und Vermittler von Ihren Fähigkeiten überzeugen und insbesondere Aufträge erhalten, die zu Ihren Fähigkeiten passen. Die Optimierung Ihres Kompetenzprofils gehört daher zum Pflichtprogramm Ihrer Marketingaktivitäten. Von Ihnen wird erwartet, dass Sie Ihr aktuelles Profil umgehend aus der Schublade ziehen können – oft auch in der englischen Version.

Ihr Kompetenzprofil fokussiert auf Ihre fachlichen Fähigkeiten in Ergänzung zu Ihrem zeitlich orientierten Lebenslauf. Es enthält alle relevanten Informationen, die ein potenzieller Auftraggeber benötigt, um Sie innerhalb weniger Minuten einzuordnen und um zu entscheiden, ob er Sie zu einem Erstgespräch einladen soll – oder nicht. Er wird nach den spezifischen Fähigkeiten suchen, die für die Bearbeitung einer Aufgabe benötigt werden. Dies können technische Fähigkeiten sein, aber auch Erfahrungen in ähnlichen Projekten oder spezifische Geschäftsprozess- oder Branchenkenntnisse. Vor allem wird er sich einen Eindruck von Ihrer Professionalität machen – und zwar anhand des Aufbaus, der Rechtschreibung und der Konsistenz Ihres Profils.

Aufbau Ihres Profils

Geben Sie am Anfang Ihres Profils in wenigen Sätzen einen Überblick zur Ihrer Kompetenz, in dem Sie herausstellen, was Sie auszeichnet. Somit ist auf einen Blick erkennbar, worin Ihr Wert besteht und was man von Ihnen erwarten kann.

Listen Sie dann Ihre

- Expertise und Projekterfahrung,
- Methodenkompetenz,
- Branchen- und Prozesskenntnisse,
- Technologie- und Produktkompetenz,
- Qualifikationen und Zertifizierungen,
- Sprachen und andere Skills sowie
- Referenzen, Publikationen und Testimonials auf.

Beschreiben Sie jedes Projekt: geben Sie jeweils den Zeitraum, den Kunden, Ihre Rolle im Projekt, die Branche, die Technologien, Ihre Aufgaben und die Projektergebnisse an. Beginnen Sie Ihre gut ausgefüllte Projekthistorie mit dem aktuellsten Projekt. Arbeiten Sie mit Aufzählungszeichen und bleiben Sie bei einer einheitlichen Darstellung.

> ### Beispiel einer Zusammenfassung
>
> Senior IT-Consultant mit 17 Jahren Berufs- und Projekterfahrung in den Bereichen Cobit, Governance, Information Security und Datenschutz mit Branchenschwerpunkt Logistik, Travel und Transport. Langjährige Erfahrung als IT-Revisor.

Heben Sie Ihre größten Projekterfolge bei Kunden heraus und untermauern Sie deren Bedeutung. Quantifizieren Sie diese eindrucksvoll. Ein häufiger Fehler ist, dass IT-Consultants nur die durchgeführten Aufgaben listen – statt auch deren Wert darzustellen. Nicht jede Aufgabe muss quantifiziert werden, aber durch die Ergebnisfokussierung zeigen Sie, dass Sie nicht nur Ihren „Job" hinkriegen, sondern dass Sie wichtige Projektarbeit leisten und echte Resultate für Ihre Kunden erzielen. Statt „Überarbeitung der Online-Datenbank, um Fehler zu vermeiden und die Geschwindigkeit zu erhöhen" fügen Sie den konkreten Nutzen hinzu: „Aufbau einer neuen Online-Datenbank, die 50 Prozent weniger Eingabefehler und 33 Prozent mehr Einträge pro Tag erzielt."

Weitere Tipps:

Aktualisieren Sie Ihr Kompetenzprofil permanent. Tragen Sie Projekte, Referenzen, Qualifizierungen und Publikationen zeitnah ein, ehe Sie die Details vergessen.

Manche Unternehmen erwarten ein Foto, auf internationalen Kompetenzprofilen sind sie eher unüblich. Fragen Sie nach.

Kurzprofile werden oft für den schnellen Überblick und im Zusammenhang mit einer ersten Kundenkommunikation versendet. Es lohnt sich, verschiedene gezieltere Kompetenzprofile für bestimmte Zielgruppen, Kompetenzbereiche oder Branchen zu erstellen.

Fügen Sie Stichworte und deren Synonyme für Projektportale und Vermittler hinzu, um bei Suchanfragen besser gefunden zu werden.

Bevor Sie Ihr Profil versenden, prüfen Sie die Qualität. Dies kann ein Kollege oder ein externer Dienstleister durchführen. Nichts wirkt unprofessioneller auf Ihren potenziellen Kunden als inkonsistente Abstände, unterschiedliche Schriften, Leerflächen, Rechtschreibfehler oder veraltete Kontaktdaten. Details sind wichtig. Sie spiegeln Ihren Qualitätsanspruch wider.

Der Aufwand für die Anpassung, ein ansprechendes Layout und die Sicherstellung einer hohen Qualität Ihres Profils ist weise investiert. Sie machen sofort einen guten Eindruck und erhöhen Ihre Chancen, den nächsten Auftrag zu erhalten.

Ein maßgeschneidertes Profil

Wenn Sie eine Anfrage zu einem bestimmten IT-Projekt erhalten, dann zeigen Sie Ihrem Interessenten, dass <u>Sie</u> für diese gesuchte Aufgabe perfekt passen. Gleichen Sie Ihr Kompetenzprofil möglichst genau an die Aufgabenstellung und an das Projekt an. Der Aspekt der Anpassung wird umso wichtiger, je mehr Erfahrung Sie haben und je verschiedenartiger Ihre Projektreferenzen sowie Ihre Themen- und Branchenkenntnisse sind. Es geht darum, dass Sie gezielt die für den Kunden wichtigen Informationen herausarbeiten, die für <u>diese Aufgabe</u> bzw. für <u>dieses Projekt</u> relevant sind. Für Ihren Kunden sind Sie umso wertvoller, je besser Sie sich für die im Projekt ausgeschriebene Aufgabe eignen.

Versetzen Sie sich in die Lage Ihres Kunden. Meist liegen ihm mehrere Kompetenzprofile vor. Was würden Sie von einem IT-Consultant halten, dessen zehnseitiges Profil Sie mühsam nach den relevanten Fakten durchsuchen müssten? Und daneben liegt das Kompetenzprofil eines anderen IT-Consultants, bei dem auf den ersten Blick zu erkennen ist, warum dieser für die Aufgabe geeignet ist? Es wirkt verwirrend, wenn verschiedene Tätigkeitsbereiche und Kompetenzen gleichbedeutend dargestellt werden, die nichts mit der angefragten Aufgabe zu tun haben oder lange zurückliegen. Leicht entsteht der Eindruck der mangelnden Sorgfalt oder eines Allrounders, der alles macht, aber nichts besonders gut kann.

Komprimieren Sie Ihr Profil auf zwei bis drei Seiten. Gliedern Sie Ihr Profil entsprechend der für diese Aufgabe gesuchten Kompetenzen und orientieren Sie sich an der Wichtigkeit der Begriffe. Stellen Sie die für das ausgeschriebene Projekt geforderten Kenntnisse, Projekterfahrungen, Branchenspezifika und Referenzen deutlich und ausführlich dar. Fassen Sie nicht relevante Informationen kurz oder lassen Sie sie weg. Meist reicht es, wenn Sie passende Projekte detaillierter darstellen und weniger relevante unter „weitere Projekte" nur stichpunktartig erwähnen. Kennzeichnen Sie wichtige Passagen und passen Sie Ihre Zusammenfassung an. Ihre Gestaltungsfreiheit liegt hierbei in der Dosierung und Aufbereitung der für den Kunden relevanten Informationen.

[31] BBC: „Atos boss Thierry Breton defends his internal email ban". In: www.bbbc.co.uk, Stand: 06.12.2011.

[32] Dobbs, Richard; Manyika, James; Roxburgh, Charles; Lund, Susan: „The social economy: Unlocking the value and productivity through social technologies". In: www.mckinsey.com, Stand: 30.07.2013.

[33] Chandor, Pam: „Focusing on the Customer: Social Business Need Social Portals", IBM-Präsentation, Stand: 30.05.2012

[34] Rest, Jonas: „Linkedin – das Anti-Facebook". In: www.fr-online.de, Stand: 03.08.2012.

[35] Rumohr, Joachim: „10 Tipps für Ihre XING-Profiloptimierung". In: www.ruhmor.de, Stand: 22.11.2011.

[36] Buday, Robert: „How Consulting Firms are Making Their Marketing More Sociable: A 2012 Research Report". In: www.bloomgroup.com. Stand: 17.08.2012.

[37] BITKOM: „Social Media Guidelines". In: www.bitkom.org. Stand: 25.7.2014.

[38] Dettmer, Markus; Dohmen, Frank: „Frei schwebend in der Wolke". In: www.spiegel.de. Stand: 06.12.2012.

[39] Rishabh Software: „Join the Freelance Challenge Program". In: www.rishabhsoft.com. Stand: 25.7.2014.

Kapitel 12

Strategische Partner

„The fellow who says he'll meet you halfway
usually thinks he's already standing on the dividing line. "

Orlando A. Battista

Sie müssen nicht lange im IT-Beratungsgeschäft sein, bevor jemand mit Ihnen „zusammenarbeiten" will. Das heißt normalerweise, sich in irgendeiner Form zusammenzutun, um Teile des Zielmarktes gemeinsam zu erschließen und um Kontakte, Interessenten und Projekte zu teilen.

Einige IT-Consultants kooperieren mit Technologieanbietern, weil sie hoffen, so über die Kunden des Anbieters neue Aufträge zu bekommen. Im Gegenzug verspricht der IT-Consultant, für den Anbieter Augen und Ohren nach potenziellen Kunden offen zu halten. Manche IT-Beratungsunternehmen bilden Partnerschaften mit Führungskräften aus der Branche, wie pensionierten CIOs, die als Referenz bei Kundengesprächen fungieren oder ihrem Netzwerk das Unternehmen vorstellen – meist gegen eine Gebühr oder eine Erfolgsprämie.

Im Beratungsgeschäft gibt es verschiedene Partnerschaftsmodelle. Sie werden aber auch feststellen, dass viele dieser Partnerschaften <u>nichts</u> bringen. Es gibt Beziehungen, die gut funktionieren. Vielleicht kennen Sie sogar die eine oder andere. Die meisten Verbindungen enden jedoch früher oder später mit Enttäuschungen für beide Seiten.

Das größte Problem? Der verfrühte Start. Partnerschaften entwickeln keine Zugkraft, wenn sie nur wenige gemeinsame Projekte haben. Es ist immer einfach, sich die Vorteile einer Zusammenarbeit vorzustellen, aber solange es keine für beide

Seiten vorteilhaften echten Gelegenheiten zur praktischen Umsetzung gibt, wird sich das Potenzial der Partnerschaft nicht entfalten können.

Arbeiten Sie bereits vorher zusammen

Die gelungensten Partnerschaften sind die, die erst gebildet wurden, nachdem beide Parteien bereits erfolgreich miteinander an einem oder mehreren Projekten gearbeitet haben. Bevor Sie sich also in eine partnerschaftliche Geschäftsbeziehung stürzen, finden Sie eine konkrete Möglichkeit, um mit Ihrem künftigen Partner zu kooperieren.

Testen Sie, wie gut Sie in einer echten Projektsituation zusammenarbeiten. Finden Sie heraus, wie Ihr Partner liefert, wie er mit Auftraggebern umgeht und wie Sie gemeinsam gegenüber Kunden Vertrauen aufbauen können. Erst dann ist eine realistische Grundlage für eine Partnerschaft gegeben.

Beziehungen scheitern, wenn eine Partei den Wert der Partnerschaft als ungleich wahrnimmt. Wenn Sie eine Partnerschaft eingehen, dann legen Sie fest, wie Werte geschaffen und aufgeteilt werden, zum Beispiel wie Sie mit Interessenten verfahren. Legen Sie Richtlinien fest, wie Sie diese teilen und wann nicht. Mit der Zeit können sich die Vorstellungen hinsichtlich des Partnerschaftswertes auch verschieben, zum Beispiel wenn das Dividieren der potenziellen Kunden nicht so vor sich geht wie angenommen, oder wenn gemeinsame Projekte nicht so ablaufen wie erwartet.

Installieren Sie ein Frühwarnsystem für potenzielle Probleme und sprechen Sie Ihrem Partner gegenüber offen an, was funktioniert und was nicht. Sprechen Sie regelmäßig über Ihre Partnerschaft, nicht nur über die gemeinsamen Projekte. Nur so kann sich die Partnerschaft zum Vorteil beider Seiten weiterentwickeln: Verschafft die Partnerschaft die erwarteten Werte für jede Partei? Wodurch wird der Erfolg der Partnerschaft eingeschränkt? Wenn wir nochmals anfangen könnten, was würden wir anders machen?

Partner oder Wettbewerber?

In der IT-Beratung gibt es oft Kooperationen von konkurrierenden Unternehmen. Viele Technologieanbieter arbeiten mit

IT-Consultants zusammen, die eine Systemintegration anbieten, obwohl sie diese Leistungen selbst in ihrem Repertoire haben. Das unglückliche Ergebnis: Die Partner konkurrieren in diesem Bereich um jeden Euro. Ausgeklügelte Mechanismen sollen dann die Verantwortlichkeiten im Projekt aufteilen und den Gewinn schützen. Seien Sie dann nicht überrascht, wenn Sie von Ihrem Partner die weniger rentablen Projekte erhalten.

Wählen Sie lieber einen Partner, der komplementäre Leistungen zu den Ihren erbringt. Versuchen Sie Partnerschaften zu etablieren, die Leistungsbündel und Werte für den Kunden schaffen, die keiner der Partner allein erbringen könnte.

Warum sich gleich binden?

Für Systemintegratoren, die Unternehmen bei der Einführung neuer Software unterstützen, wäre ein Kontakt zu Softwareverkäufern bereits hilfreich. Diese wissen, welche Unternehmen gerade neue Technologien erworben haben, die nun in die Systemlandschaft dieser Unternehmen zu integrieren sind, oder wo neue Projekte geplant sind. Tauschen Sie sich auch regelmäßig mit einem Headhunter in der gleichen Zielgruppe zu Kunden und Neuigkeiten auf dem Markt aus. Es ist nicht zwingend notwendig, eine Partnerschaft zu formalisieren. Informelle Treffen reichen aus.

Kennen Sie Ihre Opportunitätskosten

Eine Partnerschaft ist nicht kostenfrei. Sie investieren Ihre Zeit und Ihre Energie, um diese zu etablieren. Genau das kann Sie von anderen geschäftlichen Aktivitäten abhalten. Bevor Sie eine Partnerschaft eingehen, verschaffen Sie sich Klarheit darüber, was Sie zukünftig nicht mehr machen können oder dürfen – was also die Auswirkungen dieser Entscheidung sind. Das sind die eigentlichen Kosten einer potenziellen Partnerschaft. Oft gibt es bessere Möglichkeiten.

Viele Partnerschaften scheitern bereits zu Beginn, und zwar aus folgendem Grund: Jeder Partner konzentriert sich nur auf seine eigenen Vorteile, statt den Wert für den Kunden zur Priorität zu machen. Die ultimative Frage für die Evaluierung Ihrer Partnerschaft lautet daher:

Wie kann der Kunde von der Partnerschaft profitieren?

Je größer der Wert ist, den Sie Ihrem Kunden gemeinsam liefern können, desto erfolgreicher können Sie mit Ihrem Partner sein. Im IT-Beratungsgeschäft brauchen Kunden oftmals verschiedene Expertisen, um ihre IT-Projekte erfolgreich umzusetzen. Selbst große IT-Beratungsunternehmen arbeiten mit Nischenanbietern und Spezialisten zusammen, um ihre Kunden besser zu unterstützen. Mit Partnerschaften können Sie Ihrem Kunden ein erweitertes oder einzigartiges Leistungsspektrum anbieten.

Wenn Ihr Kunde zusätzliche Expertise im Bereich IT-Sicherheit benötigt und Sie an einem Forschungsprojekt zum Thema IT-Sicherheit mitwirken, das von einem bekannten Professor geleitet wird, dann kann Ihnen diese Zusammenarbeit eventuell den Auftrag sichern.

Andere IT-Consultants kooperieren mit Geschäftspartnern, die ihre Leistungen oder deren Leistungen sie ergänzen, zum Beispiel IT-Spezialisten mit komplementärer technologischer Expertise, größere IT-Beratungsfirmen und Unternehmensberatungen mit betriebswirtschaftlichem Fokus, Wirtschaftsprüfer, Revisoren oder Anwälte. Denken Sie auch an Technologie-Anbieter, Marktforschungseinrichtungen, IT- und Wirtschafts-Medienunternehmen, Konferenz- und Trainingsanbieter, Verbände der Zielgruppe, Projektvermittler und andere Dienstleister Ihrer Zielgruppe. Kooperationen können aber auch auf regionaler Ebene erfolgen, indem Sie zum Beispiel mit IT-Consultants zusammenarbeiten, die den gleichen Zielmarkt in einer anderen Region – im deutschsprachigen Raum oder weltweit – bedienen. Gemeinsam kann man sich größer vermarkten.

Mit wem könnten Sie zusammenarbeiten, um Ihren Kunden einzigartige Leistungsbündel anzubieten? Welche innovativen Geschäftsmodelle aus anderen Dienstleistungsbereichen lassen sich eventuell auf die IT-Beratung übertragen?

Teil III

Vertrieb @ Work

Kapitel 13

Rentable Aufträge und Kunden erkennen

„Immer wenn Sie einen Auftrag annehmen, lehnen Sie einen anderen ab."

Zeit ist eine Ihrer wertvollsten Ressourcen. Nutzen Sie sie effektiv, indem Sie die richtigen Aufträge und Kunden verfolgen. Wenn Sie sich für ein Kundenprojekt entscheiden, verwehren Sie sich die Möglichkeit, andere Aufträge anzunehmen. Deshalb ist es wichtig, dass Sie unrentable Aufträge vermeiden. Sie können Ihr IT-Beratungsunternehmen nur dann rentabel ausbauen, wenn Sie Ihre Aufträge und Kunden klug auswählen.

Gerade im wettbewerbsintensiven IT-Beratungsmarkt geben IT-Consultants und IT-Beratungsunternehmen immer wieder vorschnell ihr Angebot ab. Widerstehen Sie der Versuchung, der Konkurrenz so zuvorzukommen. Ihre Schnelligkeit bringt Ihnen vielleicht ein paar Pluspunkte bei manchen Kunden, aber vor lauter Aktionismus können Sie den Auftrag auch rasch falsch einschätzen und sich zu einem Angebot hinreißen lassen, bei dem Sie am Ende drauflegen.

Bewerten Sie jede Projektmöglichkeit systematisch wie folgt:

1. Profitiert der Kunde wirklich von Ihren Fähigkeiten?
2. Wie kann Ihnen dieser Auftrag helfen, Ihr Unternehmen gewinnbringend auszubauen?

Verfolgen Sie keine Projekte, die diese beiden Bedingungen nicht erfüllen.

Der Vertriebszyklus für Ihre IT-Beratungsleistungen kann Wochen, bei Neukunden manchmal auch etliche Monate dauern. In dieser Zeit bekommen Sie hoffentlich mehrfach Kundenanfragen, um Angebote abzugeben und sich zu präsentieren. Diese Aufgaben können zeit- und kostenintensiv sein und Ihre Arbeiten im aktuellen Kundenprojekt beeinträchtigen. Das heißt: Bevor Sie in den Ring steigen, um einen neuen Auftrag zu akquirieren und mit anderen IT-Consultants zu konkurrieren, evaluieren Sie den Auftrag und Ihren potenziellen Kunden sorgfältig.

Diese Kundentypen sollten Sie unterscheiden.

Kunden verfolgen ihre eigenen Interessen, und es ist wichtig, dass Sie diese erkennen und entsprechend einordnen können:

- Ernsthafte Kunden haben echte Projekte, nicht nur vage Vorstellungen, und sie benötigen externe Unterstützung durch einen IT-Consultant. Suchen Sie diese Kunden.
- „Vergleicher" gehen shoppen. Sie fragen viele Angebote an, um den Preisdruck zu erhöhen.
- Zögerliche „Ideensucher" und „Know-How-Abgreifer" lassen sich von verschiedenen IT-Consultants Lösungsvorschläge zu ihrem Problem unterbreiten, haben jedoch keine ernsten Absichten, diese zu beauftragen. Sie wählen die beste Lösung und setzen diese mit ihrem internen Team um.
- „Einholer von Alibi-Angeboten" haben sich bereits für einen IT-Consultant entschieden und benötigen für ihren Einkauf – oder um eine vermeintliche Wettbewerbssituation aufzubauen – alternative Angebote.

Es ist nicht immer einfach, die wahren Motive zu identifizieren. Doch Sie können potenzielle Kunden besser mit den genannten Typologien einschätzen

> und sind eher in der Lage, sich auf Zielkunden zu fokussieren, die es ernst meinen.

Viele IT-Consultants führen keine systematische Bewertung ihrer Aufträge durch. Später sind sie dann unangenehm überrascht – vom unterschätzten Aufwand mit diesem Kunden, der kurzen Einsatzdauer oder den wahren Beweggründen des Kunden, die zur Beauftragung geführt haben. Bleiben Sie in der Geschäftsanbahnungsphase wachsam!

Egal ob die Projektanfrage von einem bestehenden oder einem neuen Kunden stammt, nutzen Sie die folgenden Schritte, um den potenziellen Kunden und Auftrag zu qualifizieren:

1. Qualifizieren Sie Ihren Kunden.
   Stellen Sie sicher, dass der potenzielle Kunde rentabel ist, bevor Sie in Ihre eigenen Ressourcen investieren.

2. Evaluieren Sie das Auftragspotenzial.
   Machen Sie sich ein Gesamtbild vom Kunden und dem Auftrag.

Entscheiden Sie anhand der Evaluierungsergebnisse, ob bzw. zu welchen Konditionen Sie ein Angebot abgeben wollen. Durch eine nüchterne Bewertung reduzieren Sie das Risiko eines unrentablen Auftrags. Außerdem können Sie nach einer negativen Einschätzung rechtzeitig die Reißleine ziehen, ohne Ihren guten Ruf zu verlieren. Sie haben ja noch keine Zusage gemacht.

Qualifizieren Sie Ihren Kunden

Wenn Sie angefragt werden, dann klopfen Sie sich auf die Schulter – Ihr Marketing funktioniert. Doch bevor Sie weitermachen, beantworten Sie sich selbst die folgenden Fragen. Sie helfen Ihnen bei der Entscheidung, ob Sie den Kunden weiterverfolgen sollten oder nicht.

Kundenprofil. Bevor Sie sich mit einem potenziellen Kunden treffen, machen Sie sich über ihn und sein Unternehmen schlau. Studieren Sie die Website seines Unternehmens, lesen Sie Geschäfts- und Presseberichte sowie Beiträge in Foren. Versuchen Sie, die Managementstruktur des Unternehmens und die Bedeutung des Kunden innerhalb seiner Branche zu verstehen. Fragen Sie Ihre Kontakte – diskret – nach deren Einschätzung zum Unternehmen und zu Schlüsselpersonen. Sehen Sie sich die Wettbewerber des Kunden und den Markt an, um seine Herausforderungen zu verstehen. Kennen Sie seine wichtigsten Kunden, Lieferanten, Investoren und Mitarbeiter. Stellen Sie ihm keine banalen Fragen wie „Erzählen Sie mir von Ihrem Unternehmen.", sondern machen Sie Ihre Hausaufgaben. Gute Recherche zahlt sich aus.

Kann der Kunde die Ziele und Vorteile seines Projekts klar und deutlich formulieren? Eine schwammige Projektbeschreibung signalisiert, dass der Kunde mit seinen internen Überlegungen zum Projekt noch nicht so weit ist. Das kann zu einem langen Vertriebsprozess führen und bedeutet mit hoher Wahrscheinlichkeit, dass sich Ziele und Umfang innerhalb der Angebotsentwicklung oder während der Projektausführung noch mehrfach ändern werden. Wenn der Kunde nicht begründen kann, wozu er das Projekt jetzt durchführen will, dann ist dies ein deutliches Zeichen dafür, dass er einen unklar definierten oder gar keinen Plan hat.

Hat der Kunde das benötigte Budget? Wenn für das Projekt noch kein Budget vorliegt oder es keinen Zeitplan dafür gibt, dann existiert es noch nicht. Machen Sie Ihrem Kunden klar, dass diese Entscheidung getroffen sein muss, bevor Ihr Einsatz beginnt. Schlagen Sie ihm Maßnahmen vor, um die notwendig Genehmigung zu erhalten.

Wer ist der Projektsponsor? Wer hat das eigentliche Problem? Finden Sie heraus, wer die Befürworter des Projekts sind und wen es beeinflussen wird. Wenn das Projekt Abteilungsgrenzen überschreitet, wird es zu Grabenkämpfen kommen. Diese müssen gelöst werden, um das Projekt zum Erfolg zu führen.

Wer entscheidet über die Beauftragung? Beschränken Sie Ihre Kommunikation mit Mitarbeitern des Kundenunternehmens, die nicht entscheidungsbefugt sind. Es ist notwendig, dass Sie die Auftragsdetails mit dem Entscheider oder dem Entscheidungsgremium besprechen. Wenn dies nicht möglich ist, dann sollten Sie Ihren Vertriebsaufwand für diesen potenziellen Auftrag reduzieren.

Gibt es einen klaren Auswahlprozess? Selbst wenn viele Kunden diese Frage mit „Ja" beantworten, gibt es selten einen rationalen, systematischen Entscheidungsprozess. Fragen Sie Ihren Kunden, nach welchen Kriterien der Auftrag vergeben wird und ob es eine Frist gibt.

Arbeitet der Kunde bereits mit einem IT-Beratungsunternehmen zusammen, das konkurrierend mitbietet? Etablierte IT-Consultants haben bei neuen Auftragsvergaben meist einen „Heimvorteil". Sie sollten zumindest wissen, gegen wen Sie antreten. Deshalb müssen Sie diese Chance nicht verwerfen, aber es könnte Ihre Taktik ändern.

Sind Sie an dem Kunden interessiert? Identifizieren Sie Vorteile, die sich mit diesem neuen Kunden realisieren lassen. Wie können Sie mit diesem Kunden Ihr Unternehmen ausbauen und Ihre fachlichen Fähigkeiten und Ihr Leistungsportfolio erweitern? Ist er ein Referenzkunde in einer neuen Branche?

Was sind Ihre Opportunitätskosten? Wenn Sie sich für diesen Kunden entscheiden, dann schränken Sie Ihre Verfügbarkeit für andere Aufträge ein. Versuchen Sie, die entgangenen Alternativen zu quantifizieren.

Warum hat der Kunde Sie angefragt? Die Antwort auf diese Frage ist oft die größte Offenbarung. Sie zeigt Ihnen, wofür ein Kunde Sie wirklich braucht. Wenn der Kunde allerdings kein echtes Interesse daran zeigt, mit Ihnen zu arbeiten und Sie kennenzulernen, lehnen Sie die Anfrage höflich ab.

Treffen wir uns? Wenn Kunden nach der anfänglichen Kommunikation Interesse an Ihnen haben, dann laden sie Sie üblicherweise zu einem persönlichen Gespräch ein. Vergessen Sie dabei nicht: Ihre Vertriebsarbeit kostet den Kunden nichts, Ihnen entstehen jedoch echte Vertriebskosten. Entscheiden Sie durch Ihre Vorabqualifizierung, ob Sie eine reale Chance haben, bevor Sie zum Kunden reisen und Ihre Zeit und Ihren Aufwand investieren.

Finden Sie den Entscheider

Stellen Sie sicher, dass Sie den Entscheidungsprozess beim Kunden durchschauen. Entscheider delegieren oft die Aufgabe des Evaluierungsprozesses an
einen anderen. Das könnte ein Mitarbeiter der Einkaufsabteilung oder eines Ausschusses sein. Diese
Mitarbeiter haben zwar nicht die Entscheidungs-
kompetenz, aber oft ein Einspruchsrecht. Sprechen
Sie mit dem echten Entscheider, damit Sie das beste
Angebot abgeben können. Agieren Sie geschickt.
Erreichen Sie den Entscheider über andere, die in
den Entscheidungsprozess involviert sind. Aber geben Sie acht und vermeiden Sie es, die Nicht-Ent-
scheider zu verärgern. Wenn Sie diese umgehen o-
der vor den Kopf stoßen, werden Sie schnell aus dem
weiteren Verfahren ausgeschlossen.

Evaluieren Sie das Auftragspotenzial

Nachdem Sie Ihren potenziellen Kunden betrachtet haben,
geht es im zweiten Schritt darum, den anstehenden Auftrag zu
beurteilen. Oftmals ist dies die <u>entscheidende Phase</u> dafür, ob
ein Auftrag gewonnen oder verloren wird. Bereiten Sie sich
deshalb vor Kundenmeetings gründlich vor.

Beachten Sie dabei Folgendes:

<u>Agenda:</u> Setzen Sie Gesprächsziele. Schlagen Sie eine
Agenda für das Treffen vor. Fragen Sie Ihren Kunden, welche
Informationen er über Sie haben möchte, anstatt ihn mit einer
Präsentation zu langweilen, deren Inhalt er bereits Ihrer
Website entnehmen konnte oder die ihn nicht interessiert. Be-
enden Sie kein Kundengespräch, ohne die nächsten Schritte
zu vereinbaren, zum Beispiel Interviews mit anderen Mitar-
beitern des geplanten Projekts.

<u>Bleiben Sie fokussiert.</u> Es ist nur menschlich, in Gesprächen
auf Erfahrungen in vorangegangenen Projekten zu verweisen.
Widerstehen Sie aber der Versuchung, ausschweifend persönliche Anekdoten zu erzählen. Verschwenden Sie nicht die

wertvolle Zeit Ihres Kunden mit Small Talk; das zieht Meetings nur unnötig in die Länge und hinterlässt keinen guten Eindruck. Nutzen Sie die Zeit, aber überziehen Sie nicht.

Bringen Sie die richtigen Leute mit. Nehmen Sie zu den Kundenmeetings nur Mitarbeiter mit, die etwas beitragen können, die zum Beispiel Erfahrung in Bezug auf das besprochene Projekt haben, sicher und eloquent auftreten und vor allem die Fähigkeit besitzen, intelligente Bemerkungen zu machen.

Stellen Sie gezielte Fragen. Damit beweisen Sie dem Kunden Ihre Fach- oder Branchenkenntnisse. „Wie viele Mitarbeiter Ihres Unternehmens wären beim Outsourcing des Applikationsbetriebes mit Hinblick auf den §613a betroffen?" Prägnante Fragen demonstrieren Ihre Fähigkeit, Probleme schnell zu erfassen, zu analysieren und mögliche Lösungen vorzuschlagen. Fragen Sie scharfsinnig und hören Sie gut zu. Damit zeigen Sie Ihrem Kunden, wie Sie Informationen aufnehmen und denken. Bringen Sie Ihre Kreativität in diese Phase ein, aber stoppen Sie, wenn Sie selbst mehr als ein Drittel der Zeit sprechen. Sie hören dann nicht mehr zu, sondern reden nur – über sich selbst.

Erkennen Sie die Prioritäten Ihres Kunden. Kunden sind vor allem an der Lösung ihrer eigenen Probleme interessiert. Sie haben keinen Nerv, sich Erläuterungen zu Ihren Problemen als IT-Consultant anzuhören, die sich durch die Projektdurchführung ergeben könnten. Akzeptieren Sie das. Anmerkungen wie „Ich bin bei anderen Kunden schon so stark ausgebucht, dass ich wirklich sehen muss, wie ich Ihr Projekt auch noch stemme" will kein Kunde hören. Kunden wollen nur wissen, ob und wie Sie ihnen helfen können.

Schaffen Sie Mehrwert. Nachdem Sie etwas über das anstehende Projekt sowie die Probleme und das Umfeld Ihres Kunden erfahren haben, teilen Sie Ihre „vorläufigen" Ideen mit, wie Sie das Projekt angehen werden. Liefern Sie dem Kunden schon jetzt einen Wert – das stärkt die Beziehung. Seien Sie aber vorsichtig und erwecken Sie beim Kunden keinesfalls den Eindruck, Sie hätten bereits die vollständige Lösung, bevor Sie alle Fakten kennen.

Erstellen Sie kein Angebot, bevor Ihr Einsatz beim Kunden nicht vollständig geklärt ist und zwischen Ihnen und den Entscheidern auf Kundenseite ein beidseitiges Einverständnis über Auftragsinhalte, Zeitrahmen und Kosten erreicht ist. Damit stellen Sie sicher, dass Sie Ihr Angebot schneller schreiben können und dieses den Kundenanforderungen entspricht.

Was Kunden von IT-Consultants erwarten

Kunden sind mitunter vorsichtig, wenn es um die Beauftragung von IT-Consultants und IT-Beratungsunternehmen geht. Schließlich werden diese oft für unternehmenskritische IT-Projekte eingesetzt, deren Erfolg oder Misserfolg direkte Auswirkungen auf die Karriere des Entscheiders hat, der den IT-Consultant beauftragt hat. Daher haben Kunden legitime Bedenken, wenn sie mit Externen zusammenarbeiten. Fehler des IT-Consultants oder das Scheitern des Projekts fallen auch auf den Entscheider zurück. Kunden vertrauen Ihnen deshalb zunächst grundsätzlich nicht, Sie müssen sich dieses Vertrauen erst schrittweise verdienen. Das erste Treffen ist ein „Vorstellungsgespräch": Der Kunde erwägt, ob er Sie beauftragen soll. Sie als IT-Consultant loten aus, ob Sie den anstehenden Auftrag annehmen wollen. Der Evaluierungsprozess findet beidseitig statt.

Worauf Ihre Kunden achten:

Passt der IT-Consultant? Der erste Eindruck zählt und hält an. Viele Kunden geben dem IT-Consultant einen Vertrauensvorschuss, zumindest für eine Weile und insbesondere dann, wenn er ihnen empfohlen wurde. Doch das kann sich ändern, sobald es zum ersten Gespräch kommt. Informieren Sie sich vorab über den Umgang innerhalb der Kundenorganisation und kommunizieren Sie in einer Art, die zu diesem Stil passt. Ziehen Sie sich etwas besser an als Ihr Kunde und treten Sie professionell auf.

Demonstrieren Sie, dass Sie die Kundenprobleme verstehen und aufgrund Ihrer Erfahrungen lösen können. Eine der größten Unzufriedenheit von Kunden gegenüber IT-Consultants entsteht aus dem Eindruck, dass diese ihr Geschäft nicht richtig kennen. Kunden erwarten vom IT-Consultant die für ihr Projekt notwendige technische und fachliche Kompetenz, die erforderlichen Sprachkenntnisse sowie das Wissen um die Geschäftsprozesse und -modelle in der jeweiligen Branche. Wenn Kunden ihre eigene wertvolle Zeit investieren müssen, um den IT-Consultant auf den nötigen Informationsstand zu bringen, dann fragen sie sich, ob dieser der Richtige für das Projekt ist oder ob nicht ein anderer die bessere Wahl wäre.

Kann der IT-Consultant seine Versprechen einhalten? Bereiten Sie sich gründlich vor. Fragen Sie intelligent, hören Sie zu und zeigen Sie, dass Sie glaubwürdig und hoch qualifiziert sind. Wie Sie in dieser frühen Phase kommunizieren, Informationen zusammentragen, analysieren und die nächsten Schritte planen zeigt Ihren Kunden, wie Sie das Projekt durchführen werden. Es ist nicht ungewöhnlich, dass IT-Consultants lange Meetings mit potenziellen Kunden haben, dann aber doch nicht beauftragt werden. Offensichtlich haben sie es nicht geschafft, ihr Verständnis des Projekts in der Angebotsphase erfolgreich unter Beweis zu stellen.

Kunden wünschen sich, dass ihre IT-Consultants uneingeschränkt für sie da sowie an ihnen und ihren Projekten interessiert sind. Sie wollen, dass sie als Kunde für den IT-Consultant wichtig sind. Wenn Sie wiederholt andere Auftraggeber bevorzugen, befürchtet ihr aktueller Kunde, dass er von Ihnen nicht die gleiche Aufmerksamkeit bekommt. Zeigen Sie ihm, dass alle Ihre Kunden das gleiche hohe Leistungsniveau von Ihnen erhalten.

Wurden die Probleme sorgfältig ergründet? Schlagen Sie ihren Kunden nicht gleich ihre Standardleistungen vor. Kunden reagieren auf Pauschalantworten sensibel, denn sie betrachten ihre Probleme als einzigartig. Vorschnelle Lösungsansätze empfinden sie als zu vereinfacht und unpassend.

Wer wird letztlich die Leistung erbringen? In größeren IT-Beratungsunternehmen werden die Projekte von den Partnern akquiriert und dann durch andere IT-Consultants abgearbeitet. Teilen Sie das dem Kunden so früh wie möglich mit und beziehen Sie die Mitglieder des Projektteams in die Evaluierungsmeetings ein.

Auftraggeber machen sich auch Gedanken darüber, wie die externen IT-Consultants mit den eigenen, internen Mitarbeitern interagieren. Langfristige Projekte können intensive Beziehungen zur Folge haben, die in der Lage sind, den Unternehmenserfolg zu beeinflussen. Kunden wollen einvernehmliche Beziehungen, die auf Kompetenz und Professionalität beruhen.

Können wir ein IT-Beratungsteam managen? Manche Kunden finden es schwierig, die Arbeit der internen Mitarbeiter und der externen IT-Consultants zu steuern. Um Ihrem Kunden in der Zusammenarbeit entgegenzukommen, arbeiten Sie mit Status-Reviews in Ihrem Projekt und fügen Sie Notfallpläne für zusätzliche Ressourcen ein. Damit zeigen Sie Ihrem Kunden, wie Sie mit Ihrer Projektarbeit auf dem richtigen Weg bleiben. Setzen Sie eine klare Kommunikation auf, die Probleme unmittelbar anspricht, sobald diese auftauchen.

Werden die IT-Consultants das Budget im Griff haben? Kunden sind immer um ihre finanzielle Belastung besorgt. Sie müssen sich nicht selbst mit Ihrer Honorarschätzung während der Evaluierungsphase ausbremsen, aber Sie können Ihrem Kunden erklären, wie Sie zu Ihren Preisen im Angebot gelangen. Stellen Sie dar, wie Sie im Budget bleiben und wie oft Sie Ihren Kunden über den Status informieren wollen. Sprechen Sie an, inwiefern Änderungen im Projekt mit höheren Kosten verbunden sein können und unter welchen Umständen Sie zusätzliche Zeit oder Mittel benötigen.

Wenn Sie plausibel zeigen, dass Sie Ihre Kosten im Griff haben, wird dies Ihrem Kunden die Angst vor unkalkulierbaren Mehrkosten nehmen und Ihnen helfen, den Auftrag zu gewinnen. Halten Sie auch fest, dass das geschätzte Budget nicht ohne die vorherige Zusage durch den Kunden überschritten werden kann.

Was sind die Risiken? Wenn Kunden IT-Consultants beauftragen, gibt es immer Risiken: für das Kundenunternehmen, für den IT-Consultant und für den Auftraggeber. Auch wenn der externe IT-Consultant dafür verantwortlich gemacht wird, wenn ein Projekt scheitert, hat dies trotzdem Auswirkungen auf den Projektsponsor. Personen, die bereits im Vorfeld das Projekt oder den IT-Consultant infrage gestellt haben, werden nun mit Sicherheit auf den Entscheider zeigen. Verständlicherweise wollen die Kunden deshalb vorab verstehen, welches berufliche und persönliche Risiko sie eingehen, wenn sie diesen IT-Consultant oder dieses IT-Beratungsunternehmen beauftragen. Und sie werden sich fragen: „Wie wird ein Scheitern des Projekts meine Karriere beeinträchtigen?" Beantworten Sie als IT-Consultant diese unterschwelligen Fragen durch eine sorgfältige Untersuchung der Risiken. Einigen Sie sich mit Ihrem Kunden darüber, wie sie die Risiken teilen können.

Wer könnte diese Leistung noch erbringen? Egal wie gut Sie sind, Kunden suchen immer nach besseren Möglichkeiten, um ihre Ziele zu erreichen. Nehmen Sie es nicht persönlich. Entscheider wollen herausfinden, ob sie das Projekt nicht auch intern stemmen können, oder sie suchen nach neuen Lösungsansätzen oder günstigeren Ressourcen. Halten Sie Ihren Kunden nicht von der Evaluierung anderer Möglichkeiten ab. Wenn Sie gefragt werden, geben Sie Ihre objektive Einschätzung zu den Alternativen. Es ist in Ihrem besten Interesse, dass Ihre Kunden zufrieden sind, indem sie alle Optionen in Betracht gezogen haben.

Sie können nicht alle Fragen Ihrer Kunden antizipieren, aber Sie können die adressieren, die bis dahin diskutiert wurden. Dies bringt Sie bereits ein ganzes Stück weiter. Das Ziel der Evaluierungsphase ist, die Unsicherheiten beider Seiten – die des Kunden ebenso wie Ihre – zu minimieren.

Kapitel 14

Der nächste Schritt: Das Angebot

*„Wenn etwas leicht zu lesen ist,
dann war es schwer zu schreiben. "*

Enrique Jardiel Poncela

Angebote für IT-Beratungsleistungen können Ordner füllen, manchmal reicht aber auch eine einseitige E-Mail. Während ein großartiges Angebot den Ausschlag für die Beauftragung gibt, kann ein schlecht erstelltes die gesamte bis dahin geleistete Marketingarbeit zunichtemachen.

„Senden Sie uns ein Angebot." Dieser Satz ist Musik in unseren Ohren. Die Aufforderung, ein Angebot abzugeben, ist ein wichtiger Meilenstein im Vertriebsprozess und der nächste Schritt zur Beauftragung.

Ein Angebot abzugeben ist jedoch mit Kosten verbunden, da es Zeit von anderen Kunden abzieht. Betrachten Sie das Angebot als zusammenfassendes Ergebnis Ihres Evaluierungsprozesses. Gehen Sie beim Schreiben systematisch vor, um eine hohe Qualität sicherzustellen und um die Wahrscheinlichkeit Ihrer Beauftragung zu erhöhen.

Angebotsrealität

Nur wenige Kunden beauftragen IT-Consultants oder IT-Beratungsunternehmen informell und unter Umgehung formaler Angebots- und Bestellprozesse. Einige Kunden beginnen zwar Projekte mit IT-Consultants per Handschlag. Das ist jedoch selten und beinhaltet das Risiko, dass sich beide Seiten später über die angeblich abgestimmten Konditionen streiten.

In Ihrem eigenen Interesse sollten Sie die Rahmenbedingungen einer Beauftragung aus Ihrer Sicht darlegen. Erstellen Sie dazu Ihr schriftliches Angebot und übergeben Sie es an den Kunden. Dieser nimmt es dann entweder an, oder er besteht auf eine Abwandlung Ihres Angebots. Das kann so erfolgen, dass beide Parteien einen Vertrag erarbeiten, der die Basis für eine nachfolgende Bestellung bildet. Oder der Kunde bestellt Ihre Leistungen einfach und nennt in der Bestellung aufgrund seiner Marktmacht das Regelwerk, das für die Erbringung der Leistungen gelten soll. Bestätigen Sie die Bestellung Ihres Kunden – wenn diese Ihrem Angebot bzw. einem gemeinsam erarbeiteten Vertrag entspricht oder Sie schlichtweg mit den in der Bestellung genannten Abwandlungen leben können.

Beachten Sie für die Angebotserstellung Folgendes:

Ein Angebot zu erstellen ist nicht einfach. Mit Ihrem Angebot wollen Sie Ihre Leistungen verkaufen. Es ist ein weiterer Schritt im Vertriebsprozess, nicht eine leblose Auflistung Ihrer Qualifikationen. Auch wenn es manchmal schwierig ist, die Komplexität eines Auftrages in verständlichen Worten darzustellen, Ihr Angebot sollte mindestens die angestrebten Lieferergebnisse, den Umfang und die Preise listen. Das hört sich einfach an, ist es aber nicht.

Kunden wollen keine Inhaltsfloskeln. Passen Sie Ihr Angebot an jeden Kunden an. Vermeiden Sie Floskeln in der Beschreibung des Auftragszieles und des Lösungsansatzes. Präzisieren Sie die inhaltlich-fachlichen Angaben zu Ihren Leistungen und zum Ergebnis.

Kunden kaufen emotional und begründen mit Fakten. Ihre Kunden treffen ihre Entscheidungen nur teilweise rational, und zu einem großen Teil affektiv. Mit Ihrem Angebot liefern Sie Ihrem Auftraggeber die nötigen Fakten, um seine Entscheidung zu belegen. Um Ihre Fähigkeiten einzuschätzen, fordern Kunden, dass Sie Ihre Ideen und Vorgehensweise zum Projekt in einem frühen Stadium offenlegen.

Kunden erwarten eine hohe Angebotsqualität. Stellen Sie sicher, dass Ihr Angebot in formaler Hinsicht professionell ist. Dies betrifft zum einen die Rechtschreibung, Grammatik und

das Layout, aber auch Metainformationen zur Dokumenter-
stellung – also Angaben dazu,

- wer an dem Angebot gearbeitet hat,
- in welcher Version es vorliegt,
- wann es die interne Qualitätssicherung durchlaufen hat,
- wann es an den Kunden übergeben wurde.

Juristische Standardklauseln sind wichtig und daher auch ein
Teil Ihres Angebots. Häufig sind diese bereits Bestandteil eines Rahmenvertrages zwischen dem IT-Beratungsunternehmen und dem Kunden, der vorab geschlossen wird. Dies hat
den Vorteil, dass Sie in Ihrem Angebot einfach auf den Rahmenvertrag verweisen und sich ansonsten auf die Beschreibung der Leistungsinhalte bzw. projektspezifischen Details
beschränken können. Hinsichtlich der juristischen Klauseln
können Sie sich an Standardverträgen orientieren, die Sie zum
Beispiel auf der Website Ihrer IHK finden, oder Sie arbeiten
mit einem Fachanwalt.

Halten Sie den Angebotsprozess möglichst kurz. Im Angebot
steckt viel Aufwand. Je länger der Auswahlprozess dauert,
desto mehr wird nachgehakt, desto mehr zusätzliche Meetings
finden statt und desto mehr Informationen werden nachgefor-
dert. Umso größer ist damit auch die Wahrscheinlichkeit, dass
sich der Auftragsumfang verändert. Deshalb ist es wichtig,
dass Sie nahe am Entscheider sind, um eventuelle Änderungen rasch in das Angebot einzupflegen.

Der Angebotsprozess findet gemeinsam statt. Viele IT-Projekte sind komplex und interner Politik, der Firmenkultur und
anderer Einflussfaktoren, die Außenstehende nicht unbedingt
nachvollziehen können, ausgesetzt. Um Schwierigkeiten zu
vermeiden, nehmen Sie die Unterstützung des Kunden bei jedem Aspekt der Angebotserstellung in Anspruch. Nutzen Sie
Ihren Kunden als Informationsquelle, berücksichtigen Sie
seine Perspektive und sichern Sie sich seine Zustimmung zu
allen Hauptpunkten Ihres Angebotes: Ziele, Umfang, Beratungsansatz, Vorteile und Honorare.

Zuerst wird der Preis geprüft. Auch wenn Sie glauben, dass
Ihre Beauftragung so gut wie unter Dach und Fach ist, sollten

Sie sicherstellen, dass die Entscheider bereits im Vorfeld Ihren Preis kennen und wissen, wie sich dieser zusammensetzt. Sie wollen vermeiden, dass Sie Ihre Kunden mit Ihren Preisen vor den Kopf stoßen. Besprechen Sie Ihr Honorar vorab.

Einige IT-Consultants versuchen zwar, sich als den kompetentesten Berater in ihrem Bereich zu präsentieren, aber Kunden ignorieren diese Aussagen, wenn sie nicht stichhaltig mit Fakten, Zahlen oder Referenzen belegt werden. Statt „geringere IT-Kosten" zu versprechen, konkretisieren Sie Ihre Aussagen: „Unsere angebotenen Leistungen verfolgen das Ziel, Ihre IT-Betriebskosten um 15 Prozent zu senken". Stellen Sie genau dar, wie Sie dieses Ziel erreichen werden. Liefern Sie dem Entscheider statt Worthülsen lieber gute Argumente für Ihren Einsatz. Vermeiden Sie Superlative wie „optimal" oder „beste". Ersetzen Sie Schlagworte wie „bewährte Methode" oder „Vorreiter" durch messbare Aussagen.

Kunden wollen individuell, mit ihren konkreten Problemen, angesprochen werden. Sie wollen die Vorteile erkennen, die sie mit Ihnen als IT-Consultant realisieren können. Rücken Sie deshalb Ihren Kunden verbal in den Vordergrund. Halten Sie sich mit erklärungsbedürftigen Fachausdrücken zurück, damit Ihre Kunden nicht rückfragen müssen. Ihr Kunde weiß: Wer das Problem mit klaren Worten beschreiben kann, der hat es durchdrungen.

Kunden kostet es (meist) nicht viel, Angebote einzuholen; Sie dagegen kostet es einigen Aufwand, diese zu schreiben. Bewerten Sie die Auftragsgelegenheit gut, bevor Sie in die Vorbereitung und das Verfassen eines Angebotes investieren. Finden Sie den wahren Grund heraus, warum Sie um ein Angebot gebeten wurden. Was ist das eigentliche Problem des Kunden?

Die Angebotsbestandteile

Unabhängig vom Umfang sollte Ihr Angebot die folgenden Aspekte beinhalten:

<u>Management Summary der angebotenen Leistung:</u> Das ist der wichtigste Abschnitt, da dieser auch von den Top-Entscheidern gelesen wird. Hier fassen Sie zusammen, wie Sie das Projekt verstanden haben und welche Ergebnisse der Kunde

von Ihnen erwarten kann. Sie können kurz Ihre Strategie beschreiben und darlegen, wie Sie sich von Wettbewerbern abheben. Halten Sie diesen Teil kurz, ohne Superlative, gut geschrieben. Fokussieren Sie auf die Vorteile Ihres Kunden.

Hintergrund: Beschreiben Sie knapp, wozu Sie angefragt wurden und welche Herausforderungen auf Kundenseite vorliegen. Viele IT-Consultants mögen diesen Abschnitt, da sie hier demonstrieren können, dass sie verstanden haben, was der Kunde will zum Beispiel: „Nachdem die Integration des neuen Zugangskontrollsystems bereits mehrere Monate verzögert ist, wurde ABC Consulting GmbH angefragt, das interne Projektteam im Projektabschluss zu unterstützen." Länge und Detaillierungsgrad können variieren – kommen Sie auf den Punkt.

Ziele: Beschreiben Sie die Ziele des Kunden, wie Sie diese verstanden haben, und erklären Sie, was Sie anbieten, um diese Ziele zu erreichen. Holen Sie sich dazu die Bestätigung Ihres Kunden. Manchmal ändern Kunden ihre Ziele oder weiten den Umfang aus, noch während Sie Ihr Angebot erstellen. Lassen Sie sich diesen Abschnitt bestätigen. Kunden informieren Sie nicht automatisch über Projektänderungen. So gehen Sie auf Nummer sicher.

Beratungs- und Projektansatz: Hier schildern Sie, was Sie tun werden, wenn das Projekt beginnt, und wie Sie dabei vorgehen werden. Dies kann sich zum Beispiel wie folgt darstellen: „Die Ziele des Projekts werden in formaler Weise sowohl mit den internen Projektmitarbeitern als auch mit den externen Lieferanten besprochen. Dazu werden eventuell bestehende Diskrepanzen und Missverständnisse zwischen den Projektzielen und den individuellen Zielvereinbarungen der internen Mitarbeiter sowie mögliche notwendige Change Requests zu den Lieferantenverträgen identifiziert."

Leistungsumfang und Liefergegenstände: Beschreiben Sie detailliert, was Sie leisten und welche Ergebnisse Sie Ihren Kunden liefern werden. Spezifizieren Sie das Resultat, Erfolgskennzahlen und Meilensteine. Effektive Ergebnisse sind spezifisch, messbar und können einem Zeitpunkt und Wert zugeordnet werden: „Im Rahmen des Projekts werden zunächst die Verträge mit dem Lieferanten der neuen Zugangskontrolltechnologie geprüft. Danach wird eine Planung für die Qualitätssicherung der Lieferantenleistungen erstellt. Die Planung wird im Format MS Project erarbeitet und am 31.03. vorgelegt."

Viele Kunden ziehen IT-Consultants zu ihren IT-Projekten hinzu, weil sie entweder nicht über die spezielle Expertise oder über die nötigen internen Ressourcen verfügen. Sie haben großes Interesse daran zu erfahren, wie sie die versprochenen Ergebnisse erreichen wollen. Kreativität, Erfahrung und Kundenwissen sind hierfür entscheidend.

Projektplanung: IT-Consultants nutzen zur Angebotserstellung Projektmanagementwerkzeuge, insbesondere generische Projektpläne, und passen diese projekt- und kundenspezifisch an. Listen Sie in Ihrem Projektplan alle Liefergegenstände und benennen Sie die geschätzte Dauer und eventuell auch den maximal zu fakturierenden Aufwand für die einzelnen Liefergegenstände – das ist entscheidend für die Akzeptanz der für den Kunden entstehenden Kosten.

Planen Sie realistisch und versprechen Sie nichts, was Sie nicht halten können. Stellen Sie die Abhängigkeiten zwischen den einzelnen Arbeitspaketen dar. Dies erfolgt übergreifend zwischen Ihrem Team, dem Kundenteam und Dritten (sonstigen Anbietern und Zulieferern, die in das Projekt involviert sind). Mit fehlerhaft kalkulierten Projektzeiten können Sie Ihre Auftragsrentabilität und Ihre Kundenbeziehung aufs Spiel setzen. Erstellen Sie den Zeitplan sorgfältig, gewissenhaft und in Zusammenarbeit mit dem Kunden. Berücksichtigen Sie die Probleme, die Firmenkultur, saisonale Schwankungen sowie Urlaubs- und Feiertage.

Beschreiben Sie darüber hinaus, wie Sie die Projektentwicklung überwachen und steuern werden. Zeigen Sie, wie Sie den pünktlichen Beginn und den Zeitrahmen des Projekts sicherstellen und was Sie im Falle eines Projektverzugs tun werden, um verlorene Zeit aufzuholen. So belegen Sie, dass Sie den Auftrag richtig verstanden haben. Ihr Projektplan soll Ihren Kunden überzeugen: Er muss Gewissheit finden, dass Sie die beste Planung zur Lösung seines Problems liefern.

<u>Beistellleistungen des Kunden:</u> Stellen Sie dar, wie die Verantwortlichkeiten während der Projektdurchführung zugeordnet werden. Das ist nicht nur bei Festpreisangeboten wichtig, sondern auch bei Aufträgen, die nach Aufwand berechnet werden. Sie sollten genau festlegen, welchen Beitrag Ihr Kunde leisten muss, damit Sie Ihre Arbeit vereinbarungsgemäß erfüllen können. Beachten Sie dabei auch Aspekte wie den Zugang zum Gebäude, die Bereitstellung eines Arbeitsplatzes in den Büroräumen des Kunden und die Anbindung Ihres externen Notebooks an das Kundennetz. Dies setzt sich in der Kooperation während der Leistungsphase fort. Es ist zu klären, wer Ihr Single Point of Contact in der Kundenorganisation zu fachlichen Fragestellungen sein wird und wer Ihre Leistungen innerhalb welches Zeitrahmens nach Fertigstellung abnehmen wird.

Verdeutlichen Sie Ihre Erwartungshaltung an den Kunden; beschreiben Sie, wie der Kunde mitarbeiten sollte und welche Fähigkeiten von Kundenseite benötigt werden. Vergessen Sie aber auch nicht, dass der Kunde neben Ihrem Projekt auch noch andere Aufgaben im Unternehmen zu leisten hat.

<u>Team und Qualifikationen:</u> Beschreiben Sie sich und die Mitglieder Ihres Beratungsteams ausreichend detailliert. Damit zeigen Sie dem Kunden, wie jeder einzelne zum Auftrag beiträgt. Listen Sie alle Teammitglieder mit ihren Qualifikationen sowie ihren Rollen und Verantwortlichkeiten im Projekt auf. Fügen Sie ausführliche Kompetenzprofile bei, die Sie auf dieses Projekt zugeschnitten haben. Viele Kunden bestehen darauf, das Beraterteam im Vorfeld kennenzulernen. Bieten Sie dies aktiv an.

Trommeln Sie durchaus mit allen Kompetenzen Ihres Teams. Erläutern Sie, warum Ihr Kunde ausgerechnet mit Ihnen und Ihrem Team arbeiten sollte. Zeigen Sie, wie Sie und Ihr Team die gestellte Aufgabe gemeinsam für andere Kunden gelöst haben. Nennen Sie Referenzen und geben Sie Testimonials. Betonen Sie, wie Sie sich von Wettbewerbern abheben. Spezifizieren und quantifizieren Sie, wie Ihr USP dem Projekt dient, etwa durch Ihre Kooperation mit einer Forschungsgruppe.

Preise und Risikoreduzierung: Ob Sie es glauben oder nicht: wenn ein Kunde Ihr Angebot erhält, schaut er sich zuerst den Preis an. Er will wissen, was der Auftrag mit Ihnen kostet und ob er sich das leisten kann bzw. ob die genannten Preise den bisherigen verbalen Absprachen mit Ihnen entsprechen.

Das Thema Preis wird zwar im nächsten Kapitel ausführlicher diskutiert, aber hier kommen vorab ein paar Tipps, wie Sie Preise im Angebot am besten darstellen können.

Preisangaben sollten klar und unmissverständlich sein. Bieten Sie Ihren Kunden verschiedene Preisoptionen an, zum Beispiel in Abhängigkeit von der Besetzung oder den Lieferergebnissen. Für die Kunden ist es hilfreich, das Spektrum der Handlungsmöglichkeiten zu verstehen.

Reduzieren Sie das Kundenrisiko. Erheben Sie auf einen Teil Ihres Honorars nur bei Erfolg Anspruch oder geben Sie eine Zufriedenheitsgarantie, indem Sie bei Festpreisprojekten messbare Qualitätskriterien festlegen, zu denen Sie sich verpflichten. Erfolgsabhängige Honorare helfen, Unsicherheiten im Rahmen der Beauftragungsphase zu überwinden.

Spezifizieren Sie, wie Sie bezahlt werden möchten, zum Beispiel wie hoch der Vorschuss und die Zahlungen bei Auftragsmitte oder zum -ende sein sollen. Nicht selten beträgt der Vorschuss bei Beginn von Festpreisprojekten 25 bis 35 Prozent des Gesamtpreises. Liquidität ist auch für IT-Beratungsunternehmen wichtig.

Rahmenverträge und Statement of Work

Während kleine und mittelständische Unternehmen mit einzelnen IT-Consultants und kleineren IT-Beratungsunternehmen meist direkt kontrahieren, schließen Konzerne und große Unternehmen Rahmenverträge mit einer überschaubaren Zahl an sogenannten Preferred Suppliers ab, die dann wiederum andere Sublieferanten einbinden.

Bei einem internationalen Logistikdienstleister liegt der Mindestumsatz für einen Rahmenvertrag bei einer Million Euro pro Jahr.

Die Rahmenvertragspartner sind oft große IT-Beratungsunternehmen wie *IBM* oder *Accenture* sowie Personaldienstleistern wie *Hays*. Letztere führen das Vertragsmanagement und die Steuerung der zahlreichen freiberuflichen IT-Consultants für ihre Kunden durch.

Im Rahmenvertrag werden die Bedingungen für die grundlegende Zusammenarbeit zwischen dem Kunden- und dem IT-Beratungsunternehmen festgelegt, unter anderem

- Art und Umfang der Zusammenarbeit
- Personalbesetzung
- Rechte an den Leistungsergebnissen und Vermarktungsrechte
- Mitwirkungspflichten des Auftraggebers
- Preise, Rechnungsstellung und Zahlungsbedingungen
- generelle Regelungen zur Leistungserbringung bzw. zur Behandlung von Leistungsmängeln und zur nachträglichen Änderungen der Leistungsanforderungen
- Regelungen zu Datenschutz und -sicherheit bzw. zur Geheimhaltung
- Regelungen zum Kundenschutz und Wettbewerbs- oder Antikorruptionsklauseln
- Regelungen zur Haftung und zum Versicherungsschutz
- Laufzeit, Kündigungsfrist und sonstige Regelungen wie der Einsatz von Subunternehmen sowie
- anzuwendende Schlichtungsverfahren und anwendbares Recht

Nutzen Sie Ihre Verhandlungsmacht

Verhandeln Sie ungünstige Vertragsbestandteile möglichst heraus. Am besten gelingt dies natürlich in einer Situation, in der Sie eine starke Verhandlungsposition behaupten, etwa wenn ein Fachbereich des Kunden speziell Sie als IT-Consultant nachfragt. Wenn Sie einen Rahmenvertrag einmal unterzeichnet haben, sind nachträgliche Änderungen deutlich schwerer möglich.

Allein durch den Rahmenvertrag entsteht noch keine Verpflichtung zur Zusammenarbeit. Im Statement of Work (SoW), dem Projekteinzelvertrag, wird dann die eigentliche Beauftragung spezifiziert. Ein SoW beschreibt die eigentliche Leistung des Auftrags und basiert auf den Vereinbarungen des Rahmenvertrags. Im SoW werden folgende Aspekte geregelt:

- die konkrete Leistungsbeschreibung
- spezifische Stunden- oder Tagessätze, Festpreise, Reise- und Nebenkosten
- eingesetzte Ressourcen und -qualifikationen
- Zeitraum und Einsatzort für die Leistungserbringung
- Gesamtumfang der Leistung und Aufwand
- verantwortliche Ansprechpartner
- spezifische Mitwirkungspflichten des Auftraggebers
- spezifische Vertragslaufzeit und Kündigungsfristen

Nachdem das SoW von den Entscheidern beim Kunden genehmigt wurde, erstellt der Einkauf die formelle Beauftragung.

Musterverträge der Behörden: Der EVB-IT-Dienstvertrag

Bund, Länder und Kommunen nutzen Musterverträge. Insbesondere sind dies die „Besonderen Vertragsbedingungen für die Beschaffung von DV-Leistungen" (BVB) sowie die „Ergänzenden Vertragsbedingungen für die Beschaffung von IT-Leistungen" (EVB-IT) und im Speziellen der „EVB-IT Dienstvertrag" für die Beschaffung von IT-Beratungsleistungen. Die Vertragsvorlagen befinden sich derzeit in einem Überarbeitungsprozess. Die EVB-IT-Vertragsvorlagen lösen die BVB-Vertragsvorlage teilweise ab. Mit diesen Musterverträgen decken Behörden nahezu das gesamte Anwendungsspektrum der IT-Beschaffung ab. Die Musterverträge werden vom *IT-Stab des Bundesministeriums des Innern* im Auftrag des *Beauftragten der Bundesregierung für Informationstechnik* veröffentlicht.[40]

Obwohl es sich hierbei um Musterverträge handelt, bieten sie noch zahlreiche Optionen der fallweisen Ausgestaltung. Verfallen Sie keinesfalls aufgrund Ihres Respekts vor behördlichen Verfahren in eine ohnmächtige Haltung, wenn es um die Vertragsschließung geht, sondern verhandeln Sie durchaus Vertragsinhalte.

---

[40] IT-Stab des Bundesministerium des Innern im Auftrag des Beauftragten der Bundesregierung für Informationstechnik: „Vertragstypen zur Beschaffung von IT für die öffentliche Hand". In: www.cio.bund.de, Stand: 25.7.2014

Kapitel 15

Der richtige Preis

„Die Fähigkeit, den richtigen Preis zu finden und durchzusetzen, muss man sich hart erarbeiten."

Dr. Georg Tacke

Die Frage nach dem richtigen Stundensatz ist für viele IT-Consultants ein schwieriges, meist auch sehr emotionales Thema. Sie lieben ihre Arbeit, aber sie arbeiten nicht zum Spaß. Einige IT-Consultants bringt die Frage nach dem Honorar für ihre Leistungen in echte Verlegenheit. Oft fehlen ihnen die Argumente für das Entgelt, das sie für sich beanspruchen. Manchmal verkaufen sich IT-Consultants unter Wert und sind dann frustriert, wenn sie erfahren, was andere in Rechnung stellen. Die Höhe der Honorare ist nicht selten Ursache gespannter Berater-Kunden-Beziehungen – und die Kommunikation darüber wird nicht immer deutlich genug geführt. Der Preis ist die Waffe der Konkurrenz.

Es ist wichtig, dass Sie in der Lage sind, Ihr Honorar selbstbewusst zu nennen und zu argumentieren. Investieren Sie deshalb in Ihre Preiskompetenz. Dies ist insbesondere wichtig, wenn Projektvermittler und Einkaufsabteilungen in den Beauftragungsprozess involviert sind. Diese sind fachlich selten auf Ihrer Augenhöhe, und sie vergleichen nur die Preise zwischen den verschiedenen IT-Consultants – nicht aber deren Leistungsniveau.

Die Auseinandersetzung mit dem Thema Preis lohnt sich, denn der Erfolg Ihrer Verhandlungen schlägt sich unmittelbar auf Ihren Umsatz nieder.

Es ist zu teuer, billig zu sein.

Obwohl die Preisgestaltung mit Abstand einer der wichtigsten Hebel für ihren unternehmerischen Erfolgt ist, unterschätzen viele IT-Consultants seine Bedeutung. Es geschieht erstaunlich schnell, in eine unrentable Auftragssituation zu rutschen. Aus Angst, den nächsten Auftrag nicht zu bekommen, oder weil sie vom spannenden Thema oder dem renommierten Kundennamen geblendet sind, geben manche IT-Consultants beim Preis zu schnell nach. Ein leidiges Thema.

Unrentable Aufträge sind heimtückisch. Sie halten Sie in Geschäftsbeziehungen fest, die Sie nicht weiterbringen, an Ihren Kräften zehren und Ihre Verfügbarkeit für bessere Alternativen einschränken. Manche vielversprechende Beauftragung erweist sich im Nachhinein als eine schlechte Wahl.

Die Hebelwirkung der Preisgestaltung

Sollten Sie eher Ihre Auslastung erhöhen und mehr Aufträge akquirieren oder Ihre Preise anheben, um profitabler zu werden? Zur Beantwortung dieser Frage, verdeutlichen Sie sich die Hebelwirkung am Beispiel der monatlichen Gewinnanalyse:

Monatsgewinn = (Stunden x Stundensatz) – Kosten

€ 9.600 = (145h x € 80/h) – € 2.000

Wie steigern Sie Ihren Gewinn um 15 Prozent auf € 11.040?

€ 11.040 = (163 h x € 80/h) – € 2.000

€ 11.040 = (144,89 h x € 90/h) – € 2.000

Indem Sie ca. 18 Stunden pro Monat mehr arbeiten oder Ihren Stundensatz um zehn Euro erhöhen.

Oder betrachten Sie dieses Szenario: Wenn Sie in der Verhandlung zu weich waren und zu schnell zehn Euro Preisnachlass pro Stunde gewährt haben, wirkt sich das deutlich aus:

€ 8.150 = (145 h x € 70/h) – € 2.000

> Verstehen Sie, welche Auswirkungen bereits leichte Preisanpassungen auf Ihre Wirtschaftlichkeit haben.

Wenn Sie sich unter Ihrem Wert verkaufen, müssen Sie zu viel arbeiten. Sie überlasten sich und Ihnen fehlt die Zeit, darüber nachzudenken, wie Sie Ihren Umsatz erhöhen könnten – von der Umsetzung der entsprechenden Maßnahmen ganz zu schweigen. Ihr Ziel sollte es sein, im oberen Preissegment zu liegen. Dann haben Sie die nötige Zeit, um lukratives Neugeschäft voranzutreiben. Leichter gesagt als getan.

Finden Sie heraus, wo die preisliche Schmerzgrenze Ihres Kunden liegt und für welche Leistungen er mehr zu zahlen bereit ist. Beobachten Sie Ihre Konkurrenz und bringen Sie deren Konditionen in Erfahrung. Werden Sie wachsam, wenn Kunden bei Ihren Preisen nie mit der Wimper zucken und 100 Prozent Ihrer Angebote angenommen werden. Dann sind Sie höchstwahrscheinlich zu günstig. Um im oberen Preissegment zu bleiben, kalkulieren erfolgreiche IT-Consultants bereits ein, dass jedes fünfte Angebot aufgrund des höheren Preises nicht angenommen wird.

Laut einer *GULP-Umfrage* wird relativ wenig verhandelt. Mehr als die Hälfte der Einzelkämpfer erhält das geforderte Honorar. Preisanpassungen finden zu 22 Prozent statt, zum Beispiel bei Vertragsverlängerungen. Meist wird das Honorar angehoben.[41]

Dilemmata der optimalen Preisfindung

Für viele IT-Consultants stellt die Preisfindung eine echte Herausforderung dar – und zwar für die jeweilige Kundenanfrage. Es geht zum einen darum, den Auftrag zu erhalten oder auch nicht. Zum anderen geht es darum, sich nicht unter Wert zu verkaufen und lukrativere Aufträge nicht zu verpassen.

Als Unternehmer wissen Sie, dass Angebot und Nachfrage den Preis auf dem Markt bestimmen. Welches konkrete Honorar ein IT-Consultant letztlich beim Kunden realisieren kann, hängt jedoch von verschiedenen Faktoren ab:

Die Nachfrage: Jeder Kunde und jeder Auftrag ist anders. Hier spielen die Unternehmensgröße, die Branche, die Region und die wirtschaftliche Situation des Kundenunternehmens eine Rolle. Bedeutsam ist aber auch, wie geschäftskritisch die IT für das Unternehmen ist, welche Bedeutung das IT-Projekt besitzt und welche spezifischen Fähigkeiten für diese Aufgabe nachgefragt werden. Das Projekt-Budget, die Dringlichkeit der Umsetzung, die Entscheider-Ebene des Auftraggebers sowie die Verhandlungsstärke des Kunden sind ebenfalls relevant.

Ihr Angebot: Hierzu zählen Ihre speziellen Fähigkeiten für diesen Auftrag – Ihr Technologie-, Prozess- und Organisationswissen, insbesondere Ihre Spezialisten-Kenntnisse und Ihre nachweislichen Erfahrungen mit ähnlichen Projekten. Hierzu gehören auch Ihre einzigartigen Leistungsbündel sowie Ihre Fähigkeit, die Bedürfnisse des Kunden zu identifizieren und ein passendes Angebot abzugeben.

Der Wettbewerb: Wie stark oder schwach ist die Konkurrenz für diesen Auftrag? Wählt der Kunde aus einer Vielzahl an Java-Programmierern oder ist die für den Auftrag relevante Expertise schwer verfügbar? Drängen preisaggressive Wettbewerber in den Markt? Mit Hilfe des Stundensatzkalkulators von *GULP* können Sie die Preisspannen für eine bestimmte Technologie-Expertise bzw. die Stundensätze von anderen freiberuflichen IT-Spezialisten ermitteln: *www.gulp.de/kb/tools/money.html*

Ihre Vermarktungsstärke und Ihr Vertriebsweg: Müssen Sie aus Mangel an Alternativen den nächstbesten Auftrag annehmen, oder suchen Sie sich bewusst den für Sie besten Auftrag aus mehreren Kundenanfragen aus? Wie hoch ist Ihr Leidensdruck, diesen Auftrag anzunehmen?

Mit Ihren Marketingmaßnahmen sollten Sie ausreichend Kundenanfragen generieren, um sich in eine vorteilhafte Verhandlungsposition zu bringen. Beauftragt der Kunde externe IT-Consultants direkt, oder müssen Sie – wie circa drei Viertel der freiberuflichen IT-Consultants – über einen Projektvermittler gehen? Wie geschickt nutzen Sie Ihre Preiskompetenz in den Honorarverhandlungen?

Das beste Preis–Leistungs–Verhältnis

Versetzen Sie sich in einmal in die Lage Ihres potenziellen Kunden. Auftraggeber von IT-Beratungsleistungen kaufen projektspezifische Kompetenz und Verfügbarkeit ein. Sie wollen nicht zwingend den billigsten IT-Consultant, sondern den mit dem besten Preis-Leistungs-Verhältnis, um ihr Problem zu lösen.

Die Leistungen eines IT-Consultants einzukaufen ist nicht vergleichbar mit einem Autokauf. Ein Auto ist im Hinblick auf Modell, Ausstattung, Alter und Laufleistung ein nahezu homogenes Produkt. Zahlreiche Datenbanken im Internet ermöglichen es, den Preis eines Autos ad-hoc im Gesamtmarkt einzuordnen. Das trifft auf IT-Beratungsleistungen nur bedingt zu.

Für Kunden soll der externe Mitarbeiter auf Vollkostenbasis auf Dauer günstiger sein als der interne Mitarbeiter. Insbesondere Konzerne und Großunternehmen tragen hohe Fixkostenblöcke, die kostenbewusste IT-Consultants in dieser Form nicht haben.

Die eigentliche Problematik besteht jedoch darin, dass es für Kunden zwar leicht ist, All-In-Stundensätze zu vergleichen. Es ist aber umso schwerer, die Leistungsqualität von IT-Consultants zu beurteilen und diese zu vergleichen. Auch wenn IT-Consultants die gleichen Zertifizierungen wie ITIL v3, PRINCE2, PMI aufweisen, ergeben sich dennoch Unterschiede in der Art und Weise der Leistungserbringung.

Außerdem kann die Leistung von Ihnen und Ihrem Kunden völlig unterschiedlich bewertet werden. Unerfahrene Auftraggeber können die Beraterqualität im Zweifel nur schwer einschätzen. Im schlimmsten Fall machen sie erst einmal Erfahrungen mit preisaggressiven Anbietern, um dann festzustellen, dass zum Beispiel der unerfahrene IT-Consultant dieser Aufgabe nicht gewachsen war oder die Lieferqualität nicht ausreicht. Dann muss teuer nach gebessert werden. Billig kann unterm Strich teuer werden.

Problematisch wird es, wenn es dem Kunden auch unangenehm ist, über den Preis zu verhandeln. Dann lehnt er das An-

gebot des IT-Consultants entweder unter Angabe von vorge-
schobenen Argumenten ab, etwa „Das Projekt wurde abge-
sagt" oder „Unser IT-Chef hat schon einen seiner Buddies als
IT-Consultant ausgewählt". Oder er nimmt das Angebot not-
gedrungen an und ist von Beginn an aufgrund des aus seiner
Sicht überhöhten Preises mit dem IT-Consultant unzufrieden.
Fragen Sie aktiv bei Ihrem potenziellen Kunden bzw. dem
Projektvermittler nach, wie Ihr Preis im Vergleich zu den an-
deren liegt. Überraschenderweise tun dies nur wenige IT-
Consultants.

Letztlich ist die Preisfindung ein Geben und Nehmen, ein Prozess, in dem IT-Consultants zusammen mit ihrem Kunden zu
einer Einigung gelangen. Wichtig ist, dass Sie Ihrem Kunden
helfen, sich die Vorteile der Zusammenarbeit mit Ihnen erneut
vor Augen zu führen. Erst dann kann der Kunde Ihre Preisar-
gumente nachvollziehen. Einige Kunden werden versuchen,
einen guten Deal zu bekommen obwohl sie wissen, dass Sie
Ihren Preis wert sind. Sie schalten ihre Einkaufsabteilung als
Verhandlungspartner ein. Diese ist schließlich darauf spezialisiert, die besten Konditionen auszuhandeln. Lassen Sie sich
davon nicht einschüchtern. Erläutern Sie den Einkäufern Ihre
Vorteile und wie sich der Preis für Ihre Leistungen begründet.

Sie können nicht alles wissen

Wenn Kunde und IT-Consultant den Preis für eine
IT-Beratungsleistung bestimmen, kalkulieren beide
Seiten auf Basis von Informationslücken. Kunden
können die Qualität der IT-Beratungsleistung im
Vorfeld nicht einschätzen und versuchen, ihr Risiko
zu minimieren. IT-Consultants haben ihrerseits zum
Teil in früheren Aufträgen die schmerzliche Erfahrung gemacht, dass andere, schlechter qualifizierte
IT-Consultants höhere Preise durchgesetzt haben o-
der dass ein Festpreisprojekt trotz umfassender Evaluierung unvorhergesehene Überraschungen bot, die
die Auftragsrentabilität im Nachhinein zunichte-
machten. Selbst wenn beide Seiten erfahren sind,
können die Unsicherheiten zu längeren Preisver-

handlungen führen. Hier bedarf es einer offenen Diskussion der Risiken auf beiden Seiten.

Kaufentscheidungen laufen häufig nach einem bestimmten Muster ab, ob es sich nun um eine Tiefkühltruhe oder um das neueste Tablet handelt. Zuerst bestimmen Kunden ihre Anforderungen, je konkreter desto besser. Dann recherchieren sie ihre Handlungsoptionen und bewerten diese, zum Beispiel anhand der Berichte der *Stiftung Warentest* und durch das Befragen kundiger Freunde, denen sie vertrauen. Sie vergleichen objektiv messbare Eigenschaften und Preise, aber auch subjektiv nach ihrem Gefühl.

Wenn Kunden IT-Beratungsunternehmen in ähnlicher Weise auswählen könnten, wäre das schön. Das können sie aber nicht. Das Problem ist, dass IT-Beratungsleistungen individuell sind und unternehmens- und projektspezifisch erbracht werden.

Bei Festpreis-Projekten bieten IT-Beratungsunternehmen zum einen abweichende Preise und zum anderen auch unterschiedliche Beratungsansätze und Kompetenzprofile an. Dies ist selbst dann der Fall, wenn der Kunde die Anforderungen genauestens spezifiziert hat. Für Kunden ist es mühsam, die konkurrierenden Beratungsangebote zu vergleichen. Es ist nicht ungewöhnlich, dass für ein Festpreisprojekt Angebote mit Preisunterschieden von 50 Prozent eingereicht werden. Viele Einkäufer streichen übrigens das teuerste und das billigste Angebot gleich heraus, weil Sie argumentieren, dass es sich dabei um Ausreißer handelt. Die Normierung der dann noch verbleibenden Angebote stellt für den Kunden dann aber immer noch eine Herausforderung dar.

Bei Stundensätzen ist es ähnlich schwierig: Sie sind zwar leicht vergleichbar, sagen aber nicht viel über die Leistungsqualität des IT-Consultants aus. Deshalb werden dem Kunden typischerweise Kompetenzprofile mitgeliefert, die jedoch auch nur bedingt vergleichbar und überprüfbar sind. Aus diesem Grund funktionieren Empfehlungen so gut. Beim gleichen Preisniveau wird der IT-Consultant gewählt, der die Entscheidungsunsicherheit am besten reduzieren kann.

Kunden wissen dennoch: IT-Consultants zeichnen sich durch unterschiedliche Spezialisierungen, Qualifikationen sowie Projekt- und Branchenerfahrungen aus. Sie unterscheiden sich aber auch in ihrer Fähigkeit zu kommunizieren und sich so darzustellen, dass der Kunde seinen Mehrwert erkennt.

Machen Sie es Ihrem neuen Kunden einfach. Nehmen Sie sich genauso viel Zeit, Ihren Wert darzulegen wie Ihren Preis zu bestimmen. Ihr Kunde soll beides verstehen.

Sind Sie Ihr Geld wert?

Bestandskunden kennen Ihre Leistungsfähigkeit und wissen diese (hoffentlich) in Bezug auf Ihren Preis zu schätzen. Potenzielle Kunden sehen zunächst nur Ihr Leistungsversprechen sowie die greifbaren Indizien, die Sie ihnen liefern, um Ihre Professionalität zu untermauern. Stimmt im Nachhinein Ihr Preis-Leistungs-Verhältnis, werden Sie mit großer Wahrscheinlichkeit weiterbeauftragt. Ihr Kunde hat gelernt hat, dass Sie Ihr Geld <u>wert</u> sind.

Bevor Sie das nächste Mal zu schnell mit Ihrem Preis heruntergehen, erinnern Sie sich: Kunden wollen nicht zwingend den billigsten IT-Consultant, sondern eine außergewöhnliche Leistung zu einem akzeptablen Preis <u>und</u> einen IT-Consultant, dem sie vertrauen können.

Wie Sie den richtigen Preis finden

Ihre Preise sollten variieren – nach Kunde und nach Auftrag.

Der erste Schritt bei der Preisbestimmung ist es, Einigkeit mit dem Kunden über den Wert Ihrer Beratungsleistung zu erzielen. Wenn Sie die Ausfallsicherheit eines IT-Systems um ein Prozent erhöhen oder dessen Wiederherstellung um 20 Prozent kürzen können, dann quantifizieren Sie diesen Wert für Ihre Kunden in monetären Einheiten. Das bringt Messbarkeit.

Wenn Sie die Business Intelligence Anwendung einer Versicherung optimieren und damit fünf Prozent der betrügerischen Schadensfälle aufdecken können, hat das für diesen Kunden einen enormen Wert.

Manche IT-Consultants beklagen, dass es zu schwierig ist, den Wert eines IT-Projekts zu bestimmen. Aber die, die sich diese Mühe machen, werden bei ihren Kunden geringeren Preiswiderstand erfahren. Jedes IT-Projekt hat messbare Vorteile. Manche sind einfacher zu bestimmen als andere.

Verdeutlichen Sie sich doch einmal die Höhe der Umsatzeinbußen, wenn das webbasierte Shop-System eines Händlers in der Vorweihnachtszeit für eine Stunde ausfällt. Großen Unternehmen entsteht beim Ausfall eines Kernsystems im Durchschnitt ein Schaden von 41.000 Euro pro Stunde.[42] Statten Sie sich mit solchen Statistiken aus, wenn Sie den Wert Ihrer Leistung messbar machen wollen.

Oder fragen Sie Ihren Kunden nach dem Projektwert. Idealerweise unterstützen Sie als IT-Consultant Ihre Bestandskunden bei der Durchführung der Wirtschaftlichkeitsanalyse für ein neues Projektvorhaben und erhalten so Einblick in die finanziellen Vorteile sowie in die angesetzten Investitions- und Betriebskosten für das Projektergebnis. Quantifizieren Sie die Vorteile Ihres Einsatzes beim Kunden und lassen Sie ihn diese bestätigen. Dadurch stellen Sie für Ihren Kunden einen entscheidungsrelevanten Zusammenhang zwischen Ihrem Nutzen für sein Projekt und Ihren Preisen her.

Wie profitabel ist der Auftrag für Sie?

Ihre eigene Wirtschaftlichkeitsbetrachtung steht im Zentrum Ihrer Preisfindung – der Auftrag soll sich für Sie lohnen. Gehen Sie von Ihrem Mindest-Stundensatz aus und listen Sie die weiteren projektbezogenen Kosten wie voraussichtliche Reisekosten und sonstige auftragsbezogene Aufwände auf. Berücksichtigen Sie auch Ihre Rüstzeiten sowie die im Vorfeld der Angebotserstellung geleisteten Vertriebskosten.

Würden selbstständige IT-Consultants ihren Stundensatz betriebswirtschaftlich kalkulieren, kämen sie häufig zu überraschenden Ergebnissen. Als Faustregel gilt: Der Jahresumsatz eines Einzelkämpfers sollte ungefähr doppelt so hoch sein wie das Jahresbruttogehalt eines vergleichbaren Angestellten. Manche rechnen einfach den Tagessatz als ein Prozent vom Jahreseinkommen des direkten Auftraggebers.

Wie viel ist genug? Sie sollten wissen, mit welchem <u>Tages- oder Stundensatz</u> Sie als selbstständiger IT-Consultant Ihre Kosten sowie Ihr unternehmerisches Risiko decken, um mindestens ein mit dem Gehalt eines internen, ähnlich qualifizierten Angestellten beim Kunden oder einem IT-Beratungsunternehmen vergleichbares Einkommen zu erzielen.

Zur Beantwortung dieser Fragen ermitteln Sie zunächst Ihren Mindest-Jahresumsatz, indem Sie die folgenden Bestandteile addieren:

<u>Betriebsbedingter Umsatz.</u> Dieser entspricht den Kosten für Ihre Arbeitsmittel, Büromiete, IT- und Telekommunikationsinfrastruktur, Firmenwagen, Marketing- und Vertriebsaufwände, Weiterbildungen und Zertifizierungen, aber auch die IT-Haftplicht-Versicherung, Administration und Buchhaltung sowie die Gewerbesteuer bei Selbstständigen.

<u>Honorar für Ihre Tätigkeit.</u> Multiplizieren Sie das vergleichbare Bruttojahresgehalt eines Angestellten mit dem Faktor 1,2 bis 1,5, um die höheren Krankenversicherungskosten sowie Ihre Altersvorsorge zu berücksichtigen. Als Einzelkämpfer tragen Sie den Arbeitgeberanteil selbst. Um auf den gleichen Nettolohn wie ein Angestellter zu kommen, benötigen Sie daher einen höheren Gewinn und zahlen damit auch mehr Einkommenssteuer.

<u>Entgelt für Ihr unternehmerisches Risiko.</u> Auf das oben genannte Honorar schlagen Sie circa 15 bis 30 Prozent auf als Puffer für nicht-fakturierbare Zeiten aufgrund von unvorhergesehenen Projektstopps, krankheitsbedingten Ausfällen oder Durststrecken zwischen zwei Projekten.

Folgende Rechnung verdeutlicht die Kalkulationsmethode:

€ 2.000 pro Monat für betriebsbedingten Umsatz	€ 24.000
€ 70.000 Bruttogehalt eines vergleichbaren angestellten Mitarbeiters mal Faktor 1,3	€ 91.000
20 Prozent Aufschlag für das unternehmerische Risiko	€ 18.200
Gesamter notwendiger Jahresumsatz	€ 133.200

In dem oben dargelegten Beispiel sollte ein Freiberufler also einen Jahresumsatz von 133.200 Euro anstreben. Ausgehend von 220 Arbeitstagen (250 Arbeitstage abzüglich 30 Urlaubstage) und angenommen, dass drei Arbeitstage pro Monat für Vermarktung, Weiterbildung und Administration verwendet werden, verbleiben 184 Tage, die in Kundenprojekten fakturiert werden können. Das ergibt einen durchschnittlichen Tagessatz von 724 Euro bzw. einen Stundensatz von 90 Euro 50 Cent. Orientieren Sie sich an diesem Stundensatz als Preisuntergrenze für heimatnahe Einsätze. Für einen All-In-Stundensatz außerhalb der Region kalkulieren Sie zusätzlich die Reisekosten und -zeiten ein.

Natürlich sind Lebens- und Arbeitssituationen sehr individuell, und Ihre Beträge können anders als die im oben genannten Beispiel aussehen. Wichtig ist jedoch, dass Sie ein klares Verständnis von Ihren Zahlen und insbesondere von Ihrem Mindest-Stundensatz haben, um die Wirtschaftlichkeit eines Auftrages bewerten zu können. Nur so können Sie Angebote abgeben, die sowohl den Kundenanforderungen gerecht werden, aber auch zugleich für Sie rentabel sind.

> **Im Vergleich. Was verdienen IT-Mitarbeiter im Kundenunternehmen?**
>
> Laut Gehaltsreport verdienen IT-Mitarbeiter in Konzernen ca. 70.000 Euro und ca. 55.500 Euro in mittelständischen Unternehmen. Gehaltsstudien finden Sie bei *stepstone.de/gehaltsreport* sowie bei Kienbaum und *Personalmarkt.de*. *Alma-Mater.de* listet Einstiegsgehälter von Hochschulabsolventen. Weitere Quellen sind *BVDW.org, Was-Verdient-Ein.de* und *LohnSpiegel.de*.

Geschäftsführer von IT-Beratungsunternehmen stehen ebenso vor der Herausforderung, rentable Stundensätze für den Einsatz ihrer IT-Consultants zu bestimmen. Sie müssen diese mit Hinblick auf ihre Fixkosten wie Gehälter, Büromiete, Leasingfahrzeuge und andere Kosten, die kurzfristig nicht reduziert werden können, kalkulieren. Die Mindest-Stundesätze der größeren IT-Beratungsunternehmen liegen daher aufgrund der höheren Fixkostenblöcke im Vergleich zum Einzelkämpfer-Honorar oftmals höher.

Externe sollen für das Kundenunternehmen langfristig günstiger sein als Interne und die entsprechende Kompetenz für die Aufgabenstellung bereits mitbringen. Das ist ein Grund, warum Unternehmen mit ihnen arbeiten. Sie erhalten verfügbare Expertise, Flexibilität und Zugkraft. Zudem erweist sich bei Kundenunternehmen die Suche nach festangestellten IT-Experten nicht selten als langwierig und teuer. Außerdem bleibt der externe IT-Consultant nach Projektende nicht als Kostenposition bestehen – er zieht weiter, zum nächsten Projekt in einem anderen Kundenunternehmen.

> **Im Vergleich. Was verdienen IT-Consultants in IT-Beratungsunternehmen?**
>
> Je größer das Beratungsunternehmen, desto höher ist der variable Gehaltsbestandteil und damit die Gesamtvergütung. Die Gehälter von Consultants erstrecken sich von 49.000 Euro bis 63.000 Euro, wobei

mit jeder Gehaltstufe, vom Analyst über Consultant und Senior Consultant bis zum Principal oder Partner, der variable Gehaltsanteil steigt. Die Höhe des Partner-Honorars bemisst sich nicht nur am Unternehmensergebnis, sondern auch an der Akquisitionsleistung, dem Umsatz und den Sonderaufgaben. Vom Senior Consultant zum Partner findet oft der größte Gehaltssprung statt.[43]

Berücksichtigen Sie bei Ihrer Auftragsbewertung auch immer die weiteren, nicht-finanziellen Vorteile des Auftrags. Während Sie in einem Kundenprojekt arbeiten, bauen Sie Ihr Wissen in diesem Bereich, in dieser Branche und innerhalb der Kundenorganisation auf. Sie knüpfen Beziehungen, die zu Empfehlungen und weiteren Aufträgen führen können. Außerdem generieren Sie die Basis für zukünftiges Marketingmaterial wie Referenzen und Fallstudien.

Schätzen Sie zum einen das zukünftige Umsatzpotenzial. Inwiefern besteht die Möglichkeit, Folgeaufträge zu akquirieren und mit diesem Kunden zu wachsen? Wie wirkt sich der Auftrag auf Ihre Lebensqualität aus. Bei einem Projekt in Wohnortnähe vermeiden Sie Reisezeiten und haben mehr Zeit für Ihr Privatleben. Wie attraktiv ist das Projekt hinsichtlich Ihrer fachlichen Weiterentwicklung? Ist es ein spannendes Projekt zu einem neuen innovativen Thema, bei dem Sie viel lernen und der Kunde gegebenenfalls in Sie investiert? Handelt es sich um ein Pilotprojekt, mit dem Sie Ihr Fachwissen in einem neuen Bereich aufbauen, Ihren Ruf stärken und das Sie als Referenz nutzen können?

Oder haben Sie bereits ein ähnliches Projekt absolviert und Vorarbeit geleistet, sodass Sie geringere Rüstzeiten benötigen und entspannter, schneller und sicherer arbeiten können? Hat dieser Kunde bereits aufgrund einer früheren Zusammenarbeit vollstes Vertrauen in Sie und steht hinter Ihnen, insbesondere in schwierigen Projektsituationen?

Auch wenn es nicht einfach ist: versuchen Sie, die einzelnen Vorteile zu identifizieren und zu quantifizieren. Schreiben Sie die Gründe bzw. das Für und Wider Ihrer Entscheidung auf, um diese im Nachhinein nachzuvollziehen und Ihre ursprünglichen Annahmen zu überprüfen.

Preismodelle

Für IT-Beratungsleistungen gibt es verschiedene Preismodelle. Verstehen Sie diese, um sie in Ihren Angeboten und Kundenverträgen kreativ kombinieren zu können. Sie sollten wissen, welchen Vertragstyp Ihr Kunde nachfragt, bevor Sie konkret über Preise sprechen.

Im Folgenden werden drei gängige Preismodelle vorgestellt:

- Time-&-Material-Preismodell
- Festpreismodell
- Risk-Reward-Preismodell

Das Time-&-Material-Preismodell ist das dominierende Preismodell für IT-Beratungsleistungen. Es eignet sich, wenn der Aufgabenumfang und die Kundenbedürfnisse nicht klar definiert sind oder die Komplexität eines Projekts schwer einschätzbar ist und Schätzungen eines Festpreises auf dieser Basis – sowohl für den Kunden als auch für den IT-Consultant – entsprechend schwierig sind.

Das Festpreismodell bietet sich an, wenn der Projektumfang sehr klar definiert ist und die Risiken abgegrenzt sind. Es funktioniert für vordefinierte Standardleistungen oder Einstiegsprojekte wie Workshops oder Audits, bei denen der IT-Consultant bereits ähnliche Projekte durchgeführt und Vorarbeiten geleistet hat.

Das Risk-Reward-Preismodell kann eine gute Form der Honorierung sein, bei der sich Kunde und IT-Consultant die Projektrisiken und -erfolge teilen. Es eignet sich zum Beispiel als Anreiz für die Bewältigung großer Herausforderungen oder wenn radikale Veränderungen im Kundenunternehmen unterstützt werden sollen, bei denen sich der IT-Consultant mit vollem Einfallsreichtum und Durchsetzungskraft einbringen muss.

IT-Projekt ist nicht gleich IT-Projekt. In der Praxis gibt es viele verschiedene Projektsituationen, in denen Kombinationen dieser Preismodelle genutzt werden, wie etwa der gedeckte Time-&-Material-Vertrag oder die Erfolgsprämie. Jedes Preismodell hat seine Vor- und Nachteile, und die Wahl des Preismodells kann erhebliche Auswirkungen auf die Art und Weise der Projektdurchführung haben.

Time-&-Material-Preismodell

Bei diesem Vertrag stellen IT-Consultants ihre erbrachten Stunden und Aufwendungen in Rechnung. Der Gesamtpreis setzt sich aus dem Stunden- bzw. Tagessatz multipliziert mit der eingesetzten Zeit sowie den Kosten für Reisen und Materialien zusammen. Am Monatsende reicht der IT-Consultant seine Rechnung zusammen mit dem Leistungsnachweis beim Kunden ein. Das Verfahren ist einfach.

Die Vorteile für den IT-Consultant bestehen darin, dass er für alle geleisteten Stunden bezahlt wird, auch für die zusätzliche Zeit, die er für Änderungen gegenüber der ursprünglichen Arbeitsbeschreibung aufbringt. Der IT-Consultant trägt kein Projektrisiko. Dieses Preismodell ermöglicht es, einfach beim Kunden einzusteigen und Vertrauen aufzubauen.

Der mögliche Umsatz ist jedoch limitiert, durch die Arbeitszeit und den Stundensatz. Projekterfolge oder herausragende Ergebnisse werden nicht honoriert. Für effizient arbeitende IT-Consultants ist diese Form der Honorierung nachteilig. Sie befinden sich in einem Interessenskonflikt: Wenn sie die Aufgabe in kürzerer Zeit liefern, bedeutet das für sie weniger Umsatz. Auch profitieren sie nicht vom Wert ihrer Leistung. Aus diesem Grund versuchen manche IT-Consultants, dieses Preismodell zu vermeiden. Für die Mehrzahl der IT-Consultants ist es dennoch die erste Wahl: Nicht jeder kann und möchte am Ergebnis gemessen werden. Es ist zudem für beide Parteien leichter, nach Zeit abzurechnen.

Kunden schätzen an diesem Preismodell, dass sie IT-Consultants anhand ihrer Stundensätze vergleichen und einen Preiswettbewerb starten können. Sie mögen die Einfachheit und Transparenz dieses Verfahrens. Durch regelmäßige Statusreports des IT-Consultants sieht der Kunde genau, in welchem

Bereich und wofür er sein Geld in Bezug auf den Projektfort-schritt und das Budget ausgibt. Er behält die Projektkontrolle und kann die Gesamtkosten des IT-Consultants kalkulieren.

Der Kunde trägt jedoch das volle Projektrisiko. Er steuert die kontrahierten IT-Consultants und trägt die Verantwortung, dass das Projektziel nicht verfehlt und das Budget nicht über-schritten wird. Erst nach Projektende kennt er seine Gesamt-kosten.

Kostendeckelung mit dem „Capped" Time-&-Mate-rial-Preismodell

Immer mehr Kunden schaffen sich eine größere Kostensicherheit auf Basis eines gedeckelten Time-&-Material-Preismodells, zum Beispiel mit All-In-Tagessätzen. Diese decken Überstunden, also Über-schreitungen der üblichen acht Arbeitsstunden je Kalendertag, sonstige Kosten wie Hotelübernach-tungen, Verpflegungsmehraufwände und Reisekos-ten pauschal ab. Kunden reduzieren damit das Ri-siko der für sie unkalkulierbaren Zusatzkosten und erreichen eine bessere Vergleichbarkeit der angebo-tenen Preise als bei der „Non-Capped"-Variante.

Dieser „Festpreis pro Kalendertag" erschwert es IT-Consultants, einen rentablen Preis festzulegen, denn Projekterfordernisse und Termindruck fordern nicht selten die Erbringung von Überstunden.[44]

Elf Tipps für Ihre Preisgestaltung:

1. Bestimmen Sie den <u>Stundensatz</u>, der für Sie wirtschaft-lich ist. Rechnen Sie mit spitzem Bleistift. Klären Sie pro-jektbezogene Reisetätigkeiten im Vorfeld genau.
2. Versuchen Sie, <u>die „Capped"-Variante des Time-&-Ma-terial-Preismodells zu vermeiden</u>.
3. <u>Differenzieren Sie nach Qualifikation und Leistungsart.</u> IT-Beratungsunternehmen geben für die unterschiedli-chen Qualifikationsprofile ihres Teams verschiedene

Preissegmente an, vom Partner bis zum Analyst. Berechnen Sie auch Leistungen unterschiedlich, wie die Projektplanung versus den Projekt-Turnaround.

4. Arbeiten Sie mit Referenzpreisen und Preisankern: Nennen Sie den Preis des teuersten Qualifikationsprofils bzw. der teuersten Leistung – auch wenn dieser für das konkrete Projekt nicht relevant ist. Ergänzen Sie Ihr Angebot um extrem hochwertige Leistungen, wie etwa die exklusive Beratung durch den Principal Consultant. Erwähnen Sie in einem Nebensatz die Tagessätze, die andere Kunden für Sie und Ihr Team zahlen. Kunden empfinden dann die angebotenen Preise im Vergleich dazu als angemessen.

5. Teilen Sie Ihrem Kunden mit, dass die Stundensätze nur für dieses Projekt gelten und dass andere Projekte oder Leistungen nach einer anderen Methode oder zu anderen Stundensätzen abgerechnet werden können.

6. Erstellen Sie eine Preisliste für Ihre Leistungen. Geben Sie einen Preis bzw. eine Preisspanne für heimatnahe Projekte an. Staffeln Sie Ihren Preis, zum Beispiel nach dem Auftragsvolumen und dem Einsatzort. Heben Sie Ihren Stundensatz jährlich an. Selbst eine Inflation von zwei Prozent reduziert nach fünf Jahren den realen Preis um mehr als zehn Prozent.

7. Überlegen Sie sich, wie Sie dem Preisdruck Ihres Kunden begegnen werden. Bereiten Sie sich auf eine Preisverhandlung vor, indem Sie entweder Leistungsbestandteile als optional deklarieren oder eine alternative Teamkonfiguration anbieten, zum Beispiel durch den Einsatz eines Consultants als Ersatz für einen Senior Consultant. Manche IT-Consultants kommen Neukunden einmalig mit einem Bonus in Form kostenfreier Einarbeitungszeit entgegen.

8. Verhandeln Sie Bedingungen, nicht Preise. Wandeln Sie ein Time-&-Material-Preismodell lieber in eine „Capped"-Variante um, bei der Sie einen Tagessatz auf Basis eines Acht-Stunden-Arbeitstages ohne die Verrechnung eventuell anfallender Überstunden anbieten, aber vermeiden Sie die Reduktion Ihres benannten Stundensatzes.

9. Streben Sie an, <u>zusätzliche Aufwendungen</u> wie Reisezeiten, Reisekosten und andere projektbezogene Aufwendungen gesondert abzurechnen.

10. Achten Sie auf ein <u>zeitnahes Zahlungsziel</u>. Prüfen Sie, ob Sie es sich leisten können, ein längeres Zahlungsziel einzuräumen, ohne einen Skonto gewähren zu müssen.

11. Verhandeln Sie <u>Vermarktungsrechte</u>. Bei Time-&-Material-Verträgen verbleiben die Rechte an Ihren Arbeitsergebnissen typischerweise beim Kunden. Holen Sie sich daher das Einverständnis, die Ergebnisse weiterzuverwenden sowie den Kunden und das Projekt als Referenz in Ihren Marketingunterlagen nutzen zu dürfen.

Warum Sie keine Preisnachlässe gewähren sollten

Kunden wollen es immer günstiger, und viele scheuen sich nicht, nach einem Nachlass zu fragen. Einkäufer und Vermittler sind darauf geschult, die besten Konditionen auszuhandeln. Das gehört zu ihrem Geschäft. Wenn Sie einen einmal genannten Preis nachträglich reduzieren, dann senden Sie ungünstige Signale und begeben sich auf dünnes Eis. Sie erwecken den Eindruck, dass Sie Ihren Preis nicht selbstbewusst vertreten oder diesen Auftrag dringend benötigen. Wenn Sie also nach einem niedrigeren Preis gefragt werden, bieten Sie lieber eine Reduzierung Ihres Leistungsumfangs im Projekt an, um die Gesamtkosten für den Kunden zu senken.

Festpreismodell

Schauen Sie mal auf einer Baustelle, wie die Handwerker arbeiten. Sie erkennen sofort, nach welchem Vertragstyp diese bezahlt werden: Wenn sie sich Zeit lassen, dann pro Stunde; wenn sie sich ranhalten, dann pro Auftrag.

Beim Festpreismodell bieten Sie Ihre Leistung bzw. ein Ergebnis zu einem vorab festgelegten Gesamtpreis an. Die Kunden profitieren von der Kostensicherheit dieses Modells.

Wenn Sie Ihre Leistungen schneller als andere erbringen, dann verdienen Sie mit einem Festpreismodell besser als mit dem Time-&-Material-Preismodell. Mit Ihrer effektiven Vorgehensweise würden Sie bei Verwendung des Time-&-Material-Preismodells weniger Umsatz machen. Mit Ihrem zwar objektiv gemessenen und gerechtfertigten höheren Stundensatz würden Sie jedoch eventuell Kunden abschrecken. Beim Festpreismodell wird effizientes Arbeiten belohnt.

Allerdings, und das ist der größte Nachteil, kann das Projekt für Sie bei unklarer Aufgabenstellung schnell in die Unrentabilität driften. Das ist auch dann der Fall, wenn sich das Projekt verzögert und Sie durch nicht beeinflussbare Faktoren zur ineffizienten Bearbeitung gezwungen werden, Ihr Kunde nicht wie vereinbart mitarbeitet oder Sie in Ihrer Preiskalkulation schlichtweg falsche Annahmen über die Aufwände getroffen hatten. In diesen Fällen legen Sie drauf. Diese Gefahr ist umso größer, je mehr unbekannte Faktoren im Spiel sind.

Da Sie als IT-Consultant das Risiko der Budgetüberschreitung tragen, müssen Sie einem schleichenden Aufweichen des Projektziels (so genannter Scope Creep) aktiv entgegenwirken, auch wenn das dem Kunden gegenüber unangenehm ist. Es ist erstaunlich, wie sehr für manche Kunden die Einhaltung eines abgegebenen Preises im Vordergrund steht, auch wenn sich die Anforderungen zwischenzeitlich offensichtlich und nachweisbar geändert haben. Falls Ihnen ein Scope Creep widerfährt, geben Sie unmittelbar ein neues Angebot ab, damit der Kunde sieht, was ihn seine Änderung an Zeit und Geld kostet. Tun Sie dies auch ungefragt, und lassen Sie sich selbst aufwandsneutrale Änderungen in der Aufgabenstellung vom Kunden abzeichnen.

Der größte Vorteil des Festpreismodells besteht für Sie darin, dass der Kunde auf den Wert bzw. das Ergebnis Ihrer Leistung fokussiert – nicht auf Ihren Stundensatz. Es ist zudem für ihn schwieriger, Ihr Angebot über den Preis zu vergleichen, insbesondere dann, wenn das Leistungspaket komplex oder einzigartig ist.

Kunden schätzen am Festpreismodell, dass die Gesamtkosten bei Projektbeginn bekannt sind und unangenehme Kostenüberschreitungen leichter vermieden werden. Außerdem wird das Projektmanagement vom IT-Consultant voll verantwortlich durchgeführt. Die Gefahr für den Kunden besteht darin, dass er einen zu hohen Festpreis bezahlt, wenn er den Markt vorab nicht ausreichend verglichen hat.

Festpreisverträge sind für beide Parteien sinnvoll, wenn es sich um klar abgegrenzte Projekte handelt, wie die Durchführung eines IT-Audits für einen bestimmten Bereich einer IT-Organisation oder die Auswahl einer Standard-Software aus einer vorab bekannten Anzahl an verfügbaren Optionen und klar spezifizierten Kundenanforderungen an diese Software.

IT-Consultants können die Risiken des Festpreismodells nicht eliminieren, aber minimieren:

- Grenzen Sie die Aufgabenstellung im Angebot klar ab.
- Lassen Sie sich die zur Durchführung Ihrer Arbeiten benötigten Ressourcen des Kunden zusichern.
- Definieren Sie die Dauer, die Ihr Kunde maximal für die Prüfung und die Abnahme Ihrer Arbeitsergebnisse beanspruchen darf.
- Vereinbaren Sie risikominimierende Zahlungsmodalitäten. Üblicherweise werden bei diesem Vertragstyp verschiedene Zahlungsziele festgelegt: bei Auftragsbestätigung, in der Mitte und am Ende des Projekts.
- Fügen Sie im Zweifel einen preislichen Risikoaufschlag zum Preis hinzu, um unvorhergesehene Projekterweiterungen oder -verzögerungen abzufangen – oder lassen Sie sich eine Prämie bei Projekterfolg zusichern.

Arbeiten Sie im Vorfeld der Angebotserstellung eng mit dem Kunden zusammen, um so ein umfassendes Verständnis von der Aufgabenbeschreibung, das heißt eine klare Anforderungsspezifikation zu bekommen. Diskutieren Sie eventuelle Unklarheiten ausführlich vorab, und nicht erst nachdem Probleme in der Projektdurchführung auftreten. Idealerweise haben Sie bereits Erfahrung mit dieser Art von Aufträgen und wissen, wo sich die Risikofaktoren verbergen.

Risk–Reward–Preismodell

Beim Risk-Reward-Preismodell wird der IT-Consultant nach dem Erfolg oder dem Leistungswert vergütet. Dieses Preismodell findet bei IT-Consultants bisher nicht ausreichend Anwendung, obwohl sich gute Möglichkeiten einer leistungsorientierten Vergütung erschließen.

Das dem Risk-Reward-Preismodell zugrunde liegende Erfolgshonorar wird dem IT-Consultant auf Basis eines messbaren Projektziels zugesprochen. Dieses Preismodell kann dann gut eingesetzt werden, wenn sich die wirtschaftlichen Auswirkungen eines Projekts relativ einfach messen lassen. Dies ist bei Kostenzielen und zeitlichen Zielen klar gegeben.

Die Grundidee besteht darin, den IT-Consultant am Erfolg seiner Leistung im Projekt partizipieren zu lassen und ihm damit aber auch im Gegenzug einen Teil des finanziellen Projektrisikos zu übertragen.

Das Risk-Reward-Preismodell wird typischerweise in Ergänzung zum Time-&-Material-Preismodell oder zum Festpreismodell eingesetzt. Der IT-Consultant berechnet einen Teil seiner Leistung nach den erst genannten Preismodellen. Bei erfolgreichem Projektabschluss erhält er zudem ein Erfolgshonorar.

Geeignete Einsatzbereiche für das Risk-Reward-Preismodell sind:

- Erzielung von Kostenreduktionen für Ihren Kunden beim Bezug externer IT-Leistungen (etwa Rechenzentrumsleistungen aus der Cloud)
- Einhaltung eines kritischen Endtermins bei einer Systemumstellung
- Reduktion der Ausfallzeiten eines IT-Service auf Basis einer dreimonatigen Messung der Ausfälle nach Abschluss des Projekts

Hier ist ein konkretes Beispiel: Wenn Sie als IT-Consultant die jährlichen IT-Betriebskosten eines mittelständischen Unternehmens reduzieren sollen, könnten Sie als Erfolgshonorar drei Prozent der Einsparungen aushandeln. Wenn der Kunde 1,5 Millionen Euro einspart, dann beträgt Ihr Erfolgshonorar 45.000 Euro; bei einer Einsparung von 6 Millionen liegt es bei 180.000 Euro.

Der <u>Vorteil</u> dieses Preismodells liegt darin, dass IT-Consultants ihren Wertbeitrag darstellen können und ihr Honorar im Vergleich dazu vernünftig und begründet aussehen lassen.

Finden Sie heraus, ob sich ein Projekt für den Einsatz des Risk-Reward-Preismodells eignet. Befragen Sie Ihren Kunden zur wirtschaftlichen und zur quantifizierbaren Bedeutung des Projekts. Das hat psychologisch den Vorteil, dass Ihr Kunde nicht nur auf Ihre Kosten, sondern auch auf die Vorteile fokussiert, die ihm das Projekt bringt.

Als IT-Consultant haben Sie bei einem Projekterfolg die Möglichkeit, ein höheres Honorar zu erhalten. Die Vergütung wird dabei von der Arbeitszeit entkoppelt, und Sie profitieren davon, Ihre Kompetenz, Risikobereitschaft und Durchsetzungskraft im Sinne des Kunden erfolgreich eingesetzt zu haben.

Allerdings birgt dieses Preismodell ein großes Konfliktpotenzial, zum Beispiel wenn dem IT-Consultant der Projekterfolg im Nachhinein nicht klar zugeschrieben werden kann und er aus Sicht des Kunden nur als Trittbrettfahrer „dabei war". Oder dann, wenn äußere Umstände ein Scheitern des Projekts verursachten.

Der Kunde profitiert vom Risk-Reward-Preismodell, indem er Risiken auf den IT-Consultant bzw. das IT-Beratungsunternehmen überträgt. Er kann einen günstigeren Grundpreis aushandeln und bei Erfolg ein insgesamt höheres Honorar zusagen. Falsche Messkriterien der Zielerreichung können aber zu Fehlverhalten führen. Letztlich ist es in der Praxis – für beide Seiten – ein mühsamer Prozess, die Kriterien so festzulegen, dass diese nach Projektabschluss leicht überprüft werden können. Wenn die Messmethode nicht klar ist, kann es zu Auseinandersetzungen kommen.

IT-Consultants können ihr Risiko reduzieren, indem sie einen Vorschuss und etappenweise Vorauszahlungen vereinbaren, wenn sich der Projekterfolg abzeichnet. Vermeiden Sie eine komplette Zahlung bei Projektende. Eine Rücktrittsklausel für unvorhergesehene Vorfälle ist sinnvoll.

Return-On-Consulting (ROC)

Hidden Champion *J&M* berechnet den ROC in seinen Beratungsprojekten und lässt sich daran messen, auch in Form einer erfolgsabhängigen Vergütung. Laut eigener Angaben beträgt der ROC im Schnitt 7, das heißt ein Kunde erhält für jeden investierten Euro eine Ergebnisverbesserung von sieben Euro.[45]

In der Praxis wird das Risk-Reward-Preismodell in Deutschland bisher selten angewendet. Kunden tun sich schwer damit, sich mit dem IT-Consultant über den Wert der Leistung zu einigen und sind sich unsicher, ob sie den Wert eines Projekts richtig messen können – und wie viel sie davon mit dem IT-Consultant teilen wollen. Wenn Sie sich sicher sind, dass Sie die versprochenen Projektergebnisse wirklich liefern können, dann schlagen Sie eine Erfolgsprämie aktiv bei Ihrem Kunden vor.

Worauf es am Ende ankommt

Letztlich sollten Sie als IT-Consultant Ihrem Kunden einen Wert liefern, der höher ist als Ihr Preis. Aber es ist nicht leicht, den Wert eines Projekts zu ermitteln, und beide Seiten können in ihren Sichtweisen zudem voneinander abweichen.

Sie wollen einen Preis finden, der sowohl dem Wert eines Projekts aus Kundensicht entspricht als auch für Sie profitabel ist. Versuchen Sie, die Risiken für beide Seiten zu reduzieren, und bringen Sie Transparenz in Ihre Preisgestaltung. Kommunizieren Sie offen über die Projektfortschritte und auch über Probleme. Beenden Sie Ihre Aufträge ohne böse Überraschungen bei der Abrechnung. Es sollte für beide Seiten ehrlich zugehen. Man sieht sich immer zweimal im Leben. Unterschätzen Sie nicht die langfristigen Vorteile einer loyalen Kundenbeziehung.

---

[41] GULP: Ergebnisse der großen GULP Stundensatz-Umfrage. In: www.gulp.de, Stand: 13.07.2013.

---

[42] Pütter, Christiane: „IT-Ausfall kostet bis zu 41.000 Euro pro Stunde". In: www.cio.de, Stand: 14.06.2013.

[43] Mesmer, Alexandra: Karrieresprung zum Partner lohnt sich. In: www.computerwoche.de, Stand: 01.12.2013.

[44] Hendryx-Parker, Gabrielle: „A Solution to Fixed-Bid vs. Hourly Contracts". In: www.sixfeetup.com, Stand: 21.02.2012.

[45] J&M Corporate: Value Oriented Consulting". In: www.jnm.de, Stand: 21.07.2014.

Kapitel 16

Vertriebstaktiken für IT-Consultants

„No sales, no money.
Know sales, know money."

Sehen Sie sich einmal auf Amazon die Vertriebsbücher an. Sie finden unzählige Titel, die Ihnen zeigen, wie Top-Verkäufer denken, wie sie emotional verkaufen und wie Vertrieb heute funktioniert. Sie werden ermahnt, kundenorientiert zu sein, Premium-Leads nachzugehen und Einwände richtig zu behandeln.

Glauben Sie aber nicht, dass Ihre Kunden diese Vertriebstechniken nicht auch kennen. Erfolgreiche IT-Consultants fokussieren deshalb auf das Wesentliche und erarbeiten sich das Kundenvertrauen im altbewährten Stil: durch Augenmerk auf Details, Mehrwert, exzellente Leistungen und die Pflege von persönlichen Kundenbeziehungen.

Vertriebssituationen in IT-Beratungsprojekten variieren und Standardtaktiken gibt es nicht. Jede Gelegenheit zur Projektakquise bringt ihre eigenen Herausforderungen mit sich. Wenn Sie einen Auftrag unbedingt wollen, gibt es einen Weg, diesen zu gewinnen. Kunden wollen konkrete Ergebnisse. Wenn Sie die gewünschte Leistung zu einem bestimmten Preis liefern können, dann werden Sie zum Zug kommen. Dennoch haben erfolgreiche IT-Consultants ihre Erfolgsgeheimnisse, um ihren Wettbewerbsvorsprung zu halten und auszubauen. Hier werden einige vorgestellt.

Gegen den „Platzhirsch" gewinnen

Wenn ein neuer Kunde Sie zu einem Beratungsprojekt kontaktiert, dann könnte es sein, dass er für die angefragte Aufgabe bereits einen IT-Consultant beschäftigt. Kunden holen sich aus vielen Gründen Unterstützung durch neue Berater. Manchmal sind sie unsicher, ob der bestehende IT-Consultant dafür ausreichend qualifiziert ist, oder sie wollen eine neue Perspektive zu ihrem Problem. Manchmal ist es aus Kundensicht auch einfach Zeit für einen Wechsel.

Was auch immer die Gründe sein mögen: die bisherigen IT-Consultants haben einen „Insider-Vorteil", und als Herausforderer sollten sich auf starke Konkurrenz einstellen. Trotzdem stehen die Chancen, einen bestehenden IT-Consultant zu ersetzen, besser als es scheint.

Kunden sind nicht immer offen, wenn sie einen neuen IT-Consultant hinzuziehen. Fragen Sie den Kunden, warum er Sie um Unterstützung angefragt hat. Als Antwort wollen Sie idealerweise hören, dass er Sie aufgrund einer Empfehlung, Ihrer fachlichen Kompetenz oder Ihrer Fähigkeit, dieses Projekt durchzuführen, kontaktiert hat.

Evaluieren Sie den Kunden, bevor Sie weitere Zeit und Aufwand investieren. Diese Analyse ist kritisch, insbesondere wenn Ihnen der bereits etablierte IT-Consultant einen Schritt voraus ist. Dann bewerten Sie neben dem Kunden und seinem Projekt auch Ihren Konkurrenten. Welche Arbeiten hat er für den Kunden ausgeführt? Was hat er bisher erreicht? Wer unterstützt ihn im Kundenunternehmen? Suchen Sie nach neuen Wegen, um das Denken des Kunden zum vorhandenen Projektansatz zu ändern. Sie sind schließlich der Experte.

Ein Unternehmen will ERP-Funktionalität zukünftig „aus der Cloud sourcen" und schätzt, dass es zwei Jahre für dieses Projekt benötigt. Es fragt bei drei IT-Beratungsunternehmen an. Zwei mittelgroße IT-Beratungsunternehmen, die in der Vergangenheit für den Kunden bereits andere Beratungsleistungen erbracht haben, geben Angebote mit jeweils dreijähriger Projektdauer ab, können aber nur begrenzte Projekterfahrungen hinsichtlich der nun anstehenden Aufgabenstellung vorweisen. Ein sehr kleines IT-Beratungsunternehmen verspricht erste Ergebnisse bereits nach einem Jahr – und kann eine mit einem Kunden-Testimonial belegte Erfolgsstory bei einem anderen Kunden in genau dieser Aufgabenstellung vorweisen. Für wen wird sich der Kunde entscheiden?

Das wichtigste Ziel Ihrer Evaluierung sollte sein, die Stärken und Schwächen Ihrer Konkurrenz zu identifizieren. Konzentrieren Sie sich auf Ihre Stärken, insbesondere dort, wo bereits etablierte IT-Consultants schwach sind. Schlagen Sie „Platzhirsche" mit Qualität und Substanz, nie mit dem Preis – es sei denn, das ist Ihr Alleinstellungsmerkmal. Stellen Sie Ihre Vorteile im Angebot besonders heraus.

Keine üble Nachrede

Machen Sie andere IT-Consultants nicht vor dem Kunden schlecht. Diese könnten Ihre Kritik als abschätzige Bewertung interpretieren, denn sie hatten diesen ja selbst beauftragt. Wenn Sie andere attackieren, laufen Sie Gefahr, Ihre eigene Glaubwürdigkeit zu untergraben. Seien Sie großzügig mit Lob, aber zurückhaltend, wenn Sie Fehler erkennen.

Um erfolgreich gegen den schon beauftragten IT-Consultant zu bestehen, muss sich Ihre Leistung oder Ihr Lösungsansatz signifikant vom Angebot des anderen abheben. Warum sollte der Kunde sonst den zusätzlichen Aufwand und das Risiko auf sich nehmen, einen neuen Berater ins Spiel zu bringen?

Ziehen Sie Verstärkung hinzu, um Ihre Akquise voranzubringen, zum Beispiel indem Sie frühere Auftraggeber beim neuen Kunden für Sie sprechen lassen. Schriftliche Testimonials sind gut, persönliche Referenzen sind besser. Selbst wenn der Kunde bereits Ihre Fachartikel und Whitepapers kennt: nutzen Sie diese trotzdem, um Ihre Kompetenz zu untermauern.

Neue Konkurrenten abwehren

Wer glaubt, dass sein Umsatz mit Bestandskunden sicher ist, der irrt. Sie sind permanent dem Angriff durch Wettbewerber ausgesetzt. Gehen Sie davon aus, dass Sie früher oder später herausgefordert werden.

Stellen Sie sich folgende Szene vor: Sie sind beim Kunden und sehen, wie dieser einem anderen IT-Consultant das interne Mitarbeiterteam vorstellt. Versetzen Sie sich in Alarmbereitschaft. Bleiben Sie ruhig, kooperativ und auf das Projekt fokussiert, aber passen Sie auf, was Sie sagen. Schützen Sie Ihre Dokumente und lassen Sie nichts im Kopierraum liegen.

Konkurrenz kommt ins Spiel, weil Kunden diese anfragen. Auch andere IT-Consultants und IT-Beratungsunternehmen vermarkten sich, um Aufträge zu akquirieren, ihre Geschäftsbereiche auszuweiten und neue Leistungsangebote zu vertreiben. Was auch immer der Grund ist – am besten ist es, Sie wappnen sich gegen Wettbewerber, <u>bevor</u> diese beim Kunden auftauchen.

Wenn Ihre Auftraggeber mit Ihren Leistungen zufrieden sind, haben Sie als bestehender IT-Consultant große Vorteile gegenüber Ihren Herausforderern. Diese können allerdings schnell schwinden, wenn Sie Ihre Kundenbeziehung vernachlässigen. Ihre beste Verteidigung ist ein kundenorientiertes Marketing für Bestandskunden, mit denen Sie langfristig zusammenarbeiten wollen. Wichtig ist, dass Sie eine starke Beziehung zu allen Schlüsselpersonen innerhalb der Kundenorganisation aufbauen <u>und</u> immer wieder herausragende Ergebnisse liefern.

Verlassen Sie sich nicht auf Ihren Rahmenvertrag, um Wettbewerber abzublocken. Wenn Ihr Auftraggeber meint, dass ein anderer bessere Leistungen oder ein günstigeres Preis-Leistungs-Verhältnis liefern kann, dann wird er mit diesem auch einen Rahmenvertrag schließen. Kunden wechseln ihre Lieferanten recht emotionslos.

Verstehen Sie genau, wer im Unternehmen die IT-Consultants beauftragt, und suchen Sie den Kontakt zu diesen Entscheidern. Ein starkes Netzwerk innerhalb der Kundenorganisation hält Sie bezüglich der internen Unternehmensentwicklung up to date und wappnet Sie gegen Konkurrenz. Mit der Zeit bauen Sie ein branchen- und organisationsspezifisches Wissen auf und erfahren frühzeitig, in welchen Fachbereichen

Herausforderungen auftreten. Sie werden mitbekommen, wo zukünftige Projekte geplant werden und wo die Budgets sind.

Ihr bestes Mittel gegen konkurrierende IT-Consultants sind immer noch exzellente Leistungen und ausgezeichnete Beziehungen. Ihre Kunden wissen, dass Sie sich auf Sie verlassen können. Sie erwarten deshalb aber auch mehr von Ihnen als von Ihrem Herausforderer. Typischerweise empfinden sie weniger Risiko, wenn sie bei dem IT-Consultant bleiben, den sie kennen und mit dem Sie bereits erfolgreich zusammengearbeitet haben.

Wenn die Konkurrenz stark wird, frischen Sie bei Ihrem Kunden die Erinnerung an die Leistungen auf, die Sie in all Ihren Projekten schon für ihn geliefert haben. Wenn Kunden mit akuten Problemen beschäftigt sind, dann verblasst das bereits Erreichte. Erinnern Sie ihren Kunden deshalb an Ihre gemeinsamen Erfolge.

Der IT-Experte: Nicht Freund und Helfer, sondern unverzichtbar

Insbesondere bei Wartung und Support von Legacy-Systemen kommt es vor, dass IT-Experten Insiderwissen horten, um damit Abhängigkeiten aufzubauen. Manch einer sieht eventuell sogar seinen USP darin. Nutzen Sie die Situation nicht aus. Der Kunde kann damit nicht zufrieden sein. Wer macht sich schon gern von einem Lieferanten abhängig? Er muss sich regelrecht aus der Situation befreien – und wird es früher oder später auch tun.

Projektvermittler

Laut einer Studie erhalten deutlich mehr als die Hälfte der Freiberufler ihre Aufträge über einen Projektvermittler. Nach den Folgeaufträgen bei Bestandskunden rangieren die Vermittler als zweitwichtigster Vertriebsweg der Freiberufler.[46]

Obwohl externe IT-Consultants ein fester Bestandteil von IT-Projekten sind, lehnen Konzerne oft eine direkte Zusammenarbeit mit den Freiberuflern ab. Auch wenn der freiberufliche

IT-Consultant den Konzernkunden selbst akquiriert hat, bleibt ihm meist nichts anderes übrig, als den Vertrag mit einem Vermittler zu unterschreiben, wenn er den Auftrag bekommen will.

Um den Verwaltungsaufwand für die zahlreichen Einzelverträge zu reduzieren und rechtliche Risiken in der Zusammenarbeit mit freiberuflichen IT-Consultants zu vermeiden, schließt der Konzerneinkauf Rahmenverträge mit Preferred Suppliers ab. Dies sind IT-Beratungsunternehmen, Outsourcing-Anbieter sowie Vermittlungsagenturen, welche wiederum die Verträge bündeln und mit den Freiberuflern kontrahieren. In der Praxis kann sich jedoch die Komplexität durch die zusätzlichen Ansprechpartner erhöhen. Werden der Einkauf und der Vermittler eingeschaltet, während der Fachbereich weiterhin die Entscheidungshoheit bezüglich der Beauftragung des IT-Consultant beansprucht, ist eine pragmatische Absprache zwischen dem IT-Consultant und seinem Auftraggeber, etwa bei einem veränderten Projektumfang, kaum mehr möglich.[47]

(Schein)-Selbstständig?

Die Beschäftigung eines Freiberuflers beim Kunden auf Basis eines Dienstvertrages darf sich nicht in eine dauerhafte Aufgabe des Tagesgeschäftes entwickeln, um nicht als scheinselbstständig zu gelten. So soll bei der *SAP AG* in Zukunft für Freiberufler eine maximale Bestelldauer von 120 Tagen pro Jahr gelten.[48] Die Problematik betrifft insbesondere die selbstständigen IT-Consultants, die über lange Zeiträume für nur einen Auftraggeber tätig sind. Für die Anwendung des Dienstvertrages beginnt hier die Grauzone. Für selbstständige IT-Consultants, die verschiedene Kunden parallel beraten oder konzeptionell unterstützen, wird es weiterhin den Dienstvertrag geben. Ziehen Sie im Zweifel rechtlichen Beistand hinzu.

Eine Hauptaufgabe der Vermittler besteht darin, dem Kunden die Suche nach geeigneten, verfügbaren Kandidaten für ein

Projekt abzunehmen. Dazu rekrutieren sie ihre Kandidaten aus ihrem persönlichen Netzwerk, durchforsten ihre Profildatenbank und fragen nach Empfehlungen. Darüber hinaus schalten sie Stellenanzeigen, recherchieren in Foren oder suchen nach der spezifischen Kompetenz im Internet. Der letztlich ausgewählte IT-Consultant verhandelt dann seinen Stundensatz und Konditionen mit dem Projektvermittler, der wiederum an der Marge zum Auftraggeber-Stundensatz verdient.

Idealerweise sollten Vermittler einschätzen können, ob ein IT-Consultant aufgrund seiner Projekthistorie und Qualifikationen zur ausgeschriebenen Aufgabe passt – oder nicht. Die Vermittler beschäftigen deshalb Recruiting-Experten mit IT-Wissen, keine IT-Spezialisten. Im Gegensatz zu den im Projekt befindlichen IT-Beratungsunternehmen oder Ihnen als Spezialist stecken sie selbst nicht so tief in der IT-Materie.

Trotzdem erwarten Kunden und Freiberufler von den Vermittlern, dass diese qualifiziert sind einzuschätzen, inwiefern die Kundenanforderungen aus dem Projekt und die Kompetenz der Kandidaten zusammenpassen.

Das Vermittlergeschäft

Das Vermittlergeschäft im IT-Projektmarkt ist attraktiv und sehr dynamisch. Im Jahr 2012 setzten die zehn führenden Anbieter für die Rekrutierung, Vermittlung und Steuerung von freiberuflichen IT-Experten 1,4 Milliarden Euro um. Zu den umsatzgrößten Anbietern zählen *Hays AG, GULP Information Services, Allgeier Experts, Solcom Unternehmensberatung, Emagine, Quest Softwaredienstleistung, 1st Solution Consulting, SThree* und *Westhouse Consulting.*[49]

Neben den reinen Zwischenhändlern arbeiten auch Projektdienstleister wie *IBM Global Business Services* und *Accenture* sowie die zahlreichen kleineren IT-Beratungsunternehmen mit Freiberuflern, um ihre Kundenprojekte projektbezogen mit IT-Spezialisten zu ergänzen. Sie agieren dann als hybride Dienstleister auf dem Markt, die ihre Kunden sowohl mit eigenen Mitarbeitern als auch mit Externen unterstützen.

Die noch junge Branche der Projektvermittler befindet sich in einem Professionalisierungsprozess, und der Wettbewerb um

Kunden <u>und</u> IT-Spezialisten nimmt zu. Schließlich ist die Lieferfähigkeit bzw. die Projektbesetzungsquote entscheidend für die Geschwindigkeit der Projektumsetzung. Manche Kunden vergeben ihre Anfragen parallel an verschiedene Vermittler, sodass hier eine Wettbewerbssituation entsteht.

Zusammenarbeit mit Projektvermittlern

Viele IT-Consultants arbeiten oft lieber direkt für das Kundenunternehmen oder mit IT-Beratungsunternehmen, statt über einen reinen Vermittler tätig zu werden. Nur zehn Prozent der IT-Consultants sind mit der Arbeit mit ihrem Projektvermittlers zufrieden; die Erfahrungen sind gemischt. Die Hauptkritikpunkte beziehen sich auf

- einseitige Vertragsbedingungen;
- hohe, intransparente Vermittlerprovisionen, Preisdruck;
- mangelndes Fachwissen und mangelhafte Verhandlungskompetenz sowie
- geringe Offenheit in der Vermittlung und in der Absprache mit dem Kunden.

IT-Consultants ärgern sich außerdem über vorvertragliche Sperren, Übertreibungen bei der Nennung der angeblichen Projektlaufzeiten, ohne Rücksprache geänderte oder verfälschte Kompetenzprofile, nicht vorhandene Projekte, nicht gehaltene Zahlungsvereinbarungen und darüber, dass Vermittler ihre Referenzen zur Akquise benutzen.

Nennen Sie namentliche Referenzen aus Kundenprojekten nur auf Anfrage oder arrangieren Sie eine Telefonkonferenz zusammen mit dem potenziellen Kunden. Haken Sie beim Verdacht von Scheinprojekten nach.

Reizthema Vermittlerprovision

Die „faire Marge" ist ein viel diskutiertes und emotional belastetes Thema. Der eine freiberufliche IT-Consultant ist froh, vom Vermittler den nächsten Auftrag zu erhalten, ohne dafür selbst den Neukunden akquirieren zu müssen, und gesteht ihm dafür gerne eine faire Marge zu. Der andere IT-Consultant erfährt von den exorbitanten Aufschlägen auf seinen

Stundensatz und empfindet diese als überzogen und ungerechtfertigt. Während einige wenige Vermittler eine Open Book Policy betreiben, lassen sich viele andere ungern in die Karten schauen. Die Margen bewegen sich meist zwischen zehn und 30 Prozent.

Auch hier kommt es auf Ihre Vermarktungskompetenz an, mit der Sie sich eine gute Verhandlungsposition gegenüber dem Vermittler aufbauen. Diese ist dann stark, wenn Sie den Kunden selbst akquiriert haben und „nur noch" über den Vermittler kontrahieren oder wenn der Kunde ein großes Interesse an Ihnen als IT-Consultant bekräftigt.

Ein weiterer wunder Punkt ist die <u>Kundenschutzvereinbarung</u>. Vermittler stellen damit den Schutz der vermittelten Kunden sicher, um diese nicht an den IT-Consultant zu verlieren. Meist verbietet diese Klausel dem IT-Consultant bei Androhung einer Vertragsstrafe, innerhalb einer gewissen Frist für diesen Kunden tätig zu werden.

Eine Kundenschutzvereinbarung hat ihre Berechtigung im IT-Beratungsgeschäft, aber diese sollte

- sich an der Projektdauer orientieren;
- auf das aktuelle Projekt und sich daraus ergebende Folgeprojekte im selben Thema begrenzt sein;
- sich örtlich zum Beispiel auf die Niederlassung oder Abteilung eines Großkunden beschränken sowie
- eine angemessene Vertragsstrafe, zum Beispiel begrenzt auf die doppelte Höhe des Auftragswertes, beinhalten.

Unwirksam sind nach oben offene oder unklare Berechnungsgrundlagen der Vertragsstrafe sowie zukünftige oder unbekannte Kunden.

Einem wirtschaftlich abhängigen, freien IT-Consultant darf ein Wettbewerbsverbot nur gegen Zahlung einer angemessenen Karenzentschädigung auferlegt werden, zum Beispiel mindestens 50 Prozent der Vergütung während des Projekts für die Dauer des Verbots. Allerdings ist der Kundenschutz für freie IT-Consultants leider nicht gesetzlich geregelt. Gerichtsentscheidungen basieren auf Einzelfällen, welche die Arbeits- und Verdienstsituation des freien IT-Consultants gegen das Interesse des Vermittlers abwägen.

Für eine wirtschaftliche Abhängigkeit des freien IT-Consultants sprechen folgende Kriterien:[50]

- Die Leistung wird persönlich erbracht.
- Die Projektdauer ist langfristig, das heißt mindestens sechs Monate Vollzeit. Mit dem Projekt werden mehr als 50 Prozent des Jahresumsatzes erzielt. Es besteht nicht die Möglichkeit, parallel ausgleichende Aufträge anzunehmen.
- Der freie IT-Consultant ist in die Betriebsorganisation des Kunden eingebunden und hat aufgrund der Klausel große Schwierigkeiten, die eigene Leistung zu verwerten.

Jede Situation ist ein Einzelfall. Wenn Sie unsicher sind, ziehen Sie einen Anwalt hinzu. Verhandeln Sie eine unzulässige Kundenschutzklausel aus dem Vertrag, denn auch bei einer nichtigen Klausel kann der Vertragspartner eine einstweilige Verfügung erwirken, die Ihnen vorerst die Arbeit beim Kunden verbietet.

> **Gut zu wissen**
>
> Vergessen Sie nicht, dass Vermittler und IT-Beratungsunternehmen in erster Linie die Vakanzen ihrer Kunden füllen wollen. Sie sind keine Vertriebsagenturen, die für Sie Aufträge akquirieren. Vermarkten Sie sich aktiv an diese „Zwischenhändler", wenn Sie diesen Vertriebsweg nutzen wollen.

Entscheiden Sie, mit wem Sie enger zusammenarbeiten wollen – und mit wem nicht. Erkundigen Sie sich bei anderen IT-Consultants, welchen Ruf Vermittler bzw. IT-Beratungsunternehmen auf dem Markt haben und teilen Sie Ihre Erfahrungen. So kommt Transparenz in den Markt. Auf *4freelance.de* können Sie Ihre Zusammenarbeit mit den verschiedenen Recruiting Agenturen bewerten.

Gestalten Sie Ihr Kompetenzprofil nicht nur aussagekräftig für den Fachmann im Kundenunternehmen, sondern auch für die Vermittler, damit diese Ihre Kompetenz optimal mit Kundenanfragen matchen können. Be- und umschreiben Sie wichtige Expertise und Synonyme und nennen Sie typische Einsatzfelder oder Projektaufträge. Dies ist umso wichtiger, je mehr unpassende Anfragen Sie erhalten. Holen Sie sich ein professionelles Feedback zu Ihrem Kompetenzprofil und halten Sie Ihre Angaben zur Verfügbarkeit stets aktuell.

Als freiberuflicher IT-Consultant emanzipieren Sie sich am besten gegenüber den Vermittlern, wenn Sie sich selbst gut präsentieren können und eine starke Verhandlungsposition aufbauen, zum Beispiel weil Sie mit mehreren Vermittlern zusammenarbeiten und verschiedene Kundenanfragen erhalten.

Wenn Sie über Vermittler gehen (müssen), dann verbuchen Sie deren Provision als Ihre Vertriebskosten – oder besser: Akquirieren Sie selbst Kunden, mit denen Sie direkt kontrahieren. Bauen Sie Ihre eigenen Kundenbeziehungen und eine starke Verhandlungspositionen gegenüber den Vermittlern auf. Dies lohnt sich umso mehr, je langfristiger Ihre Kundenbeziehungen sind.

Wie sich der Vermittler rechnet

Entscheiden Sie selbst, welcher Vertriebsweg besser zu Ihnen passt: über den Vermittler, der eine höhere Auslastung mit einem niedrigeren Tagessatz verspricht, oder ein selbst akquirierter Auftrag zu einem höheren Tagessatz. Um einen Umsatz von 128.000 Euro zu erzielen, könnten Sie 200 Tage zum Tagessatz von 640 Euro oder ca. 168 Tage zum Tagessatz von 760 Euro fakturieren. In letzterer Variante stehen Ihnen die verbleibenden 32 Tage dann zur Vermarktung und Weiterbildung zur Verfügung.

Der Weg über Vermittler kann sich – trotz deren Marge – dennoch für Sie lohnen, und zwar als Ergänzung zu Ihren Maßnahmen. Eigene Marketing- und Vertriebsmaßnahmen sind aufwendig, benötigen Vorlauf. Die Vermarktung und eigene Präsentation liegt nicht jedem IT-Consultant.

Nutzen Sie diesen Vertriebsweg, wenn es keine andere Möglichkeit gibt, um mit Konzernkunden zu kontrahieren, wenn Sie kurzfristig Ihre Auslastung erhöhen oder in Projekten mitarbeiten wollen, die Sie als Einzelkämpfer oder kleines IT-Beratungsunternehmen nicht akquirieren bzw. leisten können. Viele freiberuflichen IT-Consultants fahren gut mit einer Mischstrategie aus Eigenakquise und Projektvermittler.

Geben Sie Ihre Verfügbarkeit rechtzeitig bekannt und halten Sie Ihr Kompetenzprofil stets aktuell und suchmaschinenfreundlich, um gezielt gefunden und angefragt zu werden.

Gegen Billiganbieter konkurrieren

In Konkurrenzsituationen vergleichen Kunden und Projektvermittler die Angebote der IT-Consultants. Sie stellen entweder die All In-Stundensätze oder Festpreis-Angebote gegenüber und verhandeln den günstigsten Preis bzw. das beste Preis-Leistungs-Verhältnis.

Um einen dringend benötigten Auftrag zu erhalten, sind IT-Consultants geneigt, auf die Niedrigpreisstrategie zu setzen. Manche IT-Beratungsunternehmen halten ihre Projektkosten extrem niedrig, etwa indem sie bestimmte Arbeitsaufträge günstiger, offshore, in Niedriglohnländern durchführen lassen und dadurch ihre Preise reduzieren können. Andere erkaufen sich ein Projekt, zum Beispiel ein Pilotprojekt, um einen Kunden aufzubauen oder um neue Beratungsleistungen zu entwickeln, die sie dann anderen Kunden teurer anbieten.

Lassen Sie sich nicht auf einen Preiskampf ein. Statt Ihren Stundensatz zu reduzieren, schlagen Sie Ihrem Kunden alternative Projektansätze vor, die sich auf unterschiedlichen Preisniveaus bewegen. Kontern Sie auch nicht mit zusätzlichen Leistungen zum ursprünglichen Preis. Das reduziert nicht nur Ihre Auftragsrentabilität, sondern hinterlässt auch beim Kunden ein ungutes Gefühl. Diese fragen sich, was Sie noch hätten nachverhandeln können und ob sie zukünftige Angebote von Ihnen noch ernst nehmen können. Misstrauen entsteht.

Bleiben Sie gelassen, wenn Sie gegen einen Konkurrenten mit niedrigeren Preisen bieten, aber stellen Sie sicher, dass Sie Ihren Preis auf der Basis eines exzellenten Preis-Leistungs-Verhältnisses legitimieren können.

Wenn der Wettbewerb nur über den Preis ausgetragen wird, dann wird Ihre Leistung als austauschbar wahrgenommen. Sie befinden sich in einem Marktsegment, dass offensichtlich von vielen IT-Consultants abgedeckt wird. Das ist ungünstig. Kunden akzeptieren die höheren Preise von IT-Spezialisten, wenn deren Nachfrage das Angebot übersteigt.

Statt um den Preis zu feilschen oder Ihre Leistungen auszuweiten, konzentrieren Sie Ihre Marketinganstrengungen auf das Risiko, das ein Kunde mit verschiedenen Handlungsoptionen eingeht:

Wenn ein Kunde ein Legacy-IT-System migrieren will, wird er für diese Leistung die eingereichten Angebote vergleichen und eventuell erwägen, den günstigsten Anbieter zu beauftragen. Aber bekommt er wirklich das beste Preis-Leistungs-Verhältnis? Wird seine Systemmigration so erfolgen, wie er es per Auftragsbeschreibung vorgegeben hat? Wird die Umstellung reibungslos verlaufen, oder wird der betriebliche Ablauf massiv gestört werden?

Um billigen Konkurrenten entgegenzuwirken, heben Sie immer wieder Ihre Erfolgsgeschichten und die verschiedenen Wege hervor, auf denen Sie das Projektrisiko für Ihre Kunden reduzieren. Ihre Wettbewerber mögen ähnliche Ergebnisse versprechen; Sie aber zeigen Ihrem Kunden, warum er ausgerechnet auf Sie zählen kann. Vergessen Sie nicht das persönliche Risiko, das Entscheider tragen, wenn sie einen IT-Consultant beauftragen. IT-Projekte sind oft strategische Initiativen, mit denen sich diese für den nächsten Karrieresprung positionieren. Das Letzte, was sie dabei gebrauchen können, sind Fehler eines von ihnen beauftragten IT-Consultants, die ihnen zugeordnet werden und ihre Karrierechancen zunichtemachen.

Wenn Kunden noch nicht vollständig von Ihrem Wert überzeugt sind, dann stellen Sie Ihre Leistungsqualität und die zu erwartenden Lieferergebnisse in den Vordergrund. Kunden wollen das beste Preis-Leistungs-Verhältnis, und zwar für genau die Aufgabe, die sie zu vergeben haben. Selten wählen sie den billigsten Lieferanten. Wenn es allerdings wirklich das ist, was der Kunde will, dann verschwenden Sie nicht Ihre wertvolle Zeit mit ihm.

In Ausschreibungen verkaufen

Eine Ausschreibung ist ein Verfahrensbestandteil zur Auftragsvergabe im Wettbewerb. In der RFP-Phase (Request for Proposal) werden potenzielle IT-Beratungsunternehmen aufgefordert, ein Angebot zu unterbreiten. Bei der Aufforderung zur Angebotsabgabe sind die abgegebenen Angebote innerhalb der angegebenen Gültigkeitsfrist in der Weise bindend, dass ein Vertragsschluss durch bloße Annahmeerklärung des ausschreibenden Unternehmens zustande kommt. Die Ausschreibungsanfragen enthalten eine detaillierte Leistungsbeschreibung bzw. ein Pflichtenheft sowie alle zum Vertragsabschluss gehörenden Vertragsdokumente.

Behörden und gemeinnützige Organisationen verwenden grundsätzlich RFPs aufgrund der wettbewerbsrechtlichen Bestimmungen, denen sie unterliegen. Aber auch viele Unternehmen nutzen sie ab bestimmten Schwellenwerten. Ein Auswahlgremium soll einen fairen und unvoreingenommenen Prozess sicherstellen. Bevor sie einen Auftrag vergeben, müssen die Mitglieder des Gremiums glaubhaft machen, dass sie den gesamten Markt geprüft haben.

Portale für öffentliche Ausschreibungen

Öffentliche Institutionen und Sektorenauftraggeber (Versorger, Telekommunikation, Verkehr) sind verpflichtet, jeden Auftrag, der oberhalb einer bestimmten Wertgrenze liegt (zum Beispiel 414.000 Euro bei Liefer- und Dienstleistungsaufträge von Sektorenauftraggebern im Jahr 2014), EU-weit auszuschreiben und den besten Bewerber nach definierten Kriterien zu finden.

Für größere Ausschreibungen können sich Bietergemeinschaften melden, zum Beispiel wenn eine Behörde IT-Beratungsleistungen für die Umstellung einer umfassenden IT-Systems sucht, bei dem sowohl Software als auch Hardware aus völlig unterschiedlichen Technologiedomänen zu liefern ist. Ein einzelner IT-Consultant hat kaum eine Chance einen solchen Auftrag zu erhalten - schon eher, wenn sich mehrere IT-Consultants zusammenschließen, die den Auftrag gemeinsam realisieren. Dabei sollte eine Person oder ein IT-Beratungsunternehmen der Vertragspartner für die Rechnungsstellung sein.

Öffentliche Ausschreibungen finden Sie auf der Website des Bundes unter *bund.de* sowie unter *deutsches-ausschreibungsblatt.de.*

IT-Consultants und IT-Beratungsunternehmen, die an Ausschreibungen teilnehmen, beantworten oft umfangreiche Fragebögen zu ihrer Qualifikation. RFPs sind nicht selten kiloschwer, und manche Berater haben sich auf die Beantwortung solcher Ausschreibungen spezialisiert.

Die Regeln für die Auswahl sind klar, der Zeitrahmen steht fest, und im RFP sind die spezifischen Aufgaben festgeschrieben. Normalerweise treffen sich IT-Consultants mit dem Auftraggeber dann zur finalen Angebotspräsentation, aber nur, wenn sie es nach einer Erstprüfung durch den Auftraggeber auf dessen sogenannte „Shortlist" geschafft haben. Alle im RFP auftauchenden Fragen werden öffentlich bekannt gemacht, ebenso die Antworten. Substanzielle Diskussionen finden kaum statt.

Trotz des Verfahrens haben Kunden nicht selten bereits einen IT-Consultant, mit dem sie arbeiten wollen, identifiziert. Wenn das der Fall ist, dann haben die anderen zunächst einen Nachteil. Vorsicht ist allerdings geboten, wenn Sie bereits eine Kundenbeziehung unterhalten, die Ihnen in der Ausschreibung helfen könnte. Wenn Sie versuchen, einen standardisierten Ausschreibungsprozess zu untergraben, indem

Sie das Auswahlgremium umgehen und dies erkannt wird, dann werden Sie in den meisten Verfahren disqualifiziert.

An einer Ausschreibung teilzunehmen ist teuer. Sie benötigen Zeit, um die Liste mit allen Projektspezifikationen und Qualifikationen auszufüllen. Wenn Sie die erste Hürde genommen haben, erfolgen weitere Qualifizierungsschritte, bevor die endgültige Entscheidung getroffen wird. Wenn Sie dann den Auftrag erhalten, kann ein unterlegener Konkurrent diesen formal anfechten, das Projekt hinauszögern und somit Ihre Kosten erhöhen.

Viele IT-Consultants schrecken aus den oben genannten Aspekten vor umfassend formalen RFP-Verfahren zurück. Einen RFP nur halbherzig zu beantworten lohnt sich aber auch nicht. Erwägen Sie also vorab genau, ob Sie mitbieten wollen. Machen Sie es entweder ganz oder gar nicht.

RFPs werden typischerweise auf der Basis bereits budgetierter Projekte herausgegeben. Das ist ein großer Vorteil, da der Auftraggeber die finanziellen Mittel für die Projektdurchführung bereits gesichert hat.

Bevor Sie in den Ausschreibungsprozess gehen, evaluieren Sie sorgfältig. Wenn Sie keine anderen, priorisierten Projekte haben, kann es sich lohnen, einen RFP zu beantworten. Gehen Sie Schritt für Schritt durch die Unterlagen und zeigen Sie, warum Sie eine sichere und solide Wahl sind. Verstehen Sie die Evaluierungskriterien und das Punktwertverfahren genau, um Ihre Antworten entsprechend zuzuschneiden.

Beschränken Sie sich auf Ausschreibungen, die Sie mit einer hohen Wahrscheinlichkeit gewinnen können. Dies ist insbesondere dann der Fall, wenn die Ausschreibung Ihren spezifischen Kompetenzbereich betrifft.

Projekt ohne Budget

Bei ihrer Projektarbeit beim Kunden erkennen IT-Consultants oft Bereiche, in denen Handlungsbedarf besteht und die Ausgangspunkte für weitere Projekteinsätze sein können. Stellen Sie sich vor, Sie haben bei Ihrem Kunden ein Projekt identifiziert, Ihr direkter Ansprechpartner steht dahinter und Sie sind dafür qualifiziert, aber: Das Projekt hat noch kein Budget.

Selbst wenn kein Budget vorgesehen wurde, kann dieses zur Verfügung gestellt werden, wenn die Idee bedeutend ist und eine gute Beziehung zum Entscheider besteht. Um ein Projektbudget sicherzustellen, bauen Sie mit Ihrem Kunden einen hieb- und stichfesten Business Case auf und zeigen Sie, wie weit die Projektvorteile die Durchführungskosten übersteigen. Verkaufen Sie nicht aggressiv. Lassen Sie das Kosten-Nutzen-Verhältnis für sich sprechen. Beachten Sie jedoch, dass der Zyklus zur Budgetbereitstellung lange dauern kann.

Manche IT-Consultants erliegen der Versuchung, ihre Arbeit bereits ohne formelle Beauftragung zu beginnen. Sie rechnen damit, dass ihre Leistungen später vergütet werden. Das ist keine gute Taktik.

Ein IT-Abteilungsleiter fragte ein IT-Beratungsunternehmen, ob es die Verfügbarkeit eines geschäftskritischen IT-Systems analysieren könnte. Die IT-Consultants stimmten zu, die Arbeit bereits durchzuführen und mit der Bezahlung zu warten. Nachdem sechs IT-Consultants zwei Monate lang Projektarbeit geleistet hatten, wurde der Abteilungsleiter entlassen. Trotz großer Anstrengung gelang es dem IT-Beratungsunternehmen nicht, für diese Arbeit – wie mündlich vereinbart – honoriert zu werden.

Folgeaufträge vorbereiten

Wenn Sie bei Ihrem Kunden einen konkreten Handlungsbedarf erkennen, bieten Sie ihm an, die Projektvorlage für die Entscheider zu schreiben. So sind Sie frühestmöglich involviert. Verbuchen Sie diese Tätigkeit als Ihre Marketinginvestition, falls Sie diese nicht fakturieren können. Ihrem Kunden ist geholfen, weil er mit dem exzellent ausgearbeiteten Dokument gegenüber den Entscheidern glänzt und im besten Fall springt ein Folgeauftrag für Sie heraus. Selbst wenn dieser aufgrund des Volumens ausgeschrieben wird, haben Sie einen Informationsvorsprung.

> Erfolgreiche IT-Consultants wissen das und nutzen ihre Chancen. Sie brauchen ihr Budget nicht ganz auf und nutzen ihr Restbudget dafür.

Es ist zu riskant, ohne offizielle Beauftragung zu arbeiten. Stellen Sie sich vor, Ihr Hauptansprechpartner beim Kunden, der Projektsponsor oder ein anderer wichtiger Kontakt verlässt das Unternehmen oder durch einen unvorhergesehenen Vorfall bricht die wirtschaftliche Situation des Unternehmens ein. Erstellen Sie lieber gemeinsam mit Ihrem Kunden einen starken Business Case und stärken Sie Ihre Kundenbeziehung. Bringen Sie sich in eine gute Position, wenn es um den Zuschlag für das künftige Projekt geht.

Wie große IT-Beratungsunternehmen kleine Firmen ausstechen

Gegen kleinere, spezialisierte IT-Beratungsunternehmen zu konkurrieren ist für große Beratungsunternehmen nicht einfach. Die erfahrenen Senior Consultants der kleinen IT-Beratungsunternehmen pflegen starke persönliche Kundenbeziehungen, über die sie Aufträge und Insider-Wissen über neue Projekte erhalten. Sie arbeiten mit geringeren Fixkosten, sodass ihre Honorare niedriger sind als die von vergleichbaren Senior Consultants großer Firmen. Kunden haben oft das Gefühl, dass sie mehr Aufmerksamkeit von kleineren IT-Beratungsunternehmen bekommen und dass sie für diese wichtig sind.

Wenn Sie einem großen IT-Beratungsunternehmen angehören, sehen Sie kleine IT-Beratungsunternehmen nicht nur als Konkurrenten. Für einige Projekte macht es Sinn, gemeinsam anzubieten. Kunden erwarten heute kaum noch, dass ein IT-Beratungsunternehmen alle Anforderungen allein abdecken kann.

Wenn große Anbieter mit kleinen konkurrieren, dann stehen sie vor drei Herausforderungen: Den niedrigeren Kosten, den eventuell etablierten, persönlichen Kundenbeziehungen sowie der Mitarbeit des erfahrenen Senior Consultant des kleineren Unternehmens in den Kundenprojekten.

Statt einen Preiswettbewerb zu beginnen, sollten große Unternehmen lieber ihre vielfache Ressourcenstärke nutzen, um bessere Lösungsansätze zu erarbeiten. Sie sollten ihre Stärken in den Vordergrund stellen, wie ihre größere Skill-Breite und ihre höhere Kapazität, um große Implementierungen durchzuführen. Anhand einer umfangreichen Qualifikationsliste erkennen Kunden, wie eine Entscheidung für dieses IT-Beratungsunternehmen ihr Projektrisiko reduziert.

Große Beratungsunternehmen nutzen außerdem ihr umfangreiches Kundennetzwerk als Wettbewerbsvorteil, indem sie ihren Kunden Zugang zu diesem bieten. Kunden schätzen es, wenn sie sich mit anderen Kunden austauschen und gemeinsame Probleme diskutieren können.

Koloss in Bewegung

Stellen Sie sich folgende Situation vor: Ein Kunde hatte ein großes und ein kleines IT-Beratungsunternehmen für ein Projektangebot angefragt. Das kleine Unternehmen hatte bereits einige ähnliche Projekte erfolgreich abgeschlossen, war in dieser Nische spezialisiert und bot günstige Tagessätze an. Das große Unternehmen hatte vergleichbare Qualifikationen, aber höhere Preise.

Das große Unternehmen bekam den Auftrag:

- Es stellte mehr IT-Consultants in der Evaluierungsphase bereit. Dadurch konnte es die Kundenbeziehung entwickeln und ein hervorragendes Angebot abgeben.
- Es organisierte ein Treffen mit ehemaligen Kunden, die dem potenziellen Kunden bestätigten, wie erfolgreich ähnliche Projekte gelaufen waren.
- Es demonstrierte in einer eindrucksvollen Präsentation, wie es ähnliche Lösungen für viele andere Kunden erfolgreich implementiert hatte.

David gegen Goliath: Die Stärken der Kleinen

Große IT-Beratungsunternehmen bieten ein breiteres Leistungsspektrum an, beschäftigen eine größere Anzahl an IT-Consultants und investieren mehr als kleinere Wettbewerber. Sie können es sich leisten, Projekte zu kaufen. Sie tun dies auch, wenn sie damit wichtige, langfristige Kundenbeziehungen etablieren können.

Aber sie haben auch Wettbewerbsnachteile. Beispielsweise sind die Verfahren der Angebotsgenehmigung bei großen Unternehmen langwierig und belassen weniger Flexibilität im Falle kurzfristig notwendiger Anpassungen.

Kleine IT-Beratungsunternehmen sollten daher Ihre Schnelligkeit und Flexibilität ausspielen, wenn es darum geht, eine Kundenanfrage zu bedienen. Jeder anfängliche Vorsprung ist wichtig, denn wenn große „IT-Beratungs-Tanker" einmal richtig in Fahrt kommen, dann werden sie zu beachtlichen Rivalen.

Bleiben Sie als kleines IT-Beratungsunternehmen daher frühzeitig und nahe am Kunden. Entkräften Sie jeglichen Zweifel, den Ihre Kunden bezüglich Ihrer Größe haben könnten, zum Beispiel ob Sie die gewünschten Ergebnisse zu liefern in der Lage sind. Zeigen Sie Ihrem Kunden, dass Sie sein Problem gründlich verstanden haben. Arrangieren Sie Telefonate mit Ihren zufriedensten Kunden, um zu demonstrieren, dass auch kleine Unternehmen mehr als einen Kunden haben.

> ### Was Kunden wollen
>
> Einige Kunden legen Wert auf umfassende Unterstützung durch einen der Partner des IT-Beratungsunternehmens, die sie bei kleineren IT-Beratungsunternehmen eher bekommen. In großen Beratungen befassen sich die Partner vordergründig meist nur mit der Projektakquise und verlassen sich in der Umsetzung auf ihre Teams. Diese können aber meist nicht denselben Erfahrungsschatz vorweisen wie die Partner. Im Vergleich dazu betreuen die Partner der kleinen IT-Beratungsunternehmen die Projekte

> meist in umfassender Weise. Hier macht David gegen Goliath Boden gut: Er bietet den direkten, persönlichen Zugang zu Partnern und erfahrenen Senior Consultants – auch noch nach der Vertragsunterzeichnung und während der Projektdurchführung.

Verschwenden Sie als kleines IT-Beratungsunternehmen keinen Aufwand darauf, bereits bekannte Verkaufsargumente zu wiederholen. Auch wenn Ihre Stundensätze im Vergleich zu den IT-Consultants der großen IT-Beratungsunternehmen niedriger sind, sollten Sie sich nicht auf diesem Wettbewerbsvorteil ausruhen. Auch wenn es so sein mag, erläutern Sie Ihrem Kunden nicht, dass große IT-Beratungsunternehmen meist unerfahrene Hochschulabsolventen auf Kundenkosten ausbilden. Weisen Sie auch nicht auf die überzogenen Preise und den bürokratischen Wasserkopf der Großen hin. Erfahrene Kunden wissen das und lassen diese Informationen bereits in ihre Entscheidungsfindung einfließen.

Statt auf die Schwächen der Konkurrenz einzugehen, unterstreichen Sie besser Ihre Stärken. Für kleine IT-Beratungsunternehmen sprechen neben ihrer gelebten Agilität meist deren flache Hierarchien, kurze Eskalationswege und stärkere thematische Spezialisierung.

Ihr Kunde als Wettbewerber

Viele IT-Consultants vergessen im Eifer des Gefechts, dass ihr größter Wettbewerber oftmals nicht unbedingt ein anderer Berater, sondern ihr Kunde selbst sein kann. Bei jeder Beratungsgelegenheit hat Ihr Kunde zwei Möglichkeiten, die nicht primär mit Ihrer Leistungsfähigkeit zu tun haben. Kunden können sich entscheiden, ein Projekt,

- das ursprünglich geplant war, doch nicht durchzuführen oder
- intern, also ohne externe Unterstützung, zu besetzen.

Falls sich der letztere Fall abzeichnet, dann zeigen Sie Ihrem Interessenten, wie Sie den antizipierten Projektvorteil schnell und umfassend für ihn erzielen werden. Weisen Sie ihn außerdem darauf hin, wie er in jeder Projektphase das Steuer in der Hand behält. Beschreiben Sie ihm, wie Sie bisher in solchen Situationen mit anderen Auftraggebern gearbeitet haben. Belegen Sie dies mit Fallstudien oder Telefonaten mit früheren Kunden. Betonen Sie Ihre Absicht, Ihr im Projekt erworbenes Wissen zu teilen und sauber zu dokumentieren.

Bei Aufgaben des Regelbetriebs: Manche Kunden wollen Betriebsaufgaben selbst steuern, weil sie die Kontrolle über die Prozesse behalten wollen. Seien Sie sensibel gegenüber diesem Bedürfnis und tun Sie alles, um das Steuer an den Kunden zurückzugeben.

Wenn der Kunde sich dennoch zunächst entscheidet, ein Projekt ohne externe Unterstützung durchzuführen, positionieren Sie sich für die Zukunft. Bieten Sie Unterstützung an, falls diese während des Projekts gebraucht wird. Kunden machen Entscheidungen auch rückgängig oder ändern die Richtung, insbesondere dann, wenn sie auf Hindernisse stoßen. In diesem Fall wollen Sie der Erste sein, an den sich Ihre Kunden erinnern, und dessen Hilfe sie anfragen.

Wenn Sie spät gerufen werden

Wie reagieren Sie, wenn Sie die Bitte eines Kunden bekommen, ein Angebot für ein interessantes Projekt abzugeben? Sein Hinweis: „Wir erwarten es in drei Tagen und haben bereits einige andere Angebote vorliegen." Während die anderen bereits losgelaufen sind, ziehen Sie sich noch Ihre Spikes an.

Der Kunde hat wahrscheinlich bereits ausführliche Gespräche mit den Konkurrenten geführt, deren Ideen gehört und deren Fragen beantwortet. Zu dem Zeitpunkt, in dem Sie das Rennen aufnehmen, hat sich möglicherweise bereits ein Spitzenkandidat herausgelöst. Das Kundenteam ist es eventuell schon leid, Projektfragen zu beantworten. Das Letzte, was sie wollen ist das Ganze für einen Nachzügler noch einmal durchzugehen.

Auf der anderen Seite ist es möglich, dass der Kunde mit den bisherigen Angeboten nicht zufrieden ist und sich deshalb weiter umschaut. Obwohl die Zeit knapp ist, antworten Sie nicht, bevor Sie nicht Ihre Vorabqualifizierung abgeschlossen haben. Sie wollen nicht der „LiFo" sein: Last in, First out.

Wenn Sie nach Ihrer Vorabqualifizierung entschieden haben, dass Sie dabei sein wollen, dann geben Sie alles: Zeigen Sie, wie schnell Sie Ihr Team zum Laufen bringen. Ziehen Sie alle Register: Rufen Sie Ihre Kontakte an, die den Kunden kennen und die bei der Angebotserstellung helfen können. Arbeiten Sie mit Ihren Spitzenleuten. Wenn Sie aufholen müssen, brauchen Sie die Kreativität, die Einblicke und die Erfahrung Ihrer besten IT-Consultants, um das Problem sofort zu klären, eine Lösung zu entwickeln und ein Angebot vorzubereiten.

Auch wenn es sich abgedroschen anhört: Die anderen IT-Consultants gewinnen, wenn Sie hinterherhinken. Wenn Sie einen Kunden in einer solchen Situation gewinnen wollen, planen Sie lange Tage und notfalls auch Nachtschichten ein. Ohne Extraanstrengungen schaffen Sie es nicht. Um den Vorsprung der anderen einzuholen, müssen Sie viel schneller sein!

In neuen Branchen verkaufen

Ihre IT-Beratungsleistungen werden in vielen Branchen benötigt, bei Finanzdienstleistern, im Gesundheitswesen, bei Logistikunternehmen, Behörden und in der Industrie. Viele Kunden bevorzugen IT-Consultants mit Branchenexpertise, die ihre Geschäftsprozesse und -modelle bereits kennen. Es kann schwer sein, Projekte in Branchen zu akquirieren, für die Sie bisher noch nicht tätig waren. Aber es ist möglich.

Was Sie Ihrem Kunden niemals sagen sollten

Auch wenn es Gemeinsamkeiten zwischen ähnlichen Projekten in den verschiedenen Branchen gibt, machen Sie nie den Fehler und behaupten Sie gegenüber Ihrem potenziellen Kunden, dass branchenspezifische Erfahrungen für sein Projekt nicht wichtig seien. IT-Consultants erzählen ihren Kunden, welche umfangreichen Erfahrungen sie bereits in anderen Projekten gemacht haben und versichern, dass sie schnell das Notwendige lernen, um die gewünschten Ergebnisse zu erzielen.

Ein IT-Consultant sagte: „Alle SAP-Projekte sind gleich. Es macht keinen Unterschied, in welcher

> Branche man ist, die Probleme sind alle ähnlich."
> Auch wenn diese Behauptung teilweise zutreffen
> mag – vermitteln Sie einem Kunden nicht das Ge-
> fühl, seine Herausforderungen seien nicht speziell.
> Kunden glauben, dass ihre Situation einzigartig ist,
> und meist haben sie damit recht. Wenn Sie dies nicht
> erkennen, verprellen Sie Ihre Kunden.

Wenden Sie eine zweigeteilte Strategie an, wenn Sie Projekte in einer für Sie neuen Branche akquirieren wollen:

Erstens: <u>Recherchieren</u> Sie das Unternehmen, die Branche sowie die spezifischen Herausforderungen Ihres Zielkunden. Diskutieren Sie dies mit Ihren Netzwerkkontakten und sprechen Sie, wenn möglich, mit den Kunden Ihres Zielkunden. Verschaffen Sie sich einen Einblick in das Unternehmen und die Branche.

Zweitens: <u>Beeindrucken</u> Sie Ihren Zielkunden. Der „Best Practice"-Ansatz, den ein Vorreiterunternehmen entwickelt hat und dem alle anderen folgen, löst nicht immer alle Probleme. Branchenexperten tendieren dazu, sich auf bewährte Ansätze zu verlassen, auch wenn diese für ihre Unternehmen nicht zukunftsfähig sind. Nutzen Sie Ihre Einblicke, Ihr Wissen, Ihren Einfallsreichtum und Ihre Erfahrungen, die Sie in anderen Branchen gesammelt haben. Helfen Sie Ihrem Kunden zu verstehen, warum Gruppendenken immer zu den gleichen alten Antworten führt und nicht zu innovativen Lösungen. Diese sind aber eventuell nötig, um die Wettbewerbsposition des Kunden zu verbessern. Denkmuster, die zu einem Problem geführt haben, sind meist nicht dazu geeignet, es zu lösen. Stattdessen sind neue, innovative – eben auch branchenfremde – Denkweisen durchaus berechtigt.

Wie Sie Ihren Umsatz erhöhen

Kleinvieh macht auch Mist. Nutzen Sie einige der folgenden sieben Vorschläge, um Ihre Umsätze zu erhöhen:

1. <u>Heben Sie Ihren Preis an.</u> Das ist vielen IT-Consultants zwar unangenehm, doch <u>zufriedene</u> Kunden werden dies

in der Regel akzeptieren. Verhandeln Sie bei einer Folgebeauftragung einen höheren Preis bzw. vereinbaren Sie zu Vertragsbeginn eine Staffelmarge beim Vermittler.

2. Verlängern Sie Ihren Vertrag. Bieten Sie Ihrem Kunden die Möglichkeit, sich Ihre Leistungen zum bisherigen Preis zu sichern, und sichern Sie sich zusätzlichen Umsatz ohne großen, zusätzlichen Akquiseaufwand.

3. Bieten Sie eine neue Leistung zu einem höheren Preis an. Lassen Sie die alte Leistung mit dem niedrigeren Preis auslaufen.

4. Bieten Sie Leistungspakete zum Festpreis an, statt Ihre Leistungen pro Stunde zu verrechnen. Nutzen Sie Ihre Erfahrung und Effizienz, um die eingesetzte Zeit gering zu halten und damit Ihren Stundensatz zu steigern.

5. Ziehen Sie weitere IT-Consultants hinzu. Falls Sie eine bestimmte Expertise nicht abdecken können, besetzen Sie diese innerhalb Ihres Netzwerkes. Steigern Sie dadurch Ihren Umsatz und verdienen Sie eine Marge an den Leistungen Ihres Netzwerkes.

6. Schlagen Sie frühzeitig und geschickt neue Projekte vor, so lange Sie noch Einblick in die Kundenorganisation haben und deren Bedarf erkennen. Unterstützen Sie Ihren Kunden bei der Entscheidung und dabei, das Budget zu bekommen.

7. Geben Sie bestimmte Tätigkeiten in Ihr Back-Office, das heißt produzieren Sie günstiger. Das erhöht zwar nicht Ihren Umsatz, jedoch Ihre Auftragsrentabilität. Sie haben noch kein Back-Office? Dann bauen Sie eines auf, und zwar mit Arbeitskräften, die für die typischen Arbeiten Ihres Beratungsunternehmens qualifiziert sind und deren Kostensatz niedriger ist als Ihr eigener.

Gehen Sie jedoch mit Bedacht vor. Entwickeln Sie ein Gespür für den richtigen Zeitpunkt und halten Sie die Kommunikation mit dem Kunden offen. Auch er soll erkennen, dass Sie unternehmerisch handeln müssen.

Nearshore/Offshore

Die Globalisierung hat auch dem IT-Beratungsgeschäft eine neue Dimension beschert. Angesicht der hohen Bedeutung des Leistungsfaktors „Personal" hat das Lohnkostengefälle zwischen den Staaten Westeuropas und Nordamerikas zu den Ländern Osteuropas und Asiens in den letzten Jahren zu einer Verlagerung der IT-Anwendungsentwicklung sowie der Betriebs- und Wartungsarbeiten geführt. In Indien gibt es zahlreiche Anbieter von IT-Dienstleistungen wie *Infosys*, *Covansys*, *Wipro Technologies*, *Tata Consultancy Services (TCS)* oder *NIIT Technologies* sowie Töchterunternehmen von *IBM*, *Microsoft*, *SAP* und *Siemens*.

In Deutschland ist das Offshoring im Vergleich zu den USA und Großbritannien etwas schwächer ausgeprägt, aber das Volumen steigt. Offshoring bezeichnet eine Form der Verlagerung unternehmerischer Funktionen und Prozesse ins Ausland. Nearshoring bezieht sich auf näher gelegene, zum Beispiel osteuropäische Länder. Laut einer Studie erzielten 2011 deutsche IT-Service-Anbieter 15 Prozent und IT-Beratungsunternehmen sieben Prozent ihres Projektumsatzes mit Nearshore- bzw. Offshore-Leistungen. Das Geschäft mit Near- und Offshore wird zunehmend und intensiver mit der Vor-Ort-Betreuung beim Kunden kombiniert.[51]

Kunden fragen aber Near- und Offshoring nicht nur wegen des Preises nach, sondern auch aufgrund der Verfügbarkeit von Ressourcen. Außerdem nutzen sie das durch die Zeitzonen versetzte Arbeiten. Ausländische IT-Experten mit sehr speziellem Technologiewissen sind preislich nicht unbedingt günstiger, aber dafür sind sie disponibel und technologisch sehr gut ausgebildet.

Ein erhöhter Administrations- und Kommunikationsaufwand, interkulturelle Missverständnisse und infrastrukturelle Defizite können die Near- und Offshoring-Vorteile erheblich schmälern. In der Zusammenarbeit mit indischen IT-Dienstleistern werden häufig folgende Probleme beklagt: erheblich längere Durchlaufzeiten, mangelnde Termintreue und Leistungsqualität, hoher Erklärungsbedarf bei der Vergabe von Aufgaben, die geringe Loyalität des Personals bzw. dessen hohe Fluktuation, fehlende Projektleitungskompetenz, späte Benachrichtigung der Auftraggeber bei Problemen, nicht eingehaltene Zusagen. Auch wird in unserem Kulturkreis die

Vermarktung als aggressiver empfunden. Umgekehrt kritisieren indische IT-Dienstleister an ihren Auftraggebern oft die unpräzisen oder missverständlichen Arbeitsvorgaben.

Anbieter von IT-Dienstleistungen aus China und Indien wachsen im zweistelligen Prozentbereich. Sie etablieren eigene Niederlassungen in Hochlohnländern wie Deutschland, um vor Ort Aufträge zu akquirieren und zu bearbeiten. Dazu stellen sie verstärkt deutsches Personal ein. *TCS* ist seit 20 Jahren in Deutschland und beschäftigt mehr als 3.000 IT-Consultants. Auch *Wipro* investiert in den Ausbau seiner Belegschaft in Deutschland.[52]

Farmshoring

IT-Serviceprovider liefern zunehmend ihre IT-Leistungen im Rahmen eines mehrstufigen Sourcing–Modells, das neben dem Offshoring, Nearshoring und Onshoring auch Farmshoring vorsieht. Letzteres meint Wirtschaftsregionen mit günstigeren Lohnkosten im eigenen Land, wie das Bundesland Sachsen. Farmshoring verspricht weniger Reibungsverluste bei der Auftragsbearbeitung, geringere sprachliche und kulturelle Verständigungsprobleme sowie einen niedrigeren Overhead für das Management.[53]

Während sich die Konzerne und die global aufgestellten Unternehmen den weltweiten Zugriff auf die qualifizierten IT-Mitarbeiter sichern, setzen viele mittelständische Unternehmen auf den lokalen Betrieb. Sie stehen dem Offshoring sowie dem Einsatz ausländischer Ressourcen eher skeptisch gegenüber. Behörden und Unternehmen, die primär deutsch kommunizieren oder sicherheitsrelevante Aspekte berücksichtigen müssen, können demnach nicht unbeschränkt auf Near- und Offshore-Ressourcen zugreifen.

Beobachten Sie den Markt, denn Kundenanforderungen verschieben sich auch hier. In einigen Unternehmen gewinnt das eigene IT-Know-How wieder an Wert, insbesondere dort, wo IT-Innovationen ein wichtiger Wettbewerbsfaktor sind, wie in der Car-IT.

Die Ansprechpartner der IT-Anbieter sind zwar die IT-Abteilungen, aber die Angebote aus den Bereichen Software as a Service (SaaS) und Infrastructure as a Service (IaaS) werden zum Großteil von den Fachbereichen bestellt. Für Sie als IT-Consultant heißt das, dass Kontakte in die Fachbereiche deshalb zunehmend wichtiger werden. Wussten Sie, dass einer der größten Geschäftsbereiche der *TCS* das Business Process Outsoucing ist?

Warum nicht die eigenen Vorteile nutzen, nach dem Motto: „If you can't beat them, join them." Ausländische IT-Beratungsunternehmen und IT-Hersteller sind durchaus an einer Zusammenarbeit mit deutschen Partnern interessiert.

Lokaler Vertrieb, weltweite Produktion

Die Firma XYZ ist der deutsche Projekt-und Vertriebspartner für internationale ECM-Experten. Das Unternehmen hat sich auf die Implementierung der *IBM*-FileNet-Technologie spezialisiert und arbeitet mit einem indischen Partnerunternehmen zusammen. Das indische Partnerunternehmen suchte einen deutschen Geschäftspartner, um deutsche Kunden besser zu bedienen und den Kundenstamm in Deutschland auszubauen. Eine strategische Partnerschaft wurde etabliert. Die Kunden bekommen das Beste aus beiden Welten: die dringend benötigte Technologieexpertise und einen lokalen Geschäftspartner, der die Kundenanforderungen managt und die Qualität sicherstellt. Letztlich profitieren alle: der Kunde, das indische Technologieunternehmen und das deutsche Partnerunternehmen.

Was heißt das für Sie als IT-Consultant bzw. als IT-Beratungsunternehmen? Wichtig ist, dass Sie Ihren USP im Vergleich zur internationalen Konkurrenz stärken und offensiv vermarkten.

Nach wie vor ist die Beherrschung der deutschen Sprache hierzulande für den Großteil der Unternehmen ein absolutes Muss. Sie stellt für internationale IT-Consultants die größte

Eintrittsbarriere dar. Während Programmierarbeiten bereits Offshore erbracht werden, erfordert die Projektarbeit beim Kunden vor Ort ein hohes Maß an Kommunikationsfähigkeit und Geschäftsprozesswissen. Als erfahrener IT-Consultant besitzen Sie die wichtige kulturelle Kundennähe und als lokaler Lieferant einen gewissen Vertrauensvorschuss.

Spielen Sie Ihre Stärke aus, die Kundenanforderungen aufgrund Ihres sprachlichen und kulturellen Verständnisses besser zu spezifizieren. Sie haben Kontakte in die Fachbereiche der Unternehmen, kennen die Geschäftsprozesse und die Gepflogenheiten der Kunden. Sie kennen den heimischen Markt und sind mit dem deutschen Rechtssystem vertraut.

Positionieren Sie sich wie folgt: Finden Sie heraus, welche Fähigkeiten Ihre Kunden an Ihnen schätzen, die sie weder Near- noch Offshore bekommen. Das sind Ihre Stärken gegenüber der internationalen Konkurrenz. Verstärken und vermarkten Sie diese.

---

[46]IDG Business Research Services: IT-Freiberuflerstudie 2014.

[47] Hackmann, Joachim: „Preferred-Supplier-Modelle sind kritisch" In: www.computerwoche.de, Stand: 24.04.2013.

[48] Königes, Hans: SAP legt Freiberuflern Daumenschrauben an" In: www.computerwoche.de, Stand: 05.03.2014.

[49] Lünendonk: „Marktsegmentstudie 2013 – Der Markt für Rekrutierung, Vermittlung und Steuerung von IT-Freelancern in Deutschland". Kaufbeuren, 2011.

[50] Gertz, Julia: Kundenschutzvereinbarungen mit Freelancern. Siegen, 2012.

[51] Lünendonk: „Studie 2011 – Führende IT-Beratungs- und IT-Service-Unternehmen in Deutschland".

[52] Hackmann, Joachim: „Wipro sucht 1000 neue Mitarbeiter" In: www.Computerwoche.de, Stand: 12.06.2012.

[53] Hackmann, Joachim: „IT-Outsourcing unter Druck" In: www.computerwoche.de, Stand: 13.02.2013.

Kapitel 17

Loyale Kunden-
beziehungen aufbauen

„Kundenzufriedenheit ist nicht viel wert,
Kundenloyalität dagegen unbezahlbar."

Jeffrey Gitomer

Ihr Kunde hat Sie beauftragt. Herzlichen Glückwunsch! Jetzt
fängt Ihre eigentliche Arbeit an – nachdem Sie den Auftrag
akquiriert haben. Nach der ersten Phase, der Kundengewin-
nung, verändern sich Ihre Ziele: Jetzt geht es darum, Ihren
Kunden immer wieder für Ihre Leistungen zu begeistern und
Folgeaufträge zu sichern. Ihr Ziel sollte es sein, Neukunden
zu Bestandskunden zu machen und mit diesen 60 bis 80 Prozent Ihres Umsatzes zu erwirtschaften. Vielen IT-Consultants
fällt es jedoch schwer, die dafür notwendigen Kundenbeziehungen aufzubauen.

Stellen Sie sich vor, Sie beenden gerade ein Kundenmeeting
zu einem laufenden Projekt. Die Unterhaltung driftet zu anderen Themen und Ihr Kunde fragt Sie, ob Sie die Genehmi-
gungsvorlage für das neue IT-Projekt der Nachbarabteilung
schon gelesen haben. Sie sind erstaunt, denn von diesem
wichtigen Projekt haben Sie bis dato nichts gehört. Ihr IT-Beratungsunternehmen ist prädestiniert für das neue Projekt,
aber nun müssen Sie sich beeilen, um dafür noch berücksichtigt zu werden.

Wenn Sie über einen potenziellen Beratungsauftrag zu spät
oder erst aus zweiter Hand erfahren, heißt das, dass Sie mehr
Zeit und Anstrengung in den Aufbau und die Pflege Ihrer
Kundenbeziehungen hätten investieren müssen. Mit Ihrem

Marketing wollen Sie erreichen, dass die Entscheider beim Kunden Ihr Leistungsportfolio kennen und Sie anrufen, wenn sich ein Bedarf nach IT-Beratungsleistungen ergibt, der zu Ihnen passt. Wenn das Projekt offensichtlich außerhalb Ihres Kompetenzbereiches liegt, sollte Ihre Stellung bei Ihrem Kunden so stark sein, dass Sie zumindest um Rat oder nach einer Empfehlung für einen geeigneten IT-Consultant gefragt werden.

Ihre Kunden: Ihr Betriebsvermögen und Ihr zukünftiges Einkommen

Aus wie vielen Anfragen bzw. potenziellen Aufträgen können Sie derzeit wählen? Mit wie vielen Interessenten stehen Sie regelmäßig in Kontakt? Wenn IT-Consultants gebeten werden, ihr Betriebsvermögen zu benennen, ist nur selten eine systematische Auflistung ihrer Kunden und Interessenten darunter. Dabei gehören Ihre Kundenliste, Ihre Rahmenverträge, Ihr Wissen über das spezifisches Geschäft der Kunden, Ihre Vernetzung innerhalb der Kundenorganisationen und Ihre ausgezeichnete Reputation zu Ihren wichtigsten Unternehmenswerten.

Sie brauchen nicht sehr viele: einige wenige ausbaufähige Kundenunternehmen reichen für einen einzelnen IT-Consultant bereits völlig, um diesen dauerhaft auszulasten. Hegen und pflegen Sie diese und erweitern Sie parallel immer Ihre Liste potenzieller Neukunden.

Wie oft suchen wir mit viel Aufwand nach Schätzen in fernen Ländern und übersehen dabei sträflich die Werte im eigenen Garten?

Bestandskunden sind in vielerlei Hinsicht wichtig. Verdeutlichen Sie sich den Kundenwert, zum Beispiel anhand der ökonomischen Größe des Deckungsbeitrags, den Sie mit diesen vom ersten Auftrag bis heute bereits erzielt haben. Versuchen Sie zudem das zukünftige Umsatzpotenzial für die nächsten drei Jahre zu schätzen. Das Ergebnis wird Sie mitunter selbst überraschen.

Betrachten Sie darüber hinaus auch den strategischen Wert des Kunden, das heißt seinen Beitrag zur Ausrichtung Ihrer unternehmerischen Ziele, seinen Informationswert zum Aufbau Ihres intellektuellen Kapitals sowie seinen Wert als Referenzkunde.

Der ökonomische Kundenwert

Das folgende Beispiel verdeutlicht eine für die IT-Beratungsbranche typische Umsatzentwicklung einer Kundenbeziehung:

- Inhouse-Workshop: € 2.000, Erstkontakt hergestellt, Bedarf ermittelt und Kompetenz dargestellt.
- Einstiegsprojekt: € 20.000, Kunde und Projekt qualifiziert Kontakt zum Entscheider hergestellt.
- Länger laufendes Projekt: € 150.000, Verständnis der Kundenorganisation und Reputation beim Projektsponsor aufgebaut, Fallstudie angefertigt und Testimonial vom Kunden erhalten.
- Folgeauftrag: € 150.000, Beziehung zu Entscheidern vertieft, weitere Projekte identifiziert.

Neben dem Gesamtumsatz von € 322.000 konnte der Erfolg beim Kunden außerdem als Referenz für einen weiteren Neukunden genutzt werden.

Insbesondere in gesättigten Märkten sollten Ihre Bestandskunden deshalb Ihr wichtigster Markt sein. Stecken Sie den Großteil Ihrer Marketinganstrengungen in die Vertiefung dieser Beziehungen. Warum? Weil es um einiges einfacher und günstiger ist, einen zusätzlichen Auftrag bei einem Bestandskunden zu gewinnen als ein Einstiegsprojekt bei einem Neukunden zu akquirieren.

Bestehende Kunden versprechen rentable Aufträge, denn Sie können Ihre Leistungen leichter erbringen, der Beauftragungsprozess hat sich eingespielt, Sie schätzen Risiken besser ein und die Rüstkosten sind geringer. Und vor allem: das gegenseitige Vertrauen ist bereits vorhanden.

Vielleicht fragen Sie sich nun, ob das wirtschaftliche Risiko mit wenigen Kunden nicht höher ist und Sie daher besser möglichst viele verschiedene Kunden akquirieren sollten?

Nicht unbedingt: Nehmen wir an, dass Sie 75 Prozent Ihres Gesamtumsatzes mit fünf Kunden erwirtschaften. Seit zehn Jahren machen Sie mit diesen Unternehmen immer wieder Umsatz. Diese sind Ihre rentabelsten Auftraggeber. Sowohl in wirtschaftlich guten als auch schwierigen Jahren werden Sie von Ihren Kunden um Unterstützung gebeten und beauftragt. Sie sind innerhalb der Kundenorganisationen etabliert, sodass Sie in vielen Projekten kaum Konkurrenz haben. Wenn RFPs angefragt werden, gewinnen Sie Aufträge häufiger als Sie diese verlieren. Obwohl Ihr Kunde auch andere IT-Consultants beauftragt, hat kein Wettbewerber eine gleichwertig starke Beziehung zu Ihren Auftraggebern aufbauen können. Loyale Kunden sind deshalb so erstrebenswert, weil diese Sie wiederholt und auch in turbulenten Zeiten beauftragen.

Bauen Sie deshalb die Beziehungen zu Ihren bestehenden Kunden richtig auf, und diese werden Ihre besten Quellen für Ihren weiteren Umsatz sein. Das einmal von Ihnen aufgebaute spezifische Organisationswissen über einen Bestandskunden ist wertvoll für beide – für Sie und Ihren Kunden. Sie lernen sein Geschäft, seine spezifischen Herausforderungen, seine wirtschaftlichen Treiber und Entscheider kennen und können deshalb Aufträge schnell und effizient durchführen.

Ihre Bestandskunden profitieren auch vom gemeinsam geschaffenen Wissen, da dadurch das Risiko für weitere Beauftragungen sinkt. Erfolgreiche IT-Consultants, die sich das Vertrauen ihres Auftraggebers verdient haben, werden nicht selten „mitgenommen", wenn dieser einen internen Karrieresprung macht oder das Unternehmen wechselt. So zahlen sich eine faire Beziehung, exzellente Leistungen, Zuverlässigkeit und Loyalität langfristig aus.

Kundenbeziehungen erfolgreich aufbauen

Es ist sicherlich nicht einfach, vertrauensvolle und tragfähige Beziehungen aufzubauen. Die Konkurrenz unter den IT-Consultants ist groß, und Kunden professionalisieren zunehmend den Einkauf von IT-Beratungsleistungen. Dazu kommt, dass

Ihre Kunden auch vom Marketing anderer IT-Consultants angesprochen werden. Behalten und vergrößern Sie Ihren bereits erworbenen Wettbewerbsvorsprung.

Machen Sie Ihre Leistungen sichtbar.

Nachdem ein neuer Kunde einen Auftrag in seinem Projekt an Sie vergeben hat, hat er oft gemischte Gefühle: Einerseits wird er bezüglich seiner Wahl zuversichtlich sein, andererseits aber auch unsicher. Er wird sich fragen, inwiefern Sie die Projektziele erreichen werden. Ihre Auftraggeber machen sich Gedanken um ihre eigenen Karrieren und die firmenpolitischen Auswirkungen, die sich durch die Zusammenarbeit mit Ihnen als IT-Consultant ergeben könnten.

Neue Kunden wissen selbst eine gewisse Zeit <u>nach</u> einer Beauftragung noch nicht, welche Leistungsqualität und welche Ergebnisse sie von einem IT-Consultant erhalten werden. Erst wenn sie <u>nicht</u> erhalten, wofür sie diesen verpflichtet hatten, erkennen sie, worauf sie sich eingelassen haben.

In dem Moment, in dem das Projekt von der Vertriebs- in die Leistungsphase wechselt, gewinnt der Kunde einen zweiten Eindruck von Ihnen und Ihren Leistungen. Arbeiten Sie daran, erste Ergebnisse schnell zu realisieren. Zeigen Sie damit dem Kunden, dass Sie liefern können, wozu er Sie beauftragt hat.

> **Old School – endlich geht das Projekt voran**
>
> Warum senden Sie Ihrem Kunden nicht ein Willkommenspaket zum Projektanfang, das administrative Details, die Kontaktdaten des Teams, das neue Whitepaper sowie ein Dankschreiben enthält? Beglückwünschen Sie ihn, dass er mit Ihnen eine gute Entscheidung getroffen hat und ermutigen Sie ihn, Ihre Leistungen für seinen Erfolg zu nutzen.

Eine Beziehung aufzubauen ist ein gemeinsamer Prozess, in den alle Parteien ihre Persönlichkeiten, Ansätze, Fähigkeiten, Stärken und Schwächen einbringen. Einige Beziehungen kommen gut voran, andere nie so richtig aus dem Startblock heraus. Machen Sie Ihre Leistungen schnell greifbar.

Was zählt? Ergebnisse!

Bis zum Zeitpunkt der Beauftragung haben Sie nur ein <u>Leistungsversprechen</u> gegeben. Im Rahmen der Leistungserbringung lösen Sie dieses nun ein.

Kunden suchen und engagieren IT-Consultants aus einem Grund: Sie wollen ihr konkretes Problem lösen. Die Voraussetzung für eine langfristige Kundenbeziehung ist, dass Sie die im Angebot zugesicherten Leistungen auch tatsächlich zur vollen Zufriedenheit erbringen. Kunden bringen einem neuen IT-Consultant großes Vertrauen entgegen. Der schnellste Weg, dieses zu verlieren, ist eine schwache Umsetzung.

Exzellente Leistungserbringung heißt, dass Sie das Projekt entsprechend dem zugesagten Zeitplan und Leistungsumfang erbringen, ohne dabei das vorgesehene Budget zu überschreiten und unter Minimierung etwaiger Störungen der Kundenorganisation.

Beweisen Sie nun in Ihrer Projektarbeit, dass Sie Ihre Versprechen halten. Zeigen Sie, dass Sie laufend darüber nachdenken, wie Sie ihrem Kunden bei seinen Problemen helfen können, und dass Sie eng mit seinem Team zusammenarbeiten. Bei der Ergebnisdarstellung geht es nicht nur um das große Projektziel, sondern auch um die täglichen kleinen Projektfortschritte.

Gewöhnen Sie sich an, Ihren Kunden frühzeitig zu fragen, inwiefern Sie dessen Erwartungen erfüllen und wie Sie Ihre Leistungen im Kundensinne weiter verbessern können.

> **Unzufriedenheit vermeiden. Begeisterung wecken. Loyalität aufbauen.**
>
> Zufriedenheit = Ergebnis – Erwartung
>
> Zufriedenheit ist immer relativ. Sie ist sowohl von Ihrem Leistungsergebnis als auch von der Erwartungshaltung des Kunden abhängig.
>
> Während Ihre Leistung für einen Kunden zufriedenstellend ist und dessen Erwartungen erfüllt, verspricht sich ein anderer deutlich mehr von Ihnen.

Eventuell hat ein vorheriger IT-Consultant die Messlatte angehoben. Managen Sie die Erwartungen Ihres Kunden, indem Sie nur versprechen, was Sie auch leisten können. Ihre Kunden werden begeistert sein, wenn Sie deren Erwartungen übertreffen.

Eventuell fragen Sie sich nun, wie Sie die Kundenzufriedenheit messen können? Interviewen Sie Ihren Kunden. Versuchen Sie herauszufinden, welchen spürbaren Unterschied Ihr Leistungsergebnis für die Kundenorganisation macht. Sie werden überrascht sein, wie einfach und pragmatisch die Antwort mitunter lautet. Wichtig ist, dass Sie überhaupt nach einem Feedback fragen.

Tabuthema: Kundenverlust

Wenn Kundenbeziehungen unfreiwillig auslaufen, neigen wir dazu, dies zu tabuisieren. Der Kundenverlust kommt einer Niederlage gleich, und wer gesteht sich diese schon gerne ein?

Warum ein Kunde Sie nicht weiter beauftragt, ist wichtig zu wissen, aber nicht leicht herauszufinden. Oft liegt es an einer unzureichenden Leistungserbringung oder am zwischenmenschlichen Fehlverhalten. Selten liegt es am Preis – wenn, dann am Preis-Leistungs-Verhältnis. Versuchen Sie, die wahre Ursache aufzuklären. Eine Standardbefragung legt dies kaum offen, eher behutsames persönliches Nachfragen. Ziehen Sie eventuell einen neutralen Dritten hinzu. Nur wenn Sie die bittere Wahrheit kennen, können Sie korrigieren und Gegenmaßnahmen einleiten.

Neuer Kunde – Neue Sprache – Neues Spiel

In ein neues Kundenunternehmen zu kommen gleicht einer Reise in ein fremdes Land. Sie sprechen noch nicht die gleiche Sprache wie die Mitarbeiter des Kundenunternehmens, und oft können Sie nicht vollständig interpretieren, was Sie hören und sehen. Sie brauchen Feingefühl und Erfahrung, um ein neues Kundenverhältnis aufzubauen. Dabei sind gute zwischenmenschliche Kompetenzen hilfreich, um die Verantwortlichkeiten und den Einfluss der Menschen in der Kundenorganisation zu verstehen. Es scheint manchmal, als ob eine hohe Sozialkompetenz und die fachliche Brillanz als IT-Spezialist mitunter im Widerspruch zu einander zu stehen.

Stecken Sie Menschen, denen Sie in der Kundenorganisation begegnen, nicht zu früh in die falsche Schublade. Hin und wieder können Sie einige Charaktertypen aufgrund ihres Verhaltens einordnen: den Unterstützer, den Gegner oder den Desinteressierten. Selten wird jedoch ein Kundenmitarbeiter auf Sie zukommen und sagen, „Hallo, ich bin in diesem Unternehmen Ihr schärfster Gegner!" Hören Sie gut hin und reflektieren Sie, was gesagt wird – und was nicht.

> ## Wahrheit geht vor Vertrieb
>
> IT-Consultants sollten objektiv sein, um effektiv zu arbeiten. Das bedeutet, dass Sie ausreichend professionelle Distanz zu Ihren Kunden wahren sollten. Auf der anderen Seite müssen Sie nah genug an ihn herankommen, um glaubwürdig und vertrauenswürdig zu sein. Sagen Sie Ihrem Kunden die Wahrheit, auch wenn er diese vielleicht nicht hören will. Ihm offen zu sagen, was er wirklich braucht, hat Vorrang vor Ihren vertrieblichen Zielen.

Arbeiten Sie im besten Interesse Ihres Kunden, selbst wenn dessen Handlungen mit Ihren kurzfristigen Interessen kollidieren. Um ihren Umsatz zu erhöhen, schlagen manche IT-Consultants Arbeiten vor, die nicht im Kundeninteresse liegen, zum Beispiel indem sie komplexere und aufwendigere Lösungen unterbreiten als unbedingt notwendig. Das ist kurzsichtig. Früher oder später ruinieren sie sich damit ihren Ruf.

Jeder Mitarbeiter des Kundenunternehmens ist Ihr Kunde und jede Interaktion eine Möglichkeit, eine Person aus der Kundenorganisation von Ihrer Leistungsfähigkeit zu überzeugen.

Bedenken Sie, dass ein heutiger Bereichsleiter in einigen Jahren zum CIO aufsteigen kann, in seinem derzeitigen oder in einem anderen Unternehmen. Menschen wechseln ihre Positionen, ihre Arbeitgeber, ihre Karrieren. Wertschätzen Sie deshalb alle Beziehungen zur Kundenorganisation.

Aktivieren Sie frühere Kunden

Im Gegensatz zur Neukundenakquise starten Sie bei einem zufriedenen Bestandskunden mit einem Vertrauensvorschuss. Kontakte, Restloyalität und Gesprächsbereitschaft sind meist noch über Jahre nach einem erfolgreichen Projektende vorhanden.

Belohnen Sie Kundentreue mit exklusiven Leistungen und bleiben Sie Ihren Kunden in Erinnerung, zum Beispiel mit Ihrem Newsletter, einem gelegentlichen Telefonat, einem interessanten Artikel zu einem aktuellen IT-Thema oder über ein Update in den Business Netzwerken. Gratulieren Sie einem Kundenmitarbeiter zum Karrieresprung oder Jobwechsel – auch wenn Sie seit einiger Zeit nicht mehr in dessen Organisation tätig waren.

Wichtig ist, dass Sie in Verbindung bleiben und es sich und Ihrem Kunden einfach machen, den Kontakt wieder aufzunehmen.

Kundenprofil: Kennen Sie Ihren Kunden?

Wie viele verschiedene Informationen haben Sie über Ihre Kunden? Erstellen Sie für jedes Ihrer Kundenunternehmen eine Übersicht, mit deren Hilfe Sie erkennen können, wer welche Rolle in der Kundenorganisation spielt und wer Ihre Unterstützung benötigen könnte. Überlegen Sie, wie Sie die wichtigsten Entscheider treffen können. Finden Sie heraus, ob diese planen, in naher Zukunft IT-Beratungsleistungen einzukaufen und wie sie zu Ihnen stehen.

Sie sollten die wichtigsten Unternehmen in der Branche Ihres Kunden kennen – also die Konkurrenz Ihrer Kunden und Unternehmen, die das Geschäft Ihrer Kunden beeinflussen können.

Struktur eines Kundenprofils:

- allgemeine Angaben zum Firmensitz, zum Umsatz, zur Mitarbeiterzahl
- Historie der Kundenbeziehung: Bisherige Beauftragungen und Kundenwert, Konditionen, Differenzen, Zahlungsmoral
- aktuelle Projektsituation
- Struktur und Besetzung des Managementteams und der Einkaufsorganisation
- Technologieportfolio und IT-Architektur der Kernsysteme des Kunden

Bringen Sie Ihre eigene Wettbewerbssituation in Erfahrung. Mit welchen IT-Consultants oder IT-Beratungsunternehmen arbeitet der Kunde in Ihrem Kompetenzbereich und in welchem Umfang zusammen?

Die meisten der genannten Informationen lassen sich öffentlich über die Webseite des Kunden, dessen Geschäftsbericht und im Internet recherchieren. Abonnieren Sie zum Beispiel *GoogleAlterts* zum Kundenunternehmen, um automatisch relevante Artikel aus der Presse zu erhalten.

Kundenorientiertes Marketing – Investieren Sie in Ihre strategischen Kunden

Effektives Marketing bei Bestandskunden bedeutet nicht, dass Sie Ihre Beziehung ausnutzen und Ihrem Kunden etwas verkaufen, was er nicht braucht. Es heißt auch nicht, dauernd im Akquise-Modus zu sein und Kunden ständig mit Leistungsangeboten zu nerven, die nicht zu seinem Bedarf passen. Gehen Sie am besten wie folgt vor:

Identifizieren Sie Ihre Ziele für jeden einzelnen Bestandskunden und legen Sie fest, wie Sie diese erreichen wollen. Benennen Sie die Entscheider, die Sie dafür angehen müssen, und legen Sie fest, wie Sie Ihre Beratungsleistungen für jeden

Kunden differenzieren können. Definieren Sie Ihre Marketingmaßnahmen und planen Sie, wie viel Zeit und Budget Sie pro Kunde aufwenden wollen.

Einige Kunden werden für Sie wichtiger sein als andere. Führen Sie aber trotzdem Marketingaktivitäten für alle Ihre Bestandskunden durch. Ein kundenorientiertes Marketing sollte unaufdringlich und kooperativ sein, Ihren Kunden in sinnvoller Weise helfen und auf deren Herausforderungen abgestimmt sein.

Strategische Kunden identifizieren

Jede Kundenbeziehung ist wertvoll, aber einige Kunden haben für Sie persönlich bzw. für Ihr IT-Beratungsunternehmen eine größere strategische Bedeutung als andere. Strategische Kunden rechtfertigen spezielle Investitionen.

Fluggesellschaften bieten ihren wertvollsten Kunden mit ihren Vielfliegerprogrammen Zusatzleistungen wie Upgrades, ein schnelleres Check-in, eine höhere Wartelistenpriorität und den Zugang zu Lounges. Sie belohnen Kundentreue.

Bevor Sie nun aber ähnliche Vorteile für Ihre strategischen Kunden definieren, prüfen Sie folgende Kriterien:

Besteht Ausbaupotenzial? Identifizieren Sie die Vorteile, die eine zusätzliche Marketinginvestition in den Kunden rechtfertigen. Können Sie durch diesen Kunden Folgeaufträge erhalten, neue Beratungsleistungen entwickeln oder Ihre Referenzliste erweitern? Wenn ja, sind diese Vorteile die notwendige Investition in den Kunden wert?

Passt die Kundenkultur? IT-Consulting ist ein kontaktreiches Geschäft, und der Projekterfolg hängt auch von der Tatkraft und Motivation des IT-Consultants bzw. des Beratungsteams ab. Die Kultur einer Kundenorganisation beeinflusst nicht nur das Energieniveau der internen Mitarbeiter, sondern überträgt sich auch auf Externe. Viele IT-Consultants erbringen gerne gute Leistungen in Organisationen, die eine offene, aufrichtige und verantwortungsvolle Kultur leben. Umkehrt verringert sich deren Leistungsmotivation, wenn sie nicht gut behandelt werden, die Zahlungsmoral des Kunden schlecht ist, Entscheider nicht ansprechbar sind oder wenn sie wiederholt negative Reaktionen auf ihre Vorschläge erhalten. Wenn die Kundenorganisation gut mit einem IT-Consultant zusammenarbeitet, sind Marketinginvestitionen in diese Beziehung leichter zu rechtfertigen.

Wird es funktionieren? Es macht wenig Sinn, einem Kunden nachzugehen, für den Sie nicht ausreichend qualifiziert sind oder bei dem Sie merken, dass Sie die gewünschten Ergebnisse nicht liefern können. Vertrauen Sie Ihren Instinkten. Einige Kunden bzw. Aufträge sollen einfach nicht sein.

Bietet der Kunde eine ausreichend hohe Auftragsrentabilität? Lohnen sich die Aufträge bei dem Kunden unterm Strich? Der Gesamtumsatz kann ein falscher Indikator sein, denn große, umsatzträchtige Kunden bringen manchmal nur kleine Gewinne. Ermitteln Sie den erwarteten Deckungsbeitrag, um zu entscheiden, ob dieser Kunde weitere Marketingaktivitäten rechtfertigt.

Welche Möglichkeiten der Arbeitsorganisation bietet der Kunde? Jeder IT-Consultant hat eine andere Einstellung zum Reisen. Manche haben sich damit abgefunden, dass es ein Teil ihres Berufes ist. Prüfen Sie, wo Ihre Kunden ansässig sind und ob diese Ihre Anwesenheit vor Ort am Firmensitz zur Erbringung von IT-Beratungsleistungen verlangen. Verdrängen Sie nicht die Auswirkungen, die ständiges Reisen auf andere Kundenprojekte und auf Ihr privates Leben haben. Kunden, die heimatnah sind oder die Sie virtuell arbeiten lassen, könnten Ihre Präferenz sein.

Einen strategischen Kunden zu identifizieren läuft auf eine Frage hinaus: Wird diese Beziehung für Sie und den Kunden vorteilhaft sein, sodass beide Parteien bereit sind, in diese zu investieren? Wenn dies für einen Ihrer Kunden gegeben ist, dann setzen Sie ihn auf Ihre Top-Kundenliste und bemühen Sie sich, für diesen zum Preferred Supplier zu werden.

In strategische Kunden intensivieren

• Erkennen Sie weiteren Optimierungsbedarf für Ihre Zusammenarbeit. Schlagen Sie rechtzeitig die nächsten Schritte in einem laufenden Projekt vor, zum Beispiel die Anbieterauswahl, während Sie noch den Anforderungskatalog für eine neu einzuführende Technologie erstellen, oder die Konzeption der CBT-Inhalte für die Schulung der Endanwender, während Sie noch die Use Cases für eine neu zu entwickelnde Software erarbeiten.

- Personalisieren Sie Informationsinhalte für Ihren Kunden, indem Sie eine Microsite auf Ihrer Website mit kundenbranchenspezifischen IT-Kennzahlen oder IT-Trends einrichten. Sie helfen ihm damit, relevante Themen für sein Unternehmen zu filtern und zu interpretieren.

- Schaffen Sie positive Erlebnisse. Indem Ihre Kunden durch Sie oder gemeinsam mit Ihnen Projekterfolge feiern, bauen Sie eine emotionale Bindung auf. Ihr Ziel sollte es sein, aus zufriedenen Kunden loyale Kunden zu machen.

- Leben Sie einen aktiven Wissenstransfer. Teilen Sie Tipps und Tricks, die für sie selbst hilfreich sind – und sei es nur ein Short-Key zur Bedienung eines Textverarbeitungs- oder Tabellenkalkulationsprogramms. Senden Sie ihrem Kunden relevante Fachartikel und erläutern Sie diese kurz beim nächsten Gespräch. Kunden wollen immer dazulernen.

- Loben Sie Ihre Kunden, so dass sie bei Kollegen und Vorgesetzten gut aussehen. Unterstützen Sie Ihre Kunden dabei, beruflich weiterzukommen.

- Schreiben Sie gemeinsam mit Ihrem Kunden Fachartikel oder unterstützen Sie ihn bei der Vorbereitung einer Präsentation für eine Fachkonferenz.

Werden Sie kreativ. Feiern Sie doch ihre (Geschäfts-)Beziehung – wie in einer guten Ehe. Es müssen keine großen Budgets dahinter stecken. Wenn Sie Ihren Kunden kennen, wissen Sie am besten, welche Maßnahmen er zu schätzen weiß.

Helfen Sie Ihren Kunden, deren soziales und berufliches Netzwerk zu erweitern. Stellen Sie Ihre Kunden untereinander vor, damit diese Ideen und Informationen zu aktuellen Projekten austauschen können. Diese besprechen gerne projektspezifische Erfahrungen mit Gleichgesinnten in anderen Unternehmen. Lassen Sie Ihre Kunden von Ihren Kontakten profitieren.

Vorsicht ist jedoch in Bezug auf persönliche, geldwerte Zuwendungen geboten. Lassen Sie nie den Verdacht der Bestechung aufkommen. Fragen Sie nach den Compliance-Bestimmungen, damit Sie Ihre Kunden und sich selbst nicht in Schwierigkeiten bringen. Erkundigen Sie sich, was erlaubt und üblich ist – und was nicht.

Loyalität beruht auf Gegenseitigkeit

Eine Berater-Kunden-Beziehung aufzubauen und zu festigen ist eine gemeinsame, langfristige Aufgabe zu beiderseitigem Nutzen. Ohne diesen sollten beide Seiten keine Loyalität erwarten.

Einige IT-Consultants fühlen sich schnell zum nächsten Projekt bei einem Neukunden hingezogen, statt eine bestehende Kundenbeziehung zu pflegen und dort Folgeaufträge durchzuführen. Vielleicht liegt es am Jagdinstinkt oder am Reiz des Neuen, aber oft ist es ein Fehler, einen strategisch wichtigen Bestandskunden für einen neuen, unbekannten Kundenauftrag zu vernachlässigen.

Seien Sie geduldig und verstehen Sie die Herausforderungen, die Ihre Kunden haben. Geben Sie nicht gleich auf, wenn es einmal nicht so läuft, oder wenn der Kunde nicht sofort das nächste Budget für ein Folgeprojekt bereitstellen kann. Auch wenn ein Kunde Ihnen gegenüber nicht loyal ist, seien Sie diesem gegenüber trotzdem fair.

Wann man besser geht

Es ist immer gut zu wissen, wann es Zeit ist zu gehen. Nicht alle Kunden sind es wert, dass man wertvolle Zeit und Aufwand in sie investiert, um den Umsatz mit ihnen auszubauen. Arbeiten Sie mit den Kunden, die Ihr Interesse an einer loyalen Beziehung teilen. Ziehen Sie die Reißleine, wenn Sie Folgendes erkennen:

Ihr Kunde sieht nur das aktuelle Projekt. Wenn Sie bei der Auftragsvergabe nur wie einer von vielen IT-Consultants behandelt werden, statt wie ein persönlicher Berater Ihres Kunden, dann ist das eine bittere Erfahrung. Gemeinsame, vergangene Projekterfolge sind vergessen, und vielleicht ist Ihre Zeit besser bei anderen Kunden investiert.

Ihr Kunde tauscht IT-Consultants häufig aus. Manche Kunden wechseln ihre IT-Consultants so häufig wie ihre Socken – auch wegen Kleinigkeiten oder wegen geringer Preiserhöhungen. Verschwenden Sie nicht Ihre Zeit mit dieser Kategorie an Kunden.

Ihr Kunde ist Ihnen gegenüber feindlich eingestellt. Wenn Sie Auseinandersetzungen mögen, dann sind streitsüchtige Kunden eventuell eine nette Herausforderung für Sie. Für alle anderen stellt Streit mit anstrengenden Kunden eine Belastung dar. Lassen Sie Ihren Kunden ein anderes Opfer finden.

Ihr Kunde gibt nichts zurück. Einige Kunden fragen IT-Consultants nach kostenfreien Extras wie unentgeltlicher Recherchearbeit oder Präsentationen, um bei der nächsten Gelegenheit einen Wettbewerber zu beauftragen. Das Prinzip der Gegenseitigkeit muss nicht zwingend sofort greifen, aber Sie können durchaus eine gewisse Berücksichtigung aufgrund vergangener Investitionen in die Kundenbeziehung erwarten.

Ihr Kunde berücksichtigt Ihren Rat nicht. Falls Ihr Kunde Ihre sorgfältig erarbeiteten Entscheidungsvorlagen wiederholt ablehnt, sollten Sie sich berechtigt fragen, welchen Mehrwert Sie ihm letztlich liefern können. Überlegen Sie sich, die Karten auf den Tisch zu legen und aus dem Spiel auszusteigen.

Ihr Ziel im kundenbezogenen Marketing besteht darin, loyale Beziehungen mit Ihren rentabelsten Kunden aufzubauen. Obwohl IT-Consultants technisch orientierte Leistungen und Ergebnisse liefern, ist das IT-Beratungsgeschäft trotzdem ein „People Business". Sie werden nur so erfolgreich sein wie die Beziehungen, die Sie sich mit den Menschen in der Kundenorganisation erarbeiten.

Teil IV

Nächste Schritte

Kapitel 18

Gut planen und schlag-
kräftig umsetzen

*„ Viele sind hartnäckig in Bezug auf den einmal
eingeschlagenen Weg, wenige in Bezug auf das Ziel. "*

Friedrich Nietzsche

Ziele und Pläne sind ohne effektive Umsetzung wenig wert.
Ihre größte Herausforderung wird daher nicht in der Ausarbeitung Ihres Marketingplans liegen, sondern in dessen Implementierung in Ihrer Beratungspraxis.

Im Verlauf der Lektüre dieses Buches haben Sie sich Gedanken über Ihre Positionierung, Ihren USP, Ihre Leistungen, Ihren Marketing-Mix, die Preisgestaltung, Vertriebstaktiken sowie über den Aufbau loyaler Kundenbeziehungen gemacht.
Nun ist es an der Zeit, dass Sie Ihre Ideen in die Tat umsetzen.
Falls Sie nicht wissen, wo Sie nun anfangen sollen, ist das
durchaus nachvollziehbar. Überlegen Sie sich zunächst, wo
Sie hinwollen – persönlich und beruflich. Diese Klarheit müssen Sie für sich gewinnen.

Zeitmanagementexperten raten, smarte Ziele zu setzen und
diese in einzelne konkrete Teilschritte zu teilen. „Smart" steht
in diesem Zusammenhang als Abkürzung für spezifisch,
messbar, aktionsorientiert, realistisch und terminiert. Das ist
ein guter Ansatz.

Die Praxis zeigt jedoch, dass die Wege erfolgreicher IT-Consultants eher gewunden als gradlinig und nicht nach einem
langfristigen Masterplan verlaufen sind. Stattdessen haben sie
Chancen, die sich während ihrer Beratungstätigkeit ergeben

haben, erkannt und das Momentum einer spezifischen Kunden- oder Projektsituation genutzt, um Folgeaufträge zu realisieren, Ihre Leistungsportfolios anzupassen oder Partnerschaften einzugehen.

Verfolgen Sie einen kombinierten Ansatz: Einerseits sollten Sie Ihre Marketingmaßnahmen planen und umsetzen – sich als Experte positionieren, Ihre Kernkompetenzen stetig verbessern und neue Lösungsansätze für Ihre Kunden entwickeln. Andererseits können Sie heute nicht einschätzen, welche beruflichen Gelegenheiten morgen auf Sie zukommen. Sie können dies teilweise antizipieren und vorbereitet sein. Wenn Sie ein effektives Marketing betreiben, dann werden Sie nicht nur von Ihren idealen Kunden gefunden werden und rentable Aufträge erhalten; auch talentierte Mitarbeiter und interessante Geschäftspartner werden Ihren Weg kreuzen.

Ohne Ziel ist es egal, welchen Weg Sie gehen

Wenn Sie nicht wissen, wo Sie hinwollen, dann können Sie Ihren Zielort auch nicht im Navigationssystem eingeben. Klar formulierte Ziele und die dafür notwendigen Entscheidungen bringen Sie weiter als lange Listen mit guten Absichten.

Werden Sie sich also darüber klar, welche konkreten Ziele Sie im nächsten Jahr verfolgen wollen. Schreiben Sie: „Im nächsten Jahr möchte ich

- ein Einstiegsprojekt beim ortsansässigen Unternehmen XYZ akquirieren;
- eine weitere Qualifikation erwerben, zum Beispiel die Zertifizierung als SAP Certified Technology Specialist für SAP HANA;
- die eigene Lebensqualität steigern und mehr Zeit für Familie, Freunde oder ein Hobby haben, indem ich das stressige oder undankbare Projekt auslaufen lasse oder die eigene Auslastung auf die Hälfte reduziere;
- neue Leistungsbereiche anbieten, die mein Beratungsangebot ausweiten oder einzigartig machen, indem ich neue Mitarbeiter rekrutiere oder mit Partnern zusammenarbeite, die diese Fähigkeiten haben;

- finanzielle Ziele realisieren, zum Beispiel den Umsatz verdoppeln, den Tagessatz erhöhen oder den Gewinn um 20 Prozent steigern;
- an einem spannenden, innovativen IT-Projekt mitarbeiten, das mich fachlich weiterbringt und auf dem ich spätere Leistungen aufbauen kann, wie etwa die Implementierung des Internet-of-Things-Konzepts zur Automatisierung logistischer Prozesse;
- als Experte in einer Nische bekannt werden, indem ich einen Artikel in einer Fachzeitschrift veröffentliche, einen Konferenzvortrag und ein Webinar halte;
- die eigene Marktsichtbarkeit bei den Zielkunden erhöhen, zum Beispiel durch eine Studie, bei der ich die wesentlichen IT-Herausforderungen von 30 Zielkundenunternehmen recherchiere und dabei mit deren Entscheidern in Kontakt komme.

Und wie wollen Sie zahlen?

Anders gefragt: Wie hoch sind Ihre Opportunitätskosten? Stellen Sie sich folgende Fragen, um Ihre Ziele zu formulieren. Wenn ...

- ... Ihr IT-Beratungsunternehmen wachsen soll, werden Sie mehr am Aufbau Ihres Unternehmens arbeiten statt in den Kundenprojekten. Da sich Ihr Fokus auf Ihr Geschäftsmodell, Ihr Marketing und die Mitarbeiterrekrutierung verlagert, werden Sie kurzfristig weniger eigenen Projektumsatz realisieren, dafür aber mehr Verantwortung und höhere Kosten tragen.
- ... Sie weniger reisen wollen, suchen Sie gezielt heimatnahe Projekte oder Kunden, die ein virtuelles Arbeiten ermöglichen. Dafür schlagen Sie andere spannendere oder lukrativere Aufträge in der Ferne aus.
- ... Sie höhere Tagessätze durchsetzen wollen, benötigen Sie innovative oder höherwertigere Beratungsleistungen. Diese erfordern gegebe-

> nenfalls Zertifizierungen in neuen Technolo-
> gien, Recherche und Publikationen zu den neu-
> esten Themen in Fachmedien und zusätzliche
> Marketinganstrengungen.

Welches sind Ihre Ziele? Von diesen hängt alles Weitere ab.
Deshalb ist es so wichtig, dass Sie zunächst Klarheit darüber
finden, welche persönlichen und beruflichen Ziele Sie anstreben. Nur wenn Sie diese deutlich vor Augen haben, können
Sie die für die Umsetzung nötigen Entscheidungen treffen.

Menschen begehen oft den Fehler, sich unrealistische kurzfristige Ziele zu setzen, dabei aber keine ambitionierten, langfristigen Ziele zu definieren. Planen Sie deshalb rückwärts –
von Ihrer Vision in zehn Jahren zu Ihren Zielen in fünf Jahren
über den machbaren Stand in drei Jahren bis hin zum detail-
lierten Businessplan für das nächste Jahr.

Der Vorteil dieser Übung: Sie denken voraus und treffen
Prognosen auf der Basis Ihres heutigen Wissensstandes. Ihre
Herausforderung besteht nun in der Überlegung, wie Sie
wachsen bzw. Dinge anders tun können, um Ihre ehrgeizigen
Ziele zu verfolgen und zu erreichen.

Ihr Marketingplan

Wenn Sie wissen, <u>was</u> Sie erreichen wollen, geht es nun darum festzulegen, <u>wie</u> Sie Ihre Ziele in die Realität umsetzen.

Um die richtigen Kunden zu gewinnen, benötigen Sie einen
gut durchdachten Marketingplan. Als IT-Consultant agieren
Sie in einem schnellen geschäftlichen Umfeld und in einem
zyklischen Markt. In starken Zeiten werden Sie regelrecht
vom Markt aufgesogen und für Top-Stundensätze beauftragt.
Wenn es den Kundenunternehmen aber schlechter geht, weil
die konjunkturelle Gesamtlage schwächelt oder sich die Kon-
kurrenzsituation durch neue, aggressive Mitbewerber verstärkt, dann sind Sie froh, wenn Sie in Ihren guten Zeiten Ihre
Hausaufgaben gemacht haben.

Betreiben Sie Marketing – immer

Sie haben keine Zeit, weil Sie voll im Kundenprojekt ausgelastet sind? Super. Sie sollten trotzdem regelmäßig Marketing betreiben, weil:

- es meist zu spät ist, wenn Sie erst damit beginnen, wenn Sie es brauchen.
- Sie immer in Konkurrenz mit anderen IT-Consultants stehen, zunehmend auch international.
- Sie Vorlauf für neue Aufträge benötigen.
- Sie in guten Zeiten über wichtige Kontakte und das nötige Budget für Ihre Vermarktung verfügen.
- Sie Marketing benötigen, wenn Sie in Krisenzeiten Ihren Umsatz sichern, oder wenn Sie mit Ihrem Unternehmen wachsen wollen.

„Mache Dir Freunde, wenn Du sie nicht brauchst."

Definieren Sie nun, <u>wie</u> Sie Ihre Ziele erreichen wollen. In einem einfachen Marketingplan formulieren Sie die folgenden Punkte:

1. Ziele Ihres Marketings
2. Listung der Vorteile Ihrer Leistungen für Ihre Kunden
3. Definition Ihrer Nische und Ihrer Zielgruppe
4. Listung Ihrer Marketingmaßnahmen
5. Bestimmung Ihres Marketingbudgets

Legen Sie fest, wie Sie mit verschiedenen Maßnahmen in Kontakt mit potenziellen Kunden kommen sowie Ihren Umsatz mit Ihren bestehenden Kunden ausbauen wollen.

Der Marketingplan der *ROITI Consulting AG*

Marketingziel ist es, *ROITI* als den Marktführer zu etablieren, der seine Kunden dabei unterstützt, den Return on Investment (ROI) von IT-Investitionen zu bestimmen und signifikant zu erhöhen.

ROITI wird gezielt die CIOs mittelständischer und großer Unternehmen adressieren, die für ein IT-Budget von mehr als 100 Millionen Euro pro Jahr verantwortlich sind. *ROITI* garantiert seinen Kunden eine bessere Nutzung bereits getätigter IT-Investitionen durch die Reduktion jährlicher IT-Kosten – ohne zusätzliche Investitionen.

Für das nächste Jahr plant *ROITI* die folgenden Marketingmaßnahmen:

- Erstellung einer qualitativen Studie „Zufriedenheit mit den IT-Leistungen – 30 Kunden von IT-Systemhäusern berichten". Versendung dieser Studie an 300 Zielkunden in der DACH-Region.
- Erstellung eines Online-Tools zur Bestimmung der IT-Kosteneffizienz, das zur Lead-Generierung für die Vertriebsmitarbeiter der *ROITI* dienen soll. Das Tool soll es Interessenten ermöglichen, die Kosteneffizienz ihrer bestehenden IT grob zu bestimmen – nachdem diese vorab einige Informationen zum Unternehmen und zur Person preisgegeben haben.
- Durchführung von zwei Webinaren zum Thema „So reduzieren Sie Ihre laufenden IT-Kosten".
- Publikation von drei Fachbeiträgen zum Thema „IT-Kosteneffizienz" in den auflagestärksten IT-Publikationen sowie über die Business Netzwerke.
- Erstellung und Versendung eines monatlichen Newsletters zum Thema „Kosteneffiziente IT".
- Durchführung von fünf Workshops bei Bestandskunden zur Ermittlung des Potenzials zur IT-Kostenreduktion.

ROITI-Consultants werden durch diese Maßnahmen dafür bekannt, dass sie ihren Kunden helfen, den ROI ihrer IT-Investitionen zu erhöhen. Das Marketingbudget wird auf 75.000 Euro festgelegt.

Kategorisieren Sie Ihre Kunden, um Ihr Marketingbudget sowie den Zeit- und Ressourcenbedarf für Ihre Marketingaktionen festzulegen:

Bestandskunden. Obwohl dies meist nur einige wenige Kundenunternehmen sind, sollten Sie mehr als die Hälfte Ihres Marketingbudgets für Ihre Bestandskunden bereitstellen.

Potenzielle Kunden. Ihr Ziel ist es, Interessenten in Kunden zu wandeln, sofern diese Ihre Zielkunden-Anforderungen erfüllen und Sie deren Probleme lösen können. Veranschlagen Sie den zweitgrößten Anteil Ihres Marketingbudgets, um Aufträge aus dieser Gruppe zu akquirieren.

Der weitere Markt. Diese Gruppe umfasst alle Marktteilnehmer, die nicht durch die oben genannten Gruppen repräsentiert werden, insbesondere Meinungsmacher, die mit Ihren Bestandskunden oder potenziellen Kunden in Verbindung stehen. Obwohl das Marketing in dieser Gruppe weniger effizient ist, investieren Sie hier die verbleibenden zehn Prozent Ihres Marketingbudgets. Diese Gruppe hat – wenn auch indirekt – das Potenzial, wichtige Kontakte und neue Interessenten zu generieren.

Dies sind natürlich nur Faustregeln. Jeder IT-Consultant und jedes IT-Beratungsunternehmen ist einzigartig, und diese Individualität sollte sich im Marketingplan widerspiegeln. Wie Sie Ihre Maßnahmen kombinieren und Ihre Ressourcen einteilen, wird sich zudem im Lauf der Zeit ändern.

Wie sich Marketing rechnet

Der ROI mancher IT-Investition ist schwer messbar. Ähnlich verhält es sich mit Marketinginvestitionen.

Die Kennzahl Return on Marketing Investment (ROMI) spiegelt das Verhältnis zwischen dem eingesetztem Marketingkapital (MK) und dem zusätzlichen Deckungsbeitrag (DB) aufgrund des Marketings wider:

$$ROMI = (DB-MK)/MK$$

Für einen zusätzlich erzielten Deckungsbeitrag von 20.000 Euro (zum Beispiel erzielbar durch einen Projektumsatz in Höhe von 50.000 Euro abzüglich der Produktionskosten in Höhe von 30.000 Euro) und 4.000 Euro Marketingkosten berechnet sich der ROMI wie folgt:

$$€\ 4 = (€\ 20.000 - €\ 4.000)/ €\ 4.000$$

Das heißt, dass aus einem Euro, der in Marketingmaßnahmen investiert wurde, ein zusätzlicher Deckungsbeitrag in Höhe von vier Euro erzielt wurde.

Der Erfolg von Marketingmaßnahmen wie Direktmailings, Seminaren oder *Google Ads* lässt sich relativ leicht messen, da Sie die Anzahl der ernsthaften Interessenten, der Beauftragungen sowie die daraus resultierenden Deckungsbeiträge quantifizieren können. In anderen Fällen ist der ROMI um einiges schwieriger zu bestimmen, denn Ihre Website, die verständliche Präsentation Ihres USPs und die Pflege Ihrer Kunden- und Geschäftsbeziehungen sind nur Teile einer komplexeren Wirkkette.

Ernsthafte Kundenanfragen sind meist das Ergebnis von verschiedenen Wechselwirkungen: Ein ehemaliger Kunde hat Sie einem Interessenten aufgrund Ihrer hervorragenden Leistungen empfohlen, dieser liest auf Ihrer gut gestalteten Website Ihre Leistungsbeschreibung und Ihren Artikel. Ihr Kompetenzprofil ist professionell erarbeitet und passt zu seinen Anforderungen. Schließlich kontaktiert er Sie. Letztlich führt die Summe aller Teile zum nächsten Auftrag.

Den Erfolg Ihres Marketings messen Sie zum Beispiel anhand der folgenden Größen: Realisierung höherer Tagessätze, größere Auslastung, qualifiziertere Kundenanfragen und kürzere Vertriebszyklen.

Schritt für Schritt zum Marketingplan

Kalkulieren Sie einen halben Tag für die Erstellung Ihres Marketingplans ein. Schreiben Sie los. Was sich einfach anhört, sollte es auch sein.

Gehen Sie wie folgt vor:

1. Schreiben Sie auf, was Sie <u>bisher</u> für Ihre Vermarktung tun, in welcher Häufigkeit, mit welchen Kosten und mit welchem Erfolg.
2. Halten Sie alle <u>Marketingideen</u> fest, die Sie nächstes Jahr angehen möchten.
3. Schreiben Sie auf, <u>wer</u> Ihre Konkurrenz ist und <u>welche</u> Marketingaktionen sie durchführt.
4. Legen Sie ein <u>jährliches</u> und ein <u>monatliches Budget</u> fest. Betrachten Sie Marketing als eine Investition, deren Return sich messen lässt.
5. Erstellen Sie das Idealprofil Ihres <u>Zielkunden</u>.
6. Entscheiden Sie sich für Ihre <u>Marketingmaßnahmen</u>. Sie wollen Ihren Umsatz von 150.000 Euro auf 300.000 Euro steigern und legen ein Marketingbudget von 10.000 Euro fest. Überlegen Sie sich nun gut, mit welchen Maßnahmen Sie diese Umsatzverdoppelung erreichen können.
7. Setzen Sie nicht alles auf ein Pferd, sondern führen Sie <u>verschiedene Maßnahmen</u> durch.
8. Kalkulieren Sie Ihren internen Zeitaufwand und die externen Kosten für die geplanten Maßnahmen.
9. Erstellen Sie Ihren <u>Marketingkalender.</u> Legen Sie fest, wann Sie welche Maßnahmen umsetzen werden.

Überführen Sie nun den Plan in ein <u>Arbeitsdokument, in dem Sie die notwendigen operativen Aktionen festlegen</u>, zum Beispiel jeweils freitags vier Stunden zur Ausarbeitung des Kernthemas für die neue Publikation und den monatlichen Newsletter. Legen Sie fest, wer welche Aufgaben übernimmt – Sie, interne Marketingmitarbeiter und externe Unterstützung. Überprüfen und messen Sie Ihren Leistungsfortschritt regelmäßig.

Ihre größte Herausforderung wird in Ihrer <u>Ausdauer und der konsequenten Umsetzung Ihrer Maßnahmen</u> liegen. Viele IT-Consultants fangen enthusiastisch an, sind dann aber nach ein paar Monaten mit ihrer Projektarbeit so ausgelastet, dass sie die geplanten Maßnahmen nicht mehr konsequent fortführen.

Die Auswahl und die Häufigkeit der Maßnahmen variieren je nach IT-Consultant und IT-Beratungsunternehmen. Sie sind nur durch Ihre Kreativität und Ihr Budget begrenzt. Beginnen

Sie frisch und denken Sie neu. Ihre Marketingmaßnahmen ergeben sich durch Ihr Kundenportfolio, Ihr Marketingbudget sowie Ihre Marketing- und Vertriebserfahrungen.

Wenn Sie noch nicht viele Kunden haben, dann führen Sie eher Marketingaktivitäten wie Direktmailings oder Seminare durch, um Ihren Vertriebskanal zu füllen und neue Kundenaufträge zu akquirieren. Wenn Sie bereits eine Weile im IT-Beratungsgeschäft sind, dann fokussieren Sie lieber auf Maßnahmen für Ihre Bestandskunden.

Einige Maßnahmen werden Ihnen eher liegen als andere. Wenn Sie lieber schreiben als vor einem Publikum zu sprechen, dann nutzen Sie diese Stärke. Entscheiden Sie sich, bestimmte Aktivitäten an spezialisierte Dienstleister auszulagern, wie das Design und das Programmieren Ihrer Website oder die redaktionelle Überarbeitung und Versendung Ihres Newsletters. Behalten Sie sich jedoch die inhaltliche Erstellung als Ihre Kernkompetenz vor. Falls Sie mit komplementären Partnern zusammenarbeiten, wie etwa Rechtsanwälten im IT-Recht, schreiben Sie einen gemeinsamen Artikel, zum Beispiel über die technischen und rechtlichen Aspekte eines Bring-your-own-Device Vorhabens in internationalen Konzernen.

Wählen Sie Ihre Marketingmaßnahmen aus, indem Sie Ihre Marketingoptionen hinsichtlich ihres eigenen Zeitaufwandes, der internen und externen Kosten sowie des zu erwartenden Effekts bewerten.

Ihr Marketingkalender

Nachdem Sie Ihren Marketingplan und Ihr Marketingbudget festgelegt haben, ist es nun an der Zeit, den Weg zum Ziel auszuarbeiten. Fügen Sie Ihrem Marketingplan die folgenden zwei Dimensionen hinzu: Häufigkeit und Terminierung.

Die Vorbereitung Ihres Marketingkalenders ist ein taktisches und kreatives Unterfangen. Erstellen Sie Ihren Marketingkalender genau, denn Sie verpflichten sich zu diesen Aktivitäten und zum Zeitaufwand, den Sie für die Umsetzung brauchen.

Der Marketingkalender der *Marketing-IT GmbH*

Januar

- Versendung der <u>Präsentation</u> „Wie sich Predictive Analytics für Händler rechnet" an die Marketing- und IT-Leiter der 200 größten Handels- und E-Commerce-Unternehmen. Das Direktmailing bewirbt die Beratungsleistung und enthält einen Gutschein für eine individuelle Erstprognose.
- Erstellung und Versendung des <u>Newsletters</u> „Best Practice in der Marketing- IT".

Februar

- <u>Follow-up</u> des Direktmailings per Telefon, Inhouse-Workshop-Termine vereinbaren.
- Einladung von zehn Marketing- und IT-Entscheidern zum <u>Business-Lunch</u> in München mit Kurzpräsentation „Big Data im Marketing".

März

- Durchführung von drei <u>Inhouse-Workshops</u> „Predictive Analytics für Händler" als Ergebnis des Direktmailings.
- Publikation des <u>Reports</u>: „Kriterien für die Auswahl eines Marketingtools in der Cloud" in der Fachliteratur sowie Online.

April

- Einladung von zehn Marketing- und IT-Entscheidern zum <u>Business-Lunch</u> in Frankfurt/M. mit einer Kurzpräsentation „Big Data im Marketing".
- Erstellung und Versendung des Newsletters „Best Practice in der Marketing-IT".

Mai

- <u>Vortrag</u> auf der Konferenz „Digitales Marketing" zum Thema „Big Data im Marketing".

- Durchführung von drei <u>Inhouse-Workshops</u> „Predictive Analytics für Händler" als Ergebnis des Direktmailings.

<u>Juni</u>

- Jährliches Grillfest mit Kultcharakter für Mitarbeiter, Kunden und ausgewählte Interessenten.
- Telefonisches Follow-up der Konferenzteilnehmer, die Interesse an einem Beratungsgespräch signalisiert hatten.

Im Marketing kommunizieren Sie regelmäßig mit Kunden und Interessenten, um Ihre Chancen für neue und weitere Beauftragungen zu erhöhen bzw. diese so einfach wie möglich zu gestalten. Ihr Marketingkalender gibt Ihnen nun konkrete Aufgaben. Diese wiederholen sich, wodurch Sie immer besser und effizienter in deren Ausführung werden. Mit der Zeit erkennen Sie, welche Maßnahmen sich für Sie lohnen – und welche eher nicht.

Sofort bessere Ergebnisse erzielen

Wenn Sie mit Ihrem vorhandenen Marketing schneller Ihre Ergebnisse verbessern wollen, dann:

<u>Optimieren Sie Ihre Aussage!</u>

Arbeiten Sie an Ihrer Positionierung, Ihrem Leistungsangebot und Ihrem USP. Bringen Sie die Vorteile für Ihre Kunden besser auf den Punkt und führen Sie stichhaltige Beweise für Ihren Mehrwert an.

Der ultimative Test für Ihren Marketingkalender ist, dass Sie ihn effizient umsetzen können, während Sie gleichzeitig Ihre Projektarbeit durchführen.

Achten Sie darauf, dass Ihr Marketingkalender …

- <u>… Ihnen bei der Akquise rentabler Projekte hilft.</u> Auch wenn Sie mit Ihren Aktionen Ihre Aufmerksamkeit in der

Zielgruppe erhöhen, Ihr Ziel ist es, rentable Aufträge zu gewinnen – nicht den „B2B-Marketing-Award".

- ... Sie zur stetigen Durchführung von Marketingmaßnahmen anleitet. Ihre Interessenten vergessen Sie, wenn Sie sich und Ihre Leistungen nicht kontinuierlich vermarkten. Mit dem Marketingkalender als integriertem Geschäftsbestandteil bleiben Sie aktiv.
- ... Sie beim Fokussieren unterstützt. Erfolgreiches Marketing zielt auf den idealen Kunden. Dieser muss Ihre Marketingaussage wiederholt wahrnehmen, ehe er Sie und Ihre Leistungen bemerkt. Um die notwendige Aufmerksamkeit zu erhalten, bedarf es daher einer regelmäßigen Kommunikationsfrequenz und überzeugender Inhalte.
- ... Ihre Marketingaktivitäten aufeinander abgestimmt sind. Mit schlecht durchdachten Aktionen verschwenden Sie nur Ihre wertvolle Zeit und Ressourcen, und Ihre Marketingaussage kommt nicht zur Geltung.
- ... Ihr Image verbessert. Mit exzellenten Leistungen und einem effektiven Marketing stärken Sie schrittweise Ihre Reputation im Markt.

Drei Roadmaps für IT-Consultants

Lassen Sie uns nun eine Roadmap für Ihre individuelle Situation festlegen. Dabei betrachten wir die folgenden drei Szenarien:

1. Sie wollen Ihren ersten Auftrag akquirieren.
2. Sie haben einige Kunden, sind aber nicht ausgelastet.
3. Sie sind bereits gut ausgelastet und wollen bestehende Umsatzpotenziale umfassender nutzen.

Szenario 1: Sie benötigen Ihren ersten Auftrag

Wenn Sie sich als IT-Consultant gerade selbstständig gemacht haben, ist Ihr Ziel klar: Sie benötigen Ihren ersten Kunden. Dafür brauchen Sie keine Hochglanzbroschüre und keine Kundendatenbank. Fokussieren Sie darauf, Ihren ersten Auftrag zu bekommen und Projekterfahrungen zu sammeln, um darauf aufzubauen.

Der Plan ist einfach, seine Realisierung umso schwerer. Stellen Sie sich darauf ein. Gehen Sie wie folgt vor:

1. Positionieren Sie sich, das heißt wählen Sie Ihre Nische und Ihre Zielgruppe.
2. Verstehen Sie die Bedürfnisse Ihrer Kunden. Entwickeln Sie daraufhin Ihre Kernkompetenz, um das Hauptproblem Ihrer Zielkunden mit Ihren Leistungen zu lösen.
3. Formulieren Sie Ihren USP, Ihre unwiderstehliche Marketingaussage, die den Wert Ihrer Leistung überzeugend darstellt. Holen Sie sich dazu Rat von Menschen, denen Sie vertrauen und die Ihren Markt kennen. Verbessern Sie Ihre Aussage.
4. Entwickeln Sie eine klare Preisliste, sodass Sie auf Anfrage sofort ein Angebot abgeben können.
5. Listen Sie jeden auf, der Sie möglicherweise mit Ihrer Zielgruppe in Kontakt bringen kann. Lassen Sie sich vorstellen.

Wenn Sie mit diesen Schritten an Momentum gewinnen, dann erstellen Sie eine Website, und informieren Sie Ihre Zielgruppe über Ihre Leistungen. Nutzen Sie jede Absage als einen wertvollen Hinweis, um sich verbessern zu können. Geben Sie nicht auf, bleiben Sie dran. Schließlich werden Sie Ihren ersten Kundenauftrag bekommen.

Szenario 2: Sie haben bereits einige Kunden, sind aber nicht ausgelastet

Sie sind seit einer Weile im IT-Beratungsgeschäft, haben Projekterfahrung bei Kunden gesammelt, Expertenwissen aufgebaut und einige berufliche Kontakte geknüpft. Trotzdem sind Sie nicht voll ausgelastet. Verfolgen Sie in diesem Fall eine zweigeteilte Strategie:

Erstens: Treiben Sie mit Hochdruck Ihre Marketingmaßnahmen voran, um neue Aufträge zu akquirieren.

Nutzen Sie das Momentum und versuchen Sie, kurzfristige Aufträge in langfristige Kundenbeziehungen zu verwandeln. Prüfen Sie dazu den Bedarf an weiteren oder längerfristigen Beratungsleistungen innerhalb Ihrer Bestandskunden. Auch wenn bei Ihrem derzeitigen Auftraggeber im Kundenunternehmen das Projekt beendet ist und keine weitere Nachfrage nach Ihren Leistungen bestehen sollte: Erkundigen Sie sich, inwiefern die Nachbarabteilung von Ihrer Expertise profitieren könnte. Gegebenenfalls findet dort ein Projekt statt, bei dem Sie unterstützen können.

Reaktivieren Sie frühzeitig ehemalige Kunden, wenn Sie mit diesen nicht ohnehin in regelmäßigem Kontakt stehen. Bringen Sie sich wieder ins Gespräch. Berichten Sie davon, welche interessanten Projekte Sie in der Zwischenzeit durchgeführt und wie Sie sich fachlich weiterentwickelt haben. Signalisieren Sie Ihren rentabelsten Kunden rechtzeitig Ihre voraussichtliche Verfügbarkeit und geben Sie ihnen damit das Privileg, Sie zuerst zu beauftragen.

Erweitern Sie Ihr Marketingmaterial um aktuelle Fallbeispiele, Testimonials und Whitepapers, die Sie aus den bisherigen Projekten generierten konnten. Führen Sie damit Ihre Maßnahmen zur Neukundenakquise fort, indem Sie Ihre Zielgruppe auf Ihr Leistungsangebot aufmerksam machen, zum Beispiel durch ein Webinar, ein Seminar oder eine Einzelpräsentation für ausgewählte Entscheider der Zielgruppe.

Zweitens: Optimieren Sie Ihr Leistungsportfolio und verstärken Sie Ihre Positionierung im Markt.

Sie haben wertvolles Wissen in Ihren Kundenprojekten gesammelt. Bauen Sie nun auf diesen Erfahrungen und Kontakten auf. Nutzen Sie das gewonnene Wissen, um Ihr Leistungsportfolio zu erweitern und zu standardisieren. Am einfachsten entwickeln und vermarkten Sie ein standardisiertes Beratungsprodukt auf Basis einer bereits ausgearbeiteten, erprobten Vorgehensweise, das ein Problem eines Ihrer Kunden erfolgreich gelöst hat und auch für andere Kunden nutzbar wäre.

Mit dieser Art von Wissensverwertung verbessern Sie nicht nur Ihren Beratungsprozess kontinuierlich, sondern erhöhen auch Ihre Effizienz während der späteren Leistungserbringung. Sie können Ihren Kunden dann eine attraktive Leistung zu einem günstigeren Preis anbieten – und den Vorsprung gegenüber Wettbewerbern ausbauen. Beispiele für standardisierte Beratungsprodukte sind die Vorbereitung zur ISO 27001-Zertifizierung oder die Evaluierung von Mainstream-Technologieprodukten (Software für Business Intelligence

Software, Enterprise Content Management, Identity & Access Management etc.) gegenüber spezifischen Kundenanforderungen.

Eine weitere Möglichkeit, Ihre Auslastung zu erhöhen, besteht darin, innovative Leistungsbündel für Ihre Zielgruppe zu kreieren, indem Sie Kooperationen mit komplementären IT-Spezialisten oder auch Non-IT-Unternehmen eingehen. Als IT-Spezialist könnten Sie zum Beispiel mit Wirtschaftsprüfern im Bereich der IT-Revision zusammenarbeiten oder in Kooperation mit einem Versicherungsunternehmen die IT-Risiken der Versicherungskunden analysieren und bewerten.

Erstellen und vermarkten Sie in Ihrer projektfreien Zeit Ihre ersten Infoprodukte, die Sie aufgrund ihrer bereits geleisteten Vorarbeiten leicht generieren können. Damit stärken Sie nicht nur Ihren Status als Experte zum Thema, sondern erhalten auch wertvolle Kontakte zu Interessenten. Wenn Sie zum Beispiel gerade ein agiles Softwareentwicklungsprojekt nach der SCRUM-Methodik mit einem international und geographisch verteilten Team erfolgreich geleitet haben, dann geben Sie doch Ihre Erfolgstipps im Rahmen einer Best-Practice-Präsentation weiter: „Agile Softwareentwicklung mit globalen Teams erfolgreich managen – zehn Tipps aus der Praxis".

Eine weitere Möglichkeit, Ihre Auslastung langfristig zu steigern besteht darin, für Ihren Kunden abgegrenzte, regelmäßig auszuführende Leistungen per Jahresvertrag zu übernehmen. Beispiele dafür sind Tätigkeiten als externer Datenschutzbeauftragter oder als externer Webmaster. Diese Aufträge werden Sie eventuell nicht auslasten, aber sie könnten damit Ihren Grundumsatz sichern.

Letztlich geht es darum, dass Sie sich aufgrund Ihrer bisherigen Projekterfahrungen und Ihrer Expertise zusätzliche Umsatzquellen erschließen. Hier ist Gespür für den Markt und unternehmerisches Geschick gefragt. Nutzen Sie Ihre Zeit zwischen den Projekten produktiv, um sich und Ihr Unternehmen weiterzuentwickeln.

Szenario 3: Sie sind voll ausgelastet, wollen aber weitere Umsatzpotenziale zusätzlich nutzen

Sie bekommen mehr Kundenanfragen, als Sie selbst abarbeiten können? Geschäftspartner sprechen Sie auf Partnerschaften an, andere IT-Consultants sind an einer Zusammenarbeit mit Ihnen interessiert? Gut für Sie. Dann haben Sie etwas richtig gemacht. Nun ist es an der Zeit, den nächsten Schritt zu gehen und diese bestehenden Umsatzpotenziale zu nutzen. Statt selbst Vollzeit in Kundenprojekten tätig zu sein, sollten Sie nun stärker an Ihrem Geschäftsmodell arbeiten.

Im Folgenden werden einige Möglichkeiten dargestellt, die Sie einzeln oder in Kombination anwenden können, um die Umsatzpotenziale umfassender zu nutzen.

Ihre eigenen Kundenprojekte

Sie haben es offenbar geschafft, verschiedene stabile Kundenbeziehungen aufzubauen und sind voll ausgelastet. Den Umsatz in den von Ihnen bearbeiteten Kundenprojekten können Sie grundsätzlich nur steigern, indem Sie entweder Ihren Preis oder Ihre Auslastung erhöhen. Letztere Stellschraube ist offensichtlich ausgereizt und keine Option. Erstere funktioniert dann am besten, wenn Sie sich auf neue Kundensegmente oder höherwertige Beratungsleistungen fokussieren. Dazu ist es notwendig, dass Sie als der Experte in einem spezifischen Beratungssegment anerkannt werden.

Gehen Sie eine neue Zielgruppe an oder bieten Sie Leistungsbündel an. Ihre Bestandskunden werden zwar marginale Preiserhöhungen für bisherige Leistungen tolerieren, aber Sie können nur mit einer neuen Zielgruppe oder innovativeren Leistungen signifikant höhere Preise durchsetzen.

Wählen Sie eine zahlungskräftigere Branche, Region oder Zielgruppe. Adressieren Sie nicht mehr wie bisher die IT-Teamleiter oder -Abteilungsleiter, sondern die CIOs. Dabei müssen Sie allerdings zunächst genau verstehen, wo die Herausforderungen dieser neuen Zielgruppe liegen. Das kann Ihnen gelingen, indem Sie Interviews mit Vertretern dieser Zielgruppe führen. Entwickeln Sie aus den Ergebnissen ein hochwertiges Beratungsprodukt, das spezifisch auf diese Zielgruppe abgestimmt ist, und vermarkten Sie dieses.

Mit diesem Vorgehen können Sie als IT-Consultant für das Top-IT-Management Ihren Tagessatz signifikant erhöhen. Aber Sie werden auch feststellen, dass sich Ihre Auslastung verändert. In den Augen Ihrer neuen Zielgruppe sind Sie nun hochwertig und teuer und werden eher für kürzere Projekte beauftragt.

Ein IT-Consultant wendete diese Methode an, als er aus Kapazitätsgründen keinen neuen Auftrag mehr annehmen konnte. Er verdoppelte seinen Tagessatz. Daraufhin sank seine Auslastung rapide – auf die Hälfte. Der Umsatz blieb unverändert, denn der höhere Tagessatz kompensierte die verringerte Auslastung. Er blieb beim hohen Tagessatz, obwohl er sich über das unnagenehme Gefühl hinwegsetzen musste, „nicht mehr zu 100 Prozent ausgebucht zu sein". Die verbleibende Zeit nützte er, um sich in neuen, innovativen Themen weiterzubilden und somit seinen gestiegenen Marktwert abzusichern – aber auch für die kontinuierliche Vermarktung. Es gelang ihm in der Folge, weitere Top-IT-Entscheider als Kunden zu gewinnen; seine Auslastung stieg wieder, und letztendlich auch sein Gesamtumsatz.

Andere IT-Consultants unter Ihrer Flagge vermarkten

Wenn Sie in Ihren Projekten Bedarf für weitere IT-Experten feststellen oder gar von Ihren Kunden bereits nach weiteren Ressourcen gefragt wurden, sollten Sie diese Chance zur Umsatzsteigerung nutzen. Wenn Sie es schaffen, andere IT-Consultants in Ihren Kundenprojekten unterzubringen, dann profitieren drei Parteien: Der Kunde bekommt über Sie als vertrauten und geschätzten Lieferanten einen weiteren, von Ihnen akkreditierten IT-Consultant bereitgestellt. Der IT-Consultant, den Sie unter Ihrer Flagge vermitteln, erhält einen neuen Auftrag. Letztendlich gewinnen Sie selbst, da Sie eine Marge vom Umsatz des IT-Consultants erhalten. Die auf diese Art erzielbaren Erlöse variieren und hängen unter anderem davon ab, ob Sie den IT-Consultant in Ihrem Unternehmen einstellen oder als externen Mitarbeiter beauftragen.

Wenn Sie auf diese Art zusätzlich 25.600 Euro bei einer Marge von 20 Prozent erzielen wollen, müssen Sie für den weiteren IT-Consultant Projektumsätze in Höhe von 128.000 Euro akquirieren. Bei einem Tagessatz von 640 Euro entspricht dies einem Auftragsvolumen von ca. 200 Berater-tagen. Versuchen Sie daher, dieses Verfahren bei langlaufen-den Kundenprojekten anzuwenden.

Entwerfen Sie Vereinbarungen zur Zusammenarbeit mit Kun-den und IT-Consultants, und setzen Sie Maßstäbe für alle, die mit Ihnen arbeiten. Fangen Sie mit einem IT-Consultant an, um zu wachsen. Dieser muss nicht zwingend angestellt sein. Sie können auch mit einem freiberuflich tätigen IT-Consul-tants beginnen, den Sie als externen Mitarbeiter beschäftigen. Wenn das funktioniert, bauen Sie Ihr Netzwerk aus. Geben Sie nicht auf, wenn die Zusammenarbeit nicht gleich klappt. Ziehen Sie Ihre Lehren aus den nicht so guten Erfahrungen und machen Sie es beim nächsten Mal besser.

Skalieren Sie Ihren Umsatz mit hochpreisigen Infoprodukten

Erzielen Sie bereits Umsatz mit Infoprodukten? Dann entwi-ckeln Sie weitere, insbesondere hochpreisige Produkte. Gut geeignet sind Studien oder Marktübersichten. Diese Art von Infoprodukten wird zu Preisen von einigen hundert Euro ge-handelt, so zum Beispiel ein funktionaler Vergleich der fünf marktführenden Business Intelligence Technologien. Oder führen Sie eine Seminarreihe oder eine Konferenz zu einem aktuellen Thema durch, zum Beispiel „Internet of Things: Anwendungsszenarien und Lösungsarchitekturen für die Si-cherheitsbranche".

Planen Sie Ihren Umsatz pro Einkommensquelle	
Eigene Kundenprojekte: 100 Tage, € 1.500 Tagessatz	€ 150.000
Vermittlung von IT-Consultants: Umsatz € 400.000, Marge 20 Prozent	€ 80.000
Infoprodukt: 4 x 15 Teilnehmer, € 1.000 Seminargebühr	€ 60.000
Gesamtumsatz	€ 290.000

Natürlich können Sie weiterhin Ihre eigene Zeit in Kundenprojekten fakturieren und damit nach wie vor gut verdienen. Das ist oft auch das, was die meisten IT-Consultants am besten können, wo sie ihre Arbeitszufriedenheit und unmittelbare Bestätigung bekommen.

Wenn Sie aber – aus welchen Gründen auch immer – selbst nicht mehr in Kundenprojekten arbeiten wollen oder können, verlieren Sie von heute auf morgen Ihren gesamten Umsatz. Deshalb ist es wichtig, dass Sie ergänzende Umsatzquellen erschließen. Der Schlüssel des Erfolges liegt darin, ein Geschäftsmodell aufzubauen, durch das Sie Ihre Kunden- und Wissenspotenziale möglichst effizient nutzen.

*„To achieve a goal you have never achieved before,
you must start doing things you have never done before".*

Für erfolgreiche IT-Consultants, die bisher das ihnen zugängliche Umsatzpotenzial noch nicht vollständig nutzen, ist der erste Schritt meist der schwierigste. Viele scheuen die eventuellen Nachteile der Veränderung, die das Umsatzwachstum und die Umgestaltung erfordern. Das verursacht zunächst Kopfschmerzen, die man vorher nicht hatte.

Sie müssen nicht nur an der Definition neuer Leistungsangebote und deren Vermarktung arbeiten, sondern auch daran, die richtigen Mitarbeiter und Partner zu finden – die richtigen IT-Consultants zu rekrutieren. Ein Partnerschaftsmodell zu erarbeiten und neue Beratungs- und Infoprodukte zu erstellen braucht Zeit und ist anstrengend.

Bedenken Sie dabei: Sie werden <u>nicht</u> erfolgreicher oder zufriedener, indem Sie sich permanent überlasten. Wenn Sie es aber schaffen, zusätzliche Umsatzquellen zu erschließen, streuen Sie Ihr wirtschaftliches Risiko. Die Entscheidung für diesen Schritt rechnet sich langfristig für Sie.

Ziele zu setzen ist eine Sache. Ein erfolgreiches, zukunftweisendes Geschäftsmodell zu etablieren eine andere.

Nur Mut, legen Sie los

Wenn Sie sich Ihre Ziele gesetzt haben, dann sollten Sie auch den Mut haben, diese anzustreben. Manche Ziele werden aber nur durch die Änderung bisheriger Verhaltensweisen erreicht, und das ist selten einfach. Fangen Sie heute an und vertrauen Sie auf sich. Lassen Sie sich nicht entmutigen, wenn Sie nicht gleich die gewünschten Ergebnisse erreichen. Beginnen Sie – und hören Sie nicht auf, bis Sie am Ziel sind.

Auch wenn Sie als IT-Consultant eventuell eher technologie-orientiert sind und Ihnen kein Marketing- oder Vertriebstalent in die Wiege gelegt wurde: Als selbstständiger IT-Consultant oder als Geschäftsführer eines IT-Beratungsunternehmens ist es Ihre Aufgabe, für weitere Beauftragungen und einen vollen Vertriebskanal zu sorgen.

Sie werden sich bestärkt fühlen, wenn Kunden Sie kontaktieren und Sie um nähere Auskünfte zu Ihrem Leistungsportfolio oder gar um eine Angebotserstellung bitten. Sie werden Spaß an Ihrer Marketing- und Vertriebstätigkeit entwickeln, wenn Sie merken, dass es funktioniert und sich Ihre Anstrengungen letztlich für Sie auszahlen.

Ich würde mich freuen, wenn ich Ihnen mit diesem Buch einige hilfreiche Impulse für Ihre Marketing- und Vertriebsaktivitäten geben konnte. Wissen und Ideen alleine reichen aber nicht. Treffen Sie die nötigen Entscheidungen und gehen Sie Ihre nächsten Schritte.

Dabei wünsche ich Ihnen viel Erfolg!

Anhang

Weiterführende Literatur

- Connor, Richard A.; Connor, Dick; Davidson, Jeffrey P.: Marketing Your Consulting and Professional Services. 3. Auflage. New York: Wiley, 1997.
- Freedman, Rick: Building the IT Consulting Practice. New York: Wiley, 2002.
- Gerber, Michael E.: The E-Myth Revisited. 3. Auflage. Heidelberg: HarperCollins, 2009.
- Hofert, Svenja: Praxisbuch IT-Karriere: Berufsorientierung, Karriereplanung und Bewerbung. Freising: Stark Verlag, 2009.
- Konrath, Jill: Selling to Big Companies. Chicago: Kaplan Publishing, 2005.
- Kotler, Philip; Bloom, Paul N.; Hayes, Thomas: Marketing professional services: Forward-thinking strategies for boosting your business, your image, and your profits. 2. Auflage. London: Prentice Hall, 2002.
- Kotler, Philip: According To Kotler: The World's Foremost Authority On Marketing Answers Your Questions. New York: Amacom, 2005.
- Levinson, Jay Conrad; McLaughlin, Michael W.: Guerrilla Marketing for Consultants: Breakthrough Tactics for Winning Profitable Clients. New York: Wiley, 2004.
- Matzner, Thomas; Stubenvoll, Ruth: IT-Freelancer. Heidelberg: dpunkt.verlag, 2013.
- Mc Laughlin, Michael W.: Winning the Professional Services Sale: Unconventional Strategies to Reach More Clients, Land Profitable Work, and Maintain Your Sanity. Hoboken: John Wiley, 2009.
- Purba, Sanjiv; Delaney, Bob: High-Value IT Consulting: 12 keys to a thriving practice. Berkeley: McGraw-Hill/Osborne, 2003.

- Rammlmair, Alex: IT-Verkaufsberatung in der Praxis: Wie Sie als IT-Spezialist Ihre Ideen und Produkte erfolgreich vermarkten. Heidelberg: dpunkt.verlag, 2012.
- Taylor, David; Remenyi, Dan: How to Become a Successful IT Consultant. New York: Routledge, 2012.
- Weyand, Giso: Allein erfolgreich – die Einzelkämpfermarke. 2. Auflage. Göttingen: BusinessVillage, 2006.
- Woodburn, Diana; McDonald, Malcolm: Key Account Management: The Definitive Guide. 3. Auflage. Chichester: John Wiley, 2011.

Über die Autorin

Claudia Fochler ist für das Business Development eines IT-Beratungsunternehmens verantwortlich. In ihrer mehr als 15-jährigen beruflichen Laufbahn hat sie sich auf die Vermarktung von IT-Consultants und IT-Beratungsunternehmen spezialisiert. Sie lebte mehrere Jahre in Kalifornien, wo sie für ein internationales IT-Beratungsunternehmen neue Kunden akquirierte und für das Key Account Management verantwortlich zeichnete. Davor leitete sie erfolgreich ein Profitcenter für IT-Konferenzen bei einem internationalen Weiterbildungsanbieter. Ihre akademische Basis hat sie im Studium der Wirtschaftswissenschaften mit dem Schwerpunkt Marketing an der Goethe-Universität in Frankfurt/M. erworben. Sie lebt mit ihrer Familie in Wiesbaden.

„Mein Ziel ist es, IT-Consultants und IT-Beratungsunternehmen Impulse für ihre Vermarktung zu geben."

Nichts ist so gut, dass es nicht noch verbessert werden könnte. Über Ihr persönliches Feedback und Ihre fachlichen Anregungen würde ich mich freuen. Schreiben Sie mir.

Wie hat Ihnen dieses Buch geholfen?

Was würden Sie optimieren?

feedback@fochler.com

www.ingramcontent.com/pod-product-compliance
Lightning Source LLC
Chambersburg PA
CBHW021551210326
41599CB00010B/391